The Science of Gardening

园艺的科学

[英] 斯图尔特·法里蒙德◎著

王绍祥　叶伊婧◎译

青岛出版集团 | 青岛出版社

Original Title: The Science of Gardening: Discover How Your Garden Really Grows

山东省版权局著作权合同登记号：图字15-2024-213

图书在版编目（CIP）数据

园艺的科学 / (英) 斯图尔特 · 法里蒙德著 ; 王绍祥, 叶伊婧译. -- 青岛 : 青岛出版社, 2025. 1.
ISBN 978-7-5736-2788-9

Ⅰ. S68-49

中国国家版本馆CIP数据核字第20245NZ951号

YUANYI DE KEXUE
书　　名　园艺的科学
著　　者　[英] 斯图尔特 · 法里蒙德
译　　者　王绍祥　叶伊婧
出版发行　青岛出版社
社　　址　青岛市崂山区海尔路182号（266061）
本社网址　http://www.qdpub.com
邮购电话　0532-68068091
策　　划　周鸿媛　王　宁
责任编辑　王　韵
封面设计　尚世视觉
制　　版　青岛千叶枫创意设计有限公司
印　　刷　北京顶佳世纪印刷有限公司
出版日期　2025年1月第1版　2025年1月第1次印刷
开　　本　16开（787毫米 × 1092毫米）
印　　张　14
字　　数　265千
书　　号　ISBN 978-7-5736-2788-9
定　　价　98.00元

编校印装质量、盗版监督服务电话　4006532017　0532-68068050

www.dk.com

前言

我花了四十年时间才真正体会到园艺的乐趣。六岁那年，我成功地让水芹种子发了芽，那时我很开心。但从那以后，我有很多年没有因为看到植物破土而出而兴奋。成年后，由于常年敲击键盘和书写，我的手变得越来越白嫩，我离园艺也越来越远。不过后来，借助厨房的窗台，我又一次感受到了园艺带给我的快乐。虽然我种下的三十颗抱子甘蓝种子中只有三颗成功发芽，但这并不重要，因为这让我打开了新世界的大门，我进入了一个我渴望探索的世界。

园艺能够疗愈心灵，帮助我们减少负面情绪，感受生命从无到有、从有到无的过程，让我们意识到所有人都是这个过程的一部分。事实上，我想不出还有什么活动能跟园艺一样，为我们带来如此多的乐趣。无论我们是拥有一个阳台，还是拥有一小块地，亲手培育植物都能让我们体验成为设计师、雕塑家、艺术家，或是拥有好奇心的孩子和善于钻研的科学家的感觉。在这个过程中，我们能学到非常多的东西。

不过，虽然播种、种植和浇水是美好的事情，但是真操作起来，我们还是会遇到很多麻烦。作为一名医生，我非常清楚如何用专业术语把人弄得云里来雾里去，而现在，作为一名园艺爱好者，我常常被一大堆拗口的术语和烦琐的步骤搞得晕头转向。比如，什么是多年生植物？地膜覆盖又是怎么回事？为什么不能在中午给植物浇水？成年人的自尊心总是让我羞于开口提问。不过，我敢打赌，不管是老手还是菜鸟，都会有被植物的拉丁文学名弄得一头雾水，或者怀疑是否真的需要在花盆底部垫上瓦片的时候。

大多数园艺类书籍和网站仅提供了种植和养护植物的方法，却鲜少深入解释和探究为什么要这样做。作为一个热衷于探索和求真的科学工作者，我乐于利用科学知识和最新研究成果，来解答园艺领域中的热门问题，并揭示为何一些传统的做法已经过时。

在接下来的篇幅中，我将带你一同探究植物养护背后的科学原理。希望这本书能为你的园艺之旅注入灵感、带来启发。

目录

园艺的奥秘

整地

发芽

生长

开花与结果

再生与更新

园艺的奥秘

植物究竟有多神奇？

植物为了生存和繁衍，进化出了以下几种奇特的能力：自己制造食物的能力，吸引动物前来为自己传播花粉的能力，以及再生能力。

植物能为人类提供氧气，还能通过光合作用合成有机物，以满足其生长需要。植物对地球上的所有生命来说都很重要，我甚至认为，植物会是“终极幸存者”，因为它们可以在各种恶劣的环境中茁壮成长。

在恶劣的气候条件下顽强生存

很少有动物能够在零下50℃的环境中生存，但有一些植物可以。无茎蝇子草（*Silene acaulis*）是一种垫状植物，它紧贴地面生长，以此来抵御强风。这种植物可以在冰雪覆盖的山坡上顽强地生存，其液汁中的生物防冻剂能够防止其结冰。在非洲西南部的干旱沙漠中，百岁兰属植物的种子能够等待若干年，直到雨水为其发芽提供适宜的条件。在常年没有雨水的阿塔卡马沙漠，齿肋赤藓（*Syntrichia caninervis*）能够直接从雾气中吸取水分，以此来维持生命。铁兰属（*Tillandsia*）植物不需要生活在土壤中，它们利用自己的根紧紧地附着在岩石、树枝或悬崖峭壁上，直接从空气中吸收水分，并通过毛状体“捕捉”空气中的尘埃，从而获取养分。

非凡的适应性

植物进化出了无数种巧妙的生存方式。无论是在郁郁葱葱的雨林，还是在荒凉的沙漠和山坡，都有植物生存和繁衍。

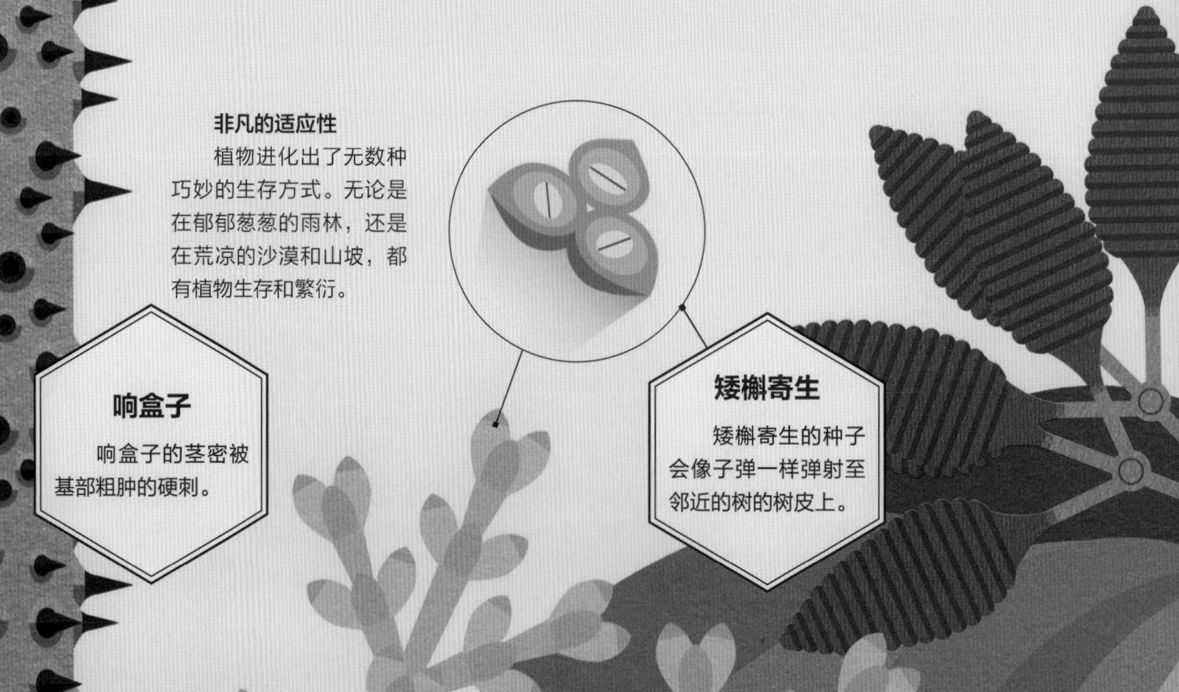

传播和防御机制

植物以惊人的方式克服了它们无法移动的缺陷。有一种体形较大、形似装饰物的花盏属（*Brunsvigia*）植物，其花头干枯后会自行掉落，随风而动，从而传播种子。翅葫芦（*Alsomitra macrocarpa*）的种子形似滑翔机，它可以从高高的藤蔓上脱落，然后随风滑行。矮槲寄生可以寄生在其他植物上，还可以以约97千米的时速弹射出带有黏性物质的种子，从而扩大自己的活动范围。

在这个饥饿生物环伺的世界中，植物必须进化出巧妙的防御机制来保护自己，以免轻易地被吃掉。仙人掌就是一个典型的例子，它通过将叶进化为尖刺来保护自己。响盒子（*Hura crepitans*，又称“炸弹树”）的果实内含致命液汁，可用于制作毒镖。它看似无害，实际上却是一枚成熟后随时会爆炸的“炸弹”。随着果实逐渐干燥，其果皮的张力会逐渐增加，最终，只要轻轻一拍，整个果实就会猛烈地炸开，其种子可能以高达251千米的时速向外喷射。

百岁兰属植物

百岁兰属植物在沙漠中可以存活1500多年。

翅葫芦

翅葫芦的像西瓜一样的果实可以喷射出种子。

子孙球属植物

它锋利的刺能够抵御天敌的袭击，防止水分流失。

花盏属植物

花盏属植物的种子可以随风传播。

植物有智慧吗？

我们并不认为植物有智慧，毕竟它们没有大脑。但是，为什么我们的“绿叶朋友”能完成许多通常我们认为只有具备智慧的生物才能完成的任务呢？

很多认为植物拥有人类般智慧的想法，其实都源自出版于1975年的畅销书《植物的秘密生活》（*The Secret Life of Plants*）。作者声称有实验证明了植物能够读懂人心，它们甚至在听到鸡蛋被打碎的声音时会感到痛苦。然而，尽管植物的确拥有非凡的能力，但这些说法基本上是天方夜谭。

我们与植物生活在不同的时间维度上，因此往往会忽视植物的许多行为。倘若利用延时摄影技术来记录下植物是如何探索周围环境的，或许很多人会更坚定地相信植物也会思考。例如，攀缘植物的卷须会有条不紊地四处摸索，寻找可以依附的表面；成长中的向日葵幼苗会跟随太阳“旋转起舞”；植物的根系会像手指一样探查和感受土壤。

感知周围环境

大约150年前，查尔斯·达尔文提出了这样一个观点：植物的根尖扮演着人类大脑的角色，它能够指导其他部位的运动。长期以来，很多人一直认为这是一个愚蠢的想法，但随着研究的深入，人们发现根尖至少有15种感官，它可以嗅到空气、感受土壤、感知光线，以及避开障碍物。

向光性

植物感受光信号刺激引起的向光弯曲生长的反应被称为向光性。

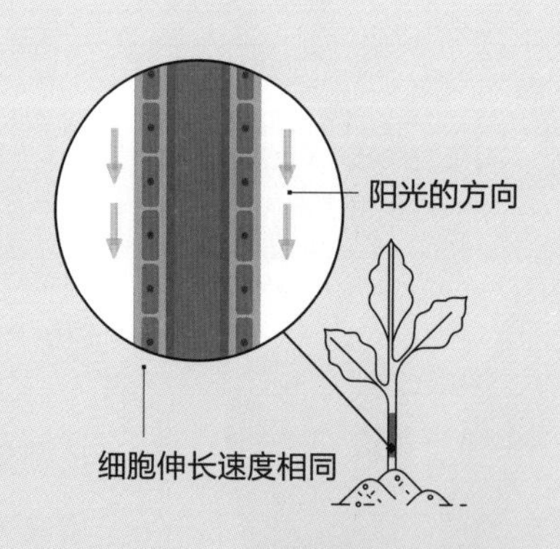

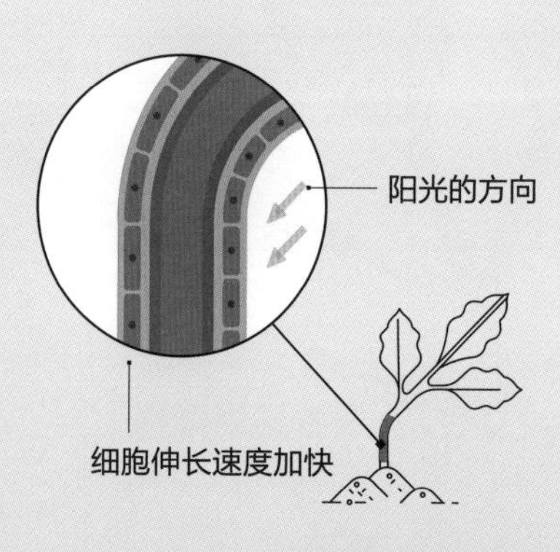

自上而下的光照

当阳光自上而下照射植物时，叶和茎会均匀地接受阳光的照射，导致**植物向上生长。**

单侧光照

植物受到来自单侧的光照时，生长素会从光照侧向背光侧运输，导致背光侧的细胞伸长速度加快，从而使植物**向光源方向弯曲生长。**

成环生长

卷须收紧、紧紧抓住支撑物后，未收紧部分会向不同的方向卷曲。

缠绕

触摸会使卷须未被触摸一侧的细胞伸长速度加快，从而导致缠绕。

西番莲是一种攀缘植物，它会利用卷须抓住支撑物。其卷须在生长过程中会主动寻找支撑物，并在发现合适的支撑物时迅速做出反应。

植物没有眼睛，但它们能“看见”不同颜色的光，这得益于植物的“光受体”，这些受体使它们能够向光生长；植物没有大脑，但它们能分辨黎明和黄昏；植物没有耳朵，但它们可以察觉到昆虫啃食叶片时发出的微弱声音，并向叶片注入具有驱虫作用的化学物质。植物的根系可以“听到”溪流（或管道中的水）流淌时发出的声音，并将生长方向朝向水源。植物的“触觉传感器”使它们能够“感受”到微风，促使茎更加强壮。此外，植物会“记住”过去受到的伤害，并防止再次受到伤害。

沟通技巧

植物具有社会性。树木可以通过“木维网”——由菌根真菌等组成的网状结构（见第36～37页）进行交流。沿着这些生态网络，“母树”和树苗间，以及濒临死亡的树和周围的树之间可以共享养分和水分。

采用“园艺疗法”对我有好处吗?

长期以来，医务人员一直被教导要近乎百分之百地信任药物和手术刀。但是，随着时代的变迁，很多“软性疗法”日益受到关注，比如在公园散步、在海边漫步，以及园艺疗法等。

在如今这个快节奏的时代，园艺为我们提供了一种回归自然的方式，让我们得以重新体验和感受自然的节奏。

生长与愈合

对于那些遭受了心理创伤的人来说，花园是一个能让他们远离压力的避风港。在花园里劳作，能让人获得宝贵的运动机会。做1小时园艺可以消耗210～420千卡的能量。不仅如此，从事园艺工作还有助于降低心脏病、中风和糖尿病的发病风险，避免体重增加，提高自尊，并有助于防止压力过大和心理健康问题的产生。

邋遢与泥土

一直以来，人们都认为在泥土中玩耍对孩子有益。20世纪80年代末，一些科学家表示，过度消毒会导致儿童患哮喘、过敏和湿疹的风险增加。这一理论被称为“卫生假说”（the hygiene hypothesis）。该理论认为，如果人在婴幼儿及童年时期处于极其清洁的条件下，就容易因缺少接触传染源、共生微生物与寄生虫，缺乏对健康免疫系统的刺激，抑制免疫系统的正常发展，导致罹患过敏性疾病的风险增加。尽管养成良好的卫生习惯和采用正确的洗手方法的益处远远多于它们可能带来的问题，但偶尔让我们的双手沾满泥土，对我们来说也是有益的。

当我们抓起一把土时，我们的皮肤会粘上一层肉眼看不见的微生物。研究表明，土壤中的微生物可与人体皮肤上的微生物相互作用，影响人体的免疫系统，从而减少过敏的发生。不过，要保持割伤、擦伤和发炎部位的清洁，避免这些部位接触土壤。

此外，来自土壤和植被的细菌实际上弥漫在花园和绿地上方的空气中。研究表明，这些微生物似乎能释放出一种能够缓解焦虑、提振情绪的气体。不仅如此，吸入这些微生物还可能有助于维持肠道菌群的平衡，从而增强免疫力，帮助消化系统运转顺畅。

我们越接近泥土和野草，在我们身边和体内游荡的“生命之菌”就越多。相比之下，城市街道和工作场所的空气中往往充满污染物。这就不难解释为什么无论到了什么年纪，我们都本能地喜欢接触泥土和杂草，无论是拿着小铲子还是开着小卡车。

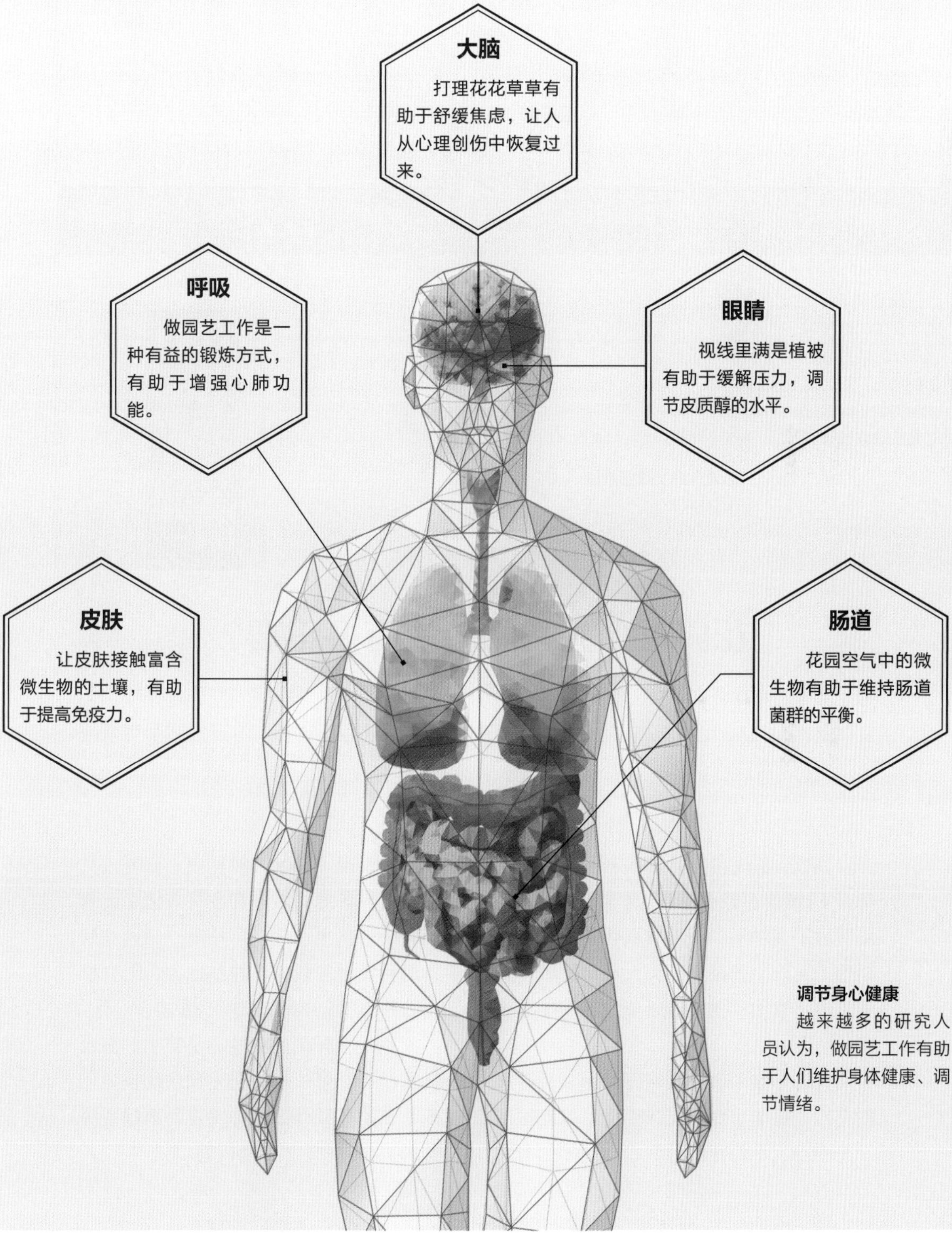

调节身心健康

越来越多的研究人员认为，做园艺工作有助于人们维护身体健康、调节情绪。

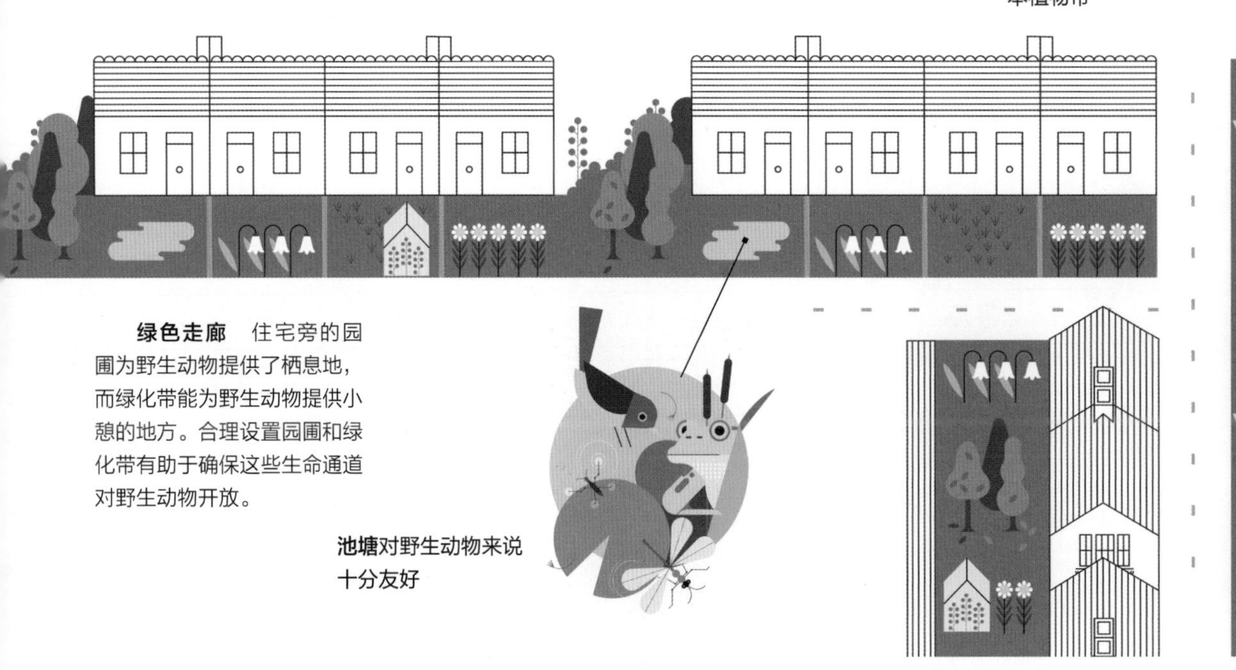

花园对野生动物而言有多重要?

随着混凝土、金属、玻璃和沥青以不可阻挡的姿态出现在这个世界中，动植物的生存空间越来越小。其实，无论是田地还是窗台，只要用心耕耘，这些地方都可以成为宝贵的“绿色天堂”，展现令人难以想象的生物多样性。

如今，仅仅在美国，每分钟就有超过3英亩（1英亩约等于4047平方米）的开放绿地被推平或铺平，而没有植物就没有野生动物。花园中的植物为大大小小的野生动物提供了食物、栖息地以及繁衍和哺育后代的场所。

几十年来的研究表明，即使是最普通的花园，也能孕育出无数生命。以英国的一个中等大小的花园为例，在30年的时间里，那里发现了8000多种昆虫。研究人员在统计世界各地的城市和乡村花园中无脊椎动物（如昆虫、蠕虫、马陆、蛞蝓和蜗牛）的种类时发现，在这些地方，无脊椎动物的种类非常丰富，数量也很多。

无论是在开阔的田地还是狭小的窗台上的花园，都可以成为野生动物的重要栖息地。花园里种什么由你决定，而这些决定会影响花园中的生物多样性。

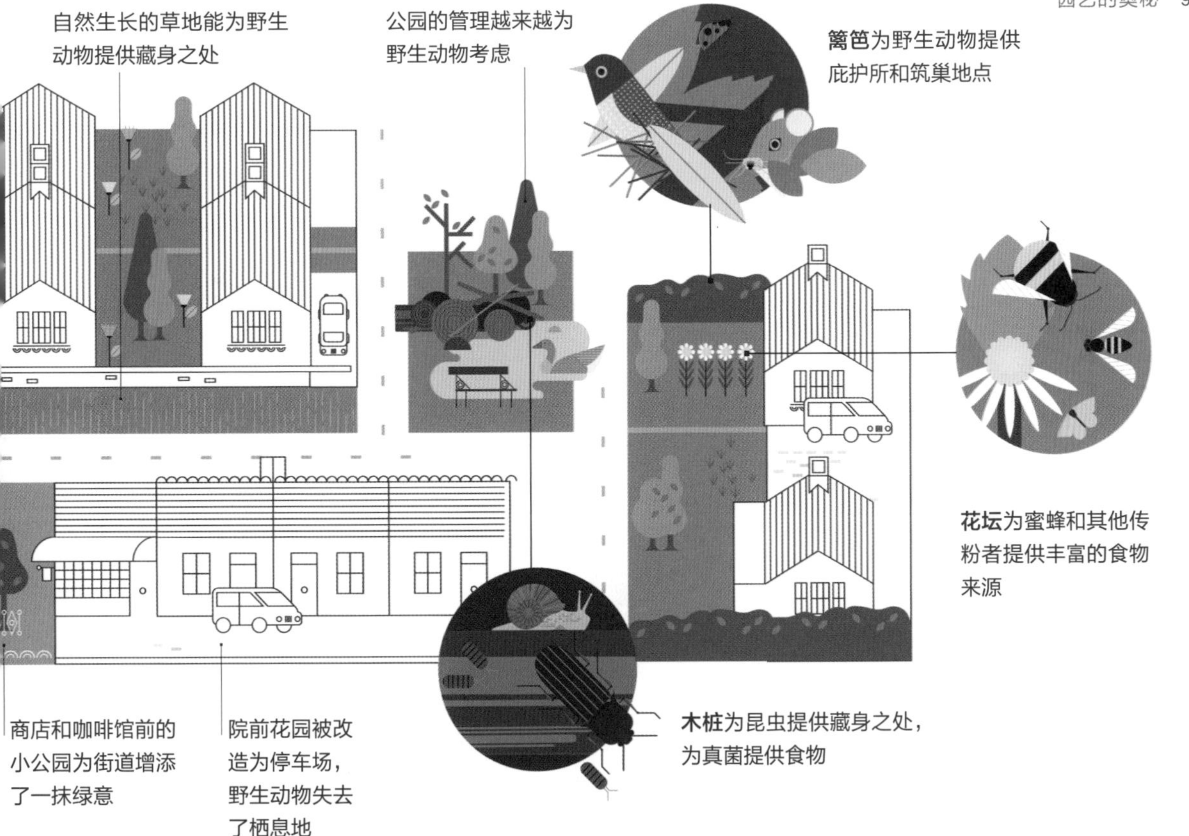

给野生动物建一个家

如果你选择种植能开花的植物，传粉昆虫会飞来汲取花蜜和花粉中的营养；如果你选择种植树篱，或在墙壁和栅栏上种植攀缘植物，鸟类就能获得更多庇护所和筑巢场所，哺乳动物和昆虫也能获得更多栖息地。小池塘或积水区可以为许多昆虫以及青蛙、蟾蜍和蝾螈提供繁殖场所。在花园的一角留下一些木头、树枝和落叶，让它们自然腐烂，甲虫、木虱、蚂蚁、蜈蚣等都会对你心存感念。一片未经修剪的草地，对各种各样的野生动物而言就是一个迷你丛林。

有益的生物

我们喜爱的鸣禽、鼩鼱、蟾蜍，主要以昆虫和一些小型无脊椎动物为食。一些昆虫，如瓢虫和食蚜蝇，会捕食春季里吸食新芽液汁的蚜虫，以保护新芽免受侵害。蠕虫和其他一些无脊椎动物在生态系统中扮演着分解者的角色，它们将死去的动植物等有机物分解，转化成可帮助植物生长的养分。而那些能够在空中飞行的无脊椎动物，如蜜蜂、蝴蝶等，可以为地球上超过80%的开花植物传粉，从而促进果实和种子的形成，确保桃子、苹果和甜瓜等作物的丰收。

园艺可以拯救地球？

随着全球气温升高，极端天气出现的次数也变多了，各种人为因素导致的灾害层出不穷。每个人都面临着一个重要的选择：是成为问题的一部分，还是成为促进问题解决的人？

数百年来，燃烧化石燃料，大规模砍伐森林，散播有毒化学物质，过度开发土地，浪费淡水资源……这些行为带来的恶果正在影响着人类。

精准选择，效果倍增

无论是窗台还是宽敞的草地，不同的利用这些空间的方式会带来截然不同的效果。一个小小的阳台可能会成为“混凝土沙漠”中的一片绿洲，偌大的乡村花园也能成为一望无际的单一作物田中宝贵的资源。园丁可以在花园里常年种植盛产花蜜的植物，这些花蜜能够为传粉昆虫提供食物（见第8～9页）。要知道，这些昆虫正面临着自然栖息地丧失和杀虫剂广泛使用的双重威胁。

在恰当的地点种植植物，有利于植物茁壮成长，也可以让园丁少费一些心思。另外，来自不同地方的植物适合的养护方式也不同。你可以选择在当地苗圃中长大的植物，并向那里的工作人

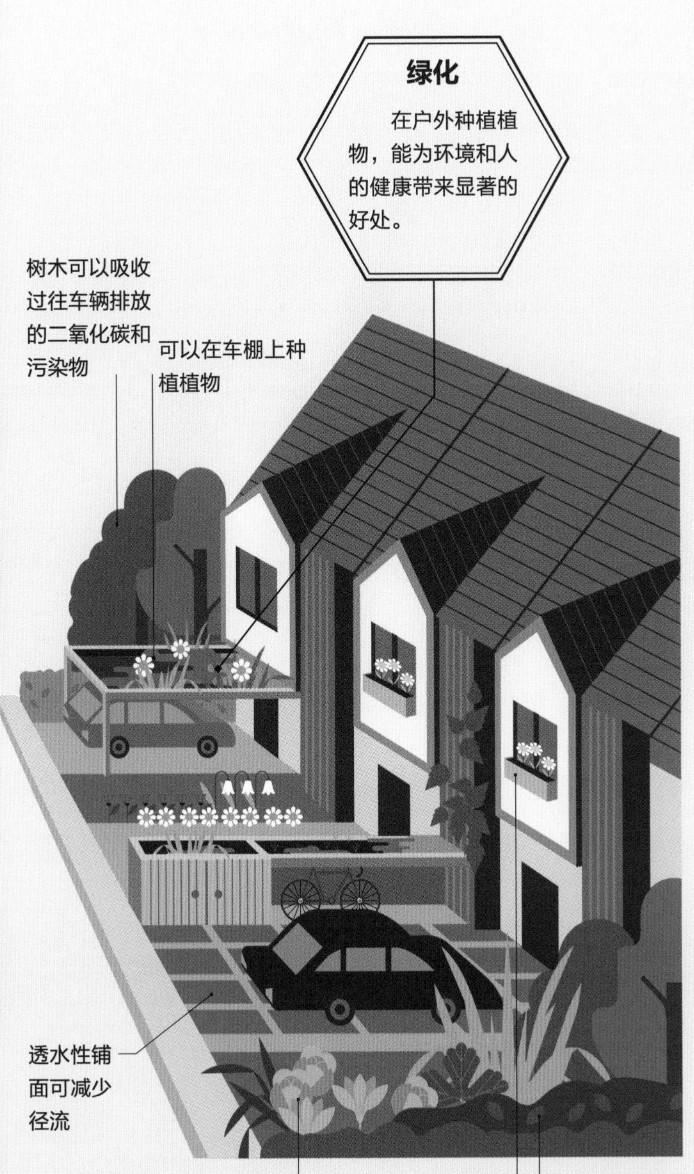

员详细询问关于合成肥料和农药使用的情况；你也可以选择大规模生产的进口植物，这些植物通常在温室中生长，然后经过数百乃至数千千米的运输，才到达你所在地区的花园中或商店的货架上。从种子开始亲自培育植物，不仅能最大限度地降低成本，还能让你深度参与植物的整个生命周期。

珍惜自己的绿色空间

花园的设计也很重要。在把真正的草皮换成塑料草皮，在花园里用混凝土铺设车道之前，你需要仔细思考。首先，生产混凝土会给环境带来巨大的负担：生产1平方米混凝土所排放的二氧化碳量高达200多千克，这与燃烧100升汽油所排放的二氧化碳量差不多。上述做法还会使你和邻居的住所更容易遭受径流和洪涝灾害的袭击。

生命有一种神奇的能力，那就是在困境中寻找生机。然而，作为园丁，你可以通过多种方式来更友好地对待生命。精心打理花园、种植能够吸引野生动物的植物，将吸引昆虫、鸟类和其他生物来到你的绿色天地。你创造的花园为你和地球带来的积极影响将远远超出你的想象。

植物能否吸收空气中的污染物?

现代人大都生活在空气污染较严重的环境中，而这正在损害人们的健康。据估计，每年全球约有700万人死于空气污染导致的疾病。空气污染容易导致头痛、焦虑等问题，还容易引发心肺疾病、中风、糖尿病、癌症、痴呆等多种疾病。

空气中飘浮的有毒有害物质包括一氧化二氮、挥发性有机化合物以及颗粒物。植物无法完全吸收街道和住宅中的这些物质，但它们可以吸收相当一部分来自废气和烟囱的污染物。这意味着，对居住在城市中的人来说，花园能够对他们产生很大的积极影响。

天然空气过滤器

叶片背面的气孔可以吸收一些有害气体（如氮氧化物和硫氧化物）。植物表皮细胞上的突起能够有效过滤空气中的颗粒物。浅裂叶能高效地过滤污染物。针叶树的叶片小而多，形状类似针，这使得针叶树成为净化空气的理想选择。

对室内空气的影响

自20世纪80年代，美国国家航空航天局（NASA）在研究中发现植物可以净化室内空气以来，人们便一直对植物吸收有毒化学物质的能力赞不绝口。植物确实能吸收空气中的污染物，但现在看来很多说法都有些夸大其词。实际上，除非室内有一片丛林，否则室内的挥发性有机化合物很难被大量去除。不过，植物确实能给人的健康带来很多益处，比如提振情绪、提高注意力和整体健康水平（见第6～7页）。

污染物的吸附

植物的叶片具有多种多样的功能，它们能够有效地捕捉和留存空气中的污染物。

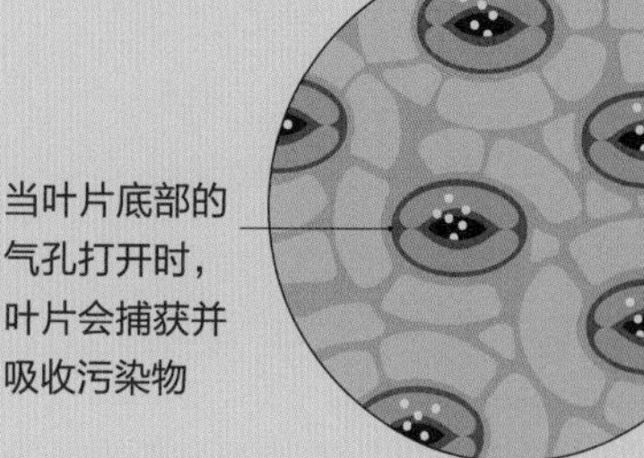

当叶片底部的气孔打开时，叶片会捕获并吸收污染物

小而有浅裂

小而有浅裂的叶片拥有相对大的污染物捕获面积

蜡质层

许多叶片表面有蜡质层，可以捕获和留住空气中的颗粒物

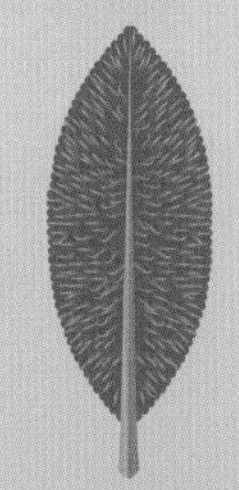

多毛

细小的毛状体会减缓空气流动，捕获烟雾和汽车尾气中的颗粒物

我的花园能吸收和固定二氧化碳吗？

事实上，每年需要种植700~1000棵树才能中和你这一年导致的碳排放量，这听起来可能会让你泄气。但是，你可以通过种植和管理自己的“一亩三分地”，最大限度地提高其吸收和固定二氧化碳的能力。

二氧化碳是主要的温室气体之一。大部分生物都会释放二氧化碳，而化石燃料等物质的燃烧也会导致二氧化碳的排放。

植物和土壤的作用

在生物界中，植物具有独一无二的能力，它们能够通过光合作用吸收空气中的二氧化碳，并自己制造“食物”（见第62 ~ 63页）。当植物死亡和腐烂时，它们就会成为分解者的食物。生活在土壤中的细菌和真菌（见第36 ~ 37页）能够将植物的遗体分解成二氧化碳、水和无机盐。其中，一部分二氧化碳会被释放到空气中，一部分会被转化成碳酸盐并释放到土壤中，被植物利用。这个过程属于碳循环过程的一部分。相较于经常翻耕的土壤，那些每年都新增有机质且翻耕次数少的土壤（见第34 ~ 35页）能够储存更多的碳酸盐。

植物吸收二氧化碳的速度各不相同，且这一速度会随着温度、湿度等的变化而变化。生长迅速的灌木和乔木尤其擅长从空气中吸收二氧化碳，并较快地将其转化为木质材料储存数十年。树苗吸收二氧化碳的速度较慢，一般树龄达到5 ~ 10年时，它们吸收二氧化碳的速度才会有所提升。

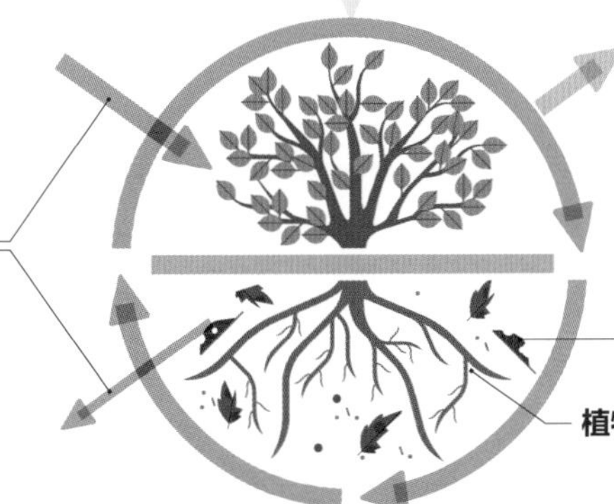

植物能使周围的温度降低吗？

那些高楼大厦林立，铺路石和道路遍布，树木和草地很少的地方，气温一般会相对高一些。植物可以提供荫凉和凉爽清新的空气，从而缓解城市热岛效应。

水分疏导

植物根系吸收的水分通过茎中的木质部导管输送到叶片，通过开放的气孔蒸发，降低植物周围环境的温度。

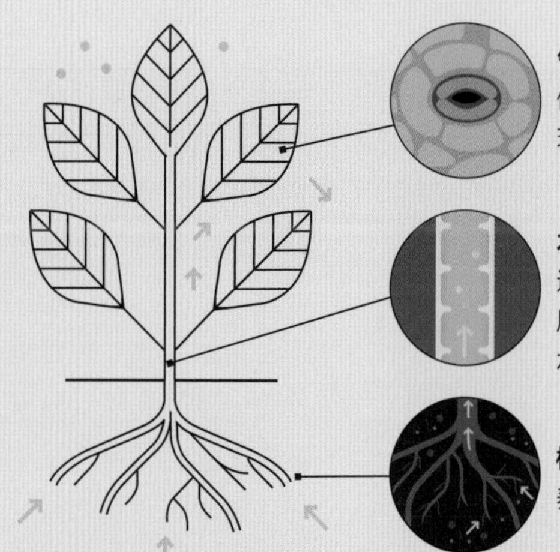

气孔是植物茎叶表皮层中由成对保卫细胞围成的开口，系植物与环境交换气体的通道

木质部导管是植物体内的输水通道，当叶片中的水分流失时，木质部导管通过简单的毛细作用将水分向上输送

根系从周围的土壤中汲取水分和养分

城市热岛效应是指城市温度高于郊野温度的现象。一方面，城市中水泥、沥青等所构成的下垫面导热率高，加之空气污染物多，能吸收较多的太阳能，有大量的人为热进入空气；另一方面，城市中的建筑物密集，不利于热量扩散，从而形成高温中心，并由此向外围递减。增加城市中绿色植被的数量可以有效地缓解这种现象。

自然气候调节

在炎炎夏日，树冠如同巨大的遮阳伞，为人们遮挡正午的烈日。房屋旁边的树可以遮挡阳光，降低室内温度，从而减少空调的使用，降低能耗。除了遮阴，植物还能够通过蒸腾使周围的温度降低，这就解释了为什么在炎炎夏日，人们喜欢到喷泉和开阔水域旁纳凉。植物体内水分通过表面（主要是叶子）以气态向外界大气输送的过程被称为蒸腾，蒸腾能降低植物周围环境的温度，就像皮肤通过出汗来散热一样。

绿化降温

进行屋顶绿化可以有效降低建筑物屋顶及内部的温度。有研究证实，进行屋顶绿化可以使屋顶温度从60℃降低至30℃，从而将室内制冷所需的能耗减少约25%。此外，室内植物也有降温作用。在公共建筑中，种植植物的绿墙越来越受人们欢迎，这也是一种环保的改善室内空气质量和降低室内温度的方式。

花园能防止洪涝灾害发生吗？

随着气候愈发变幻莫测，洪涝灾害在很多地区或许将愈发常见。而在降雨是否会导致洪涝灾害这一问题上，花园存在与否至关重要。

长时间高强度的降雨使现有的排水设施无法承受就容易导致洪涝灾害发生。城市中的大部分马路没有吸水能力，这会迫使雨水流入排水设施，并可能导致排水设施超负荷运转。而花园中的土壤则允许水分向下渗透，在下暴雨期间，它们的存在可以减轻排水设施的压力。花园有助于防止径流和降低洪涝的发生风险，具体效果如何取决于花园中植被的数量、类型以及土壤的类型和质量（见第30～31页）。

关键在于土壤

砂土中砂粒含量较高，土粒间大孔隙数量多，故土壤透水性好。相比之下，黏土透水性较差。紧实的土壤一般孔隙较小，雨水不容易排出。地表上的裂缝只能充当临时的排水通道，而防止雨水集聚的最佳方法是通过减少翻土和定期覆盖有机物（见第34～35页）来保持土壤健康。

雨水花园

雨水花园是自然形成的或人工挖掘的浅凹绿地，被用于汇聚并吸收来自屋顶或地面的雨水，使之逐渐渗入土壤。与传统的沟渠和管道等排水系统相比，雨水花园通常更经济实惠、便于安装。

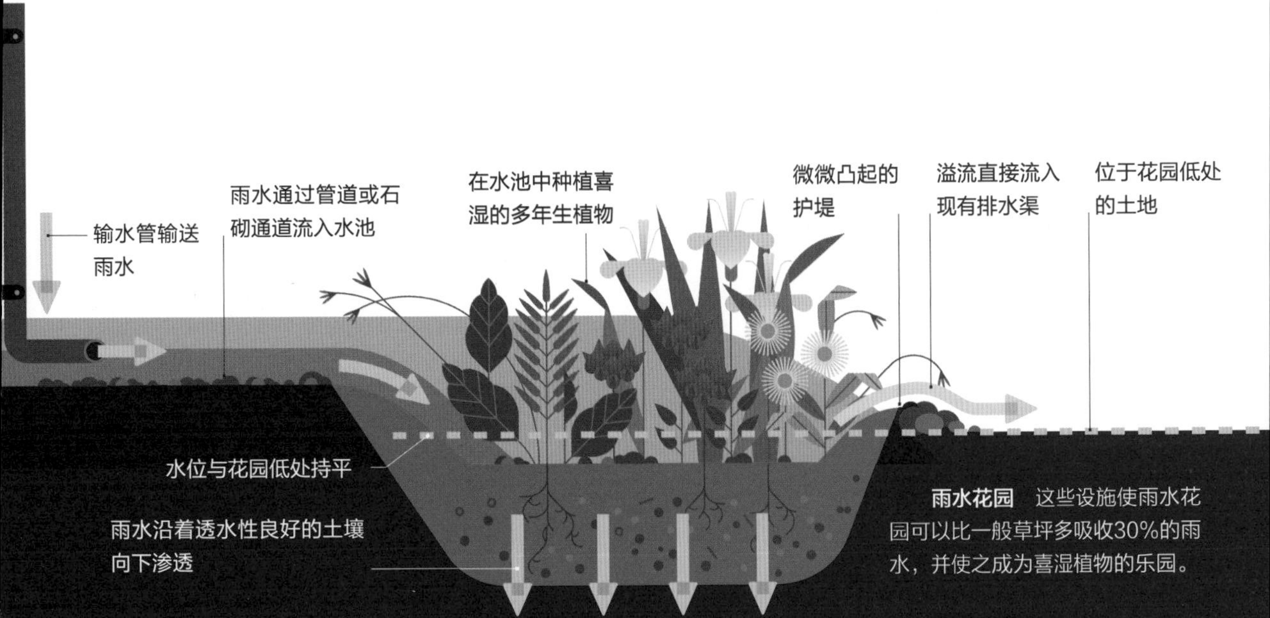

输水管输送雨水
雨水通过管道或石砌通道流入水池
在水池中种植喜湿的多年生植物
微微凸起的护堤
溢流直接流入现有排水渠
位于花园低处的土地
水位与花园低处持平
雨水沿着透水性良好的土壤向下渗透

雨水花园 这些设施使雨水花园可以比一般草坪多吸收30%的雨水，并使之成为喜湿植物的乐园。

气候变化会给我的花园带来哪些影响？

全球气候正在逐渐变暖，而园丁作为跟自然接触非常亲密的人群之一，可以感受到气候变化对植物生长造成的影响。不过，与其陷入绝望，不如抓住机会了解更多关于植物的知识，不断提升自己养护植物的能力。

有报告显示，自1850年至1900年以来，全球地表平均温度已上升约1℃。这一看似微小的温度变化打破了全球天气系统的微妙平衡，使干旱等极端天气频发。

季节变换：危险的变化

随着气候变暖，每年全球有许多地区提前进入春季，导致动植物提早从冬眠中苏醒。10年间，北极地区春天的到来提前了约16天；在北美，马萨诸塞州蓝莓的花期比19世纪中期提前了3～4周。

不过，在全球变暖的背景下，气候的变化是难以捉摸的——在美国的一些地区（比如佛罗里达州和得克萨斯州），春天实际上来得更晚了。这些不可预知的变化会使植物面临更大的风险，如遭遇终霜。终霜会对植物的柔弱新芽和花蕾造成损害，甚至杀死幼嫩植物。

不断变化的霜害风险

随着气候变暖，植物花期会提前，但终霜日期并不一定同步改变。这些因素给不同国家带来了不同的影响。

图例

- 霜期
- 终霜日期
- 开花植物种类和数量
- 历史花期

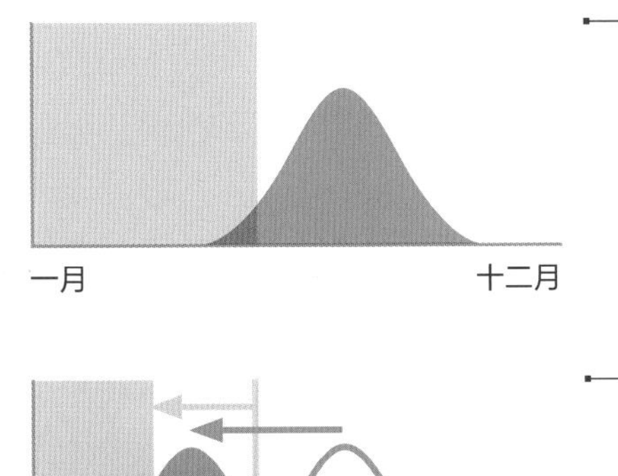

1960年前

气候稳定意味着花期和霜期几乎没有重叠，霜害影响有限

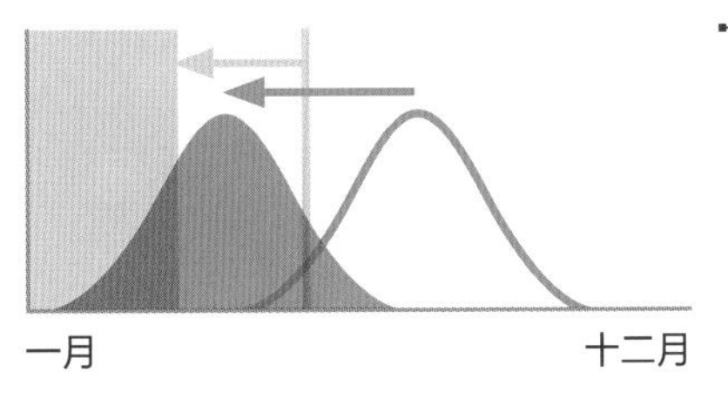

如今的英国

由于开花日期提前的速度快于霜冻期消退的速度，霜冻损害的风险**增加**

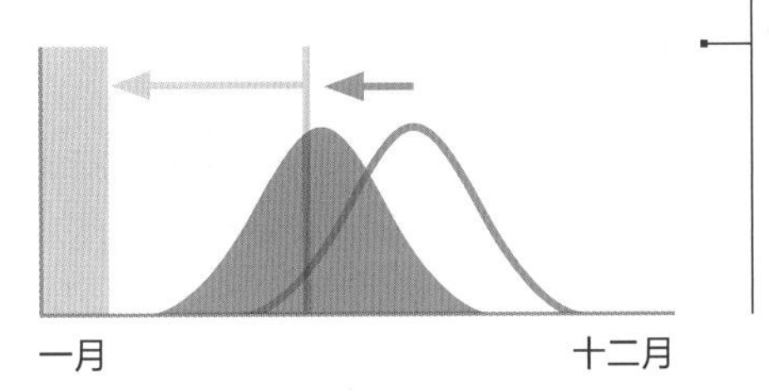

如今的美国

霜冻损害的风险**降低**，因为霜冻期的消退速度快于开花日期提前的速度

适应才能成功

不断变化的气候带来了新的挑战和机遇，因此，园丁应当摈弃一些传统的种植建议。生长期的延长不仅使园丁有了更多的选择，胆子也更大了：很多生活在纬度较高地区的园丁可能会尝试种植以前主要生长在地中海地区或低纬度地区的植物。

而对于生活在温带地区的园丁来说，生长期的延长可能有助于粮食作物的生长，提高蔬菜和水果的收成。不幸的是，新的病虫害也将随之而来。更温暖、更潮湿的环境有利于真菌、细菌和害虫的繁殖，很多以前生活在温暖地带的真菌、细菌和害虫也会向过去较冷的，它们无法生存的地区进发（见第186～193页）。

即使是最顶尖的气候科学家也无法断定气候将如何变化，除了气候将越来越难以预测之外，几乎没有什么是确定的。或许，百年一遇的热浪和山洪暴发将成为“家常便饭”；甚至，在某些年份，除了生命力最顽强的植物外，其他植物都会因遭遇干旱或洪涝灾害而死亡。

园丁需要预见这些挑战并做好准备，及时采取应对措施，比如建造雨水花园（见第15页），培育耐旱（见第109页）植物来代替以前喜欢种的植物等。

终霜日期

（自20世纪60年代以来的变化）

澳大利亚东南部

平均晚4周

伊朗

最多提前23天

波兰

最多提前21天

整地

园艺究竟是什么?

几千年来，人类播种和培育植物不仅仅是为了获取食物和药物，也是为了获得快乐。从巴比伦的空中花园，到20世纪50年代郊区的完美草坪和玫瑰园，再到今天的野生动物的家园，做园艺工作都可以看作一种表达自我的方式。

在花园里，每个人都可以充当设计师、艺术家、技术员和科学观察员——在这里，你拥有属于自己的一片天地，可以随心所欲地种植、修剪。你可以像动物园管理员一样，尽情挑选来自世界各地的植物，给它们一个安身之地。

塑造自然

做园艺工作可以享受植物带来的美好。然而，创造一个繁花似锦、丰收在望的完美绿色世界，通常意味着要干预自然规律。纵观历史，人们一直将做园艺工作视为驯服自然的一种方式，因为人们可以在花园中创造出一个与自然截然不同的世界。在野外，你所看到的植物都是经过竞争生存下来的。每种植物都在争夺一席之地，试图战胜周围的竞争者。无论你生活在何处，自然界的生命节奏都是相同的：一片光秃秃的土地很快便会被“先锋物种”所占据，它们的种子随风飘荡。这些首批“殖民者”的凋零和腐烂为土壤增添

自然主义种植风格

草地和花朵共同营造出宛如自然生态环境般的景致，不过这些景致中通常包含一些在自然条件下很难生长在一起的植物。

北美草原

参考北美草原，由精心管理的草地和晚花多年生草本植物组成。

草甸

以多年生中生草本植物为主。

了养分，也为之后大型植物的生存和繁衍创造了条件。在不受外界干扰的情况下，经过这种内因演替，疏林或森林就有可能形成。

森林园艺

森林园艺的组成与森林边缘植物的层次相呼应——从乔木到地被植物。这种方式更接近自然，也更自给自足。

乔木

树干高大，可以保护隐私、遮阴和结出果实。

灌木

灌木主干不明显，分枝靠近地面。

多年生植物

任何季节和任何地点均可种植，花朵和叶片形态丰富，生机无限。

地被植物

地被植物株丛密集、低矮，主要用于覆盖地面。

园艺的演变

尽管园艺的潮流和理念在不断演变，但园丁希望自然能服从自己意志的想法没有变。园丁最伟大的技能是维护他们创造的世界，让所有植物都能在其中快乐、和谐地生长。在20世纪的大部分时间里，园丁都在努力修剪出翠绿齐整的草坪，培育出茂盛的植物，还用喷洒农药来防治害虫。然而，到了20世纪80年代，这些做法给环境带来的负面影响逐渐显现（见第22～23页），人们开始青睐看似更“自然”的有机种植方式。如今，自然主义种植风格甚至更加自给自足的种植方式俨然已经成为主流。这些种植方式对花园中的野生动物有益，花园也因此变得更加迷人。

如何实现花园的可持续发展？

在当今这个环保意识高涨的时代，“可持续发展”已经成为一个关键词。坚持可持续发展有益于子孙后代永续发展。要实现可持续发展，就必须做到“取之有道，用之有节”，做园艺工作也是如此。

多年来，我们过度地消耗地球上的资源，回馈给地球的却少之又少。其实，只要重新调整一下我们的做法，就能在很多领域实现可持续发展，包括园艺领域。

减少污染源

如果你正在使用汽油割草机、吹叶机或树篱修剪机，就请认真考虑一下你是否真的需要这些东西。与燃油车不同，园林机械的废气排放大多没有受到监管，它们低效的发动机会排放出大量有害气体。就算只是为家人的肺部健康考虑，也建议大家在可行的情况下，尽量使用手动工具，或改用电动工具。

同时，仔细考虑一下，是否真的需要给植物施肥（见第114～117页）。一包肥料看似无害，但有一些合成肥料是用能源密集型工艺制成的，且使用这些肥料可能会污染水源。其实，定期用有机物覆盖的土壤就可以为植物提供生长所需的全部养分（见第34～35页）。

从空气中提取氮并将其压缩成液体肥料是一项十分艰巨的任务，在这个过程中有大量二氧化碳产生。其危害还不止于此：土壤中的细菌会将其中一些氮转化为有毒的一氧化二氮，而一氧化二氮是比甲烷和二氧化碳更具危害性的温室气体。

此外，肥料容易被雨水冲走，最终流入河流、湖泊和海洋中。在这些地方，高浓度的氮和磷会导致藻类大量繁殖，进而形成“死区”，使这里的生物因缺氧窒息而死亡。如今，有一些对环境危害较小的方法可以用来对付花园中的病虫害。比如，有越来越多的园丁正在使用一种名为“有害生物综合管理”（见第44～45页）的方法来解决这些问题。

节约用水

随着全球变暖，淡水资源将变得越来越珍贵，找到节约用水的方法不仅对环境有益，还能够减少园丁的工作量。供应干净的

将卷纸芯用作花盆

用可生物降解的卷纸芯育苗。可将它们与植物一起移栽到土壤中，以免破坏植物的根系。

符合可持续发展理念的选择

做出积极改变，降低园艺给环境带来的负担，保护野生动物和人类自身的健康。

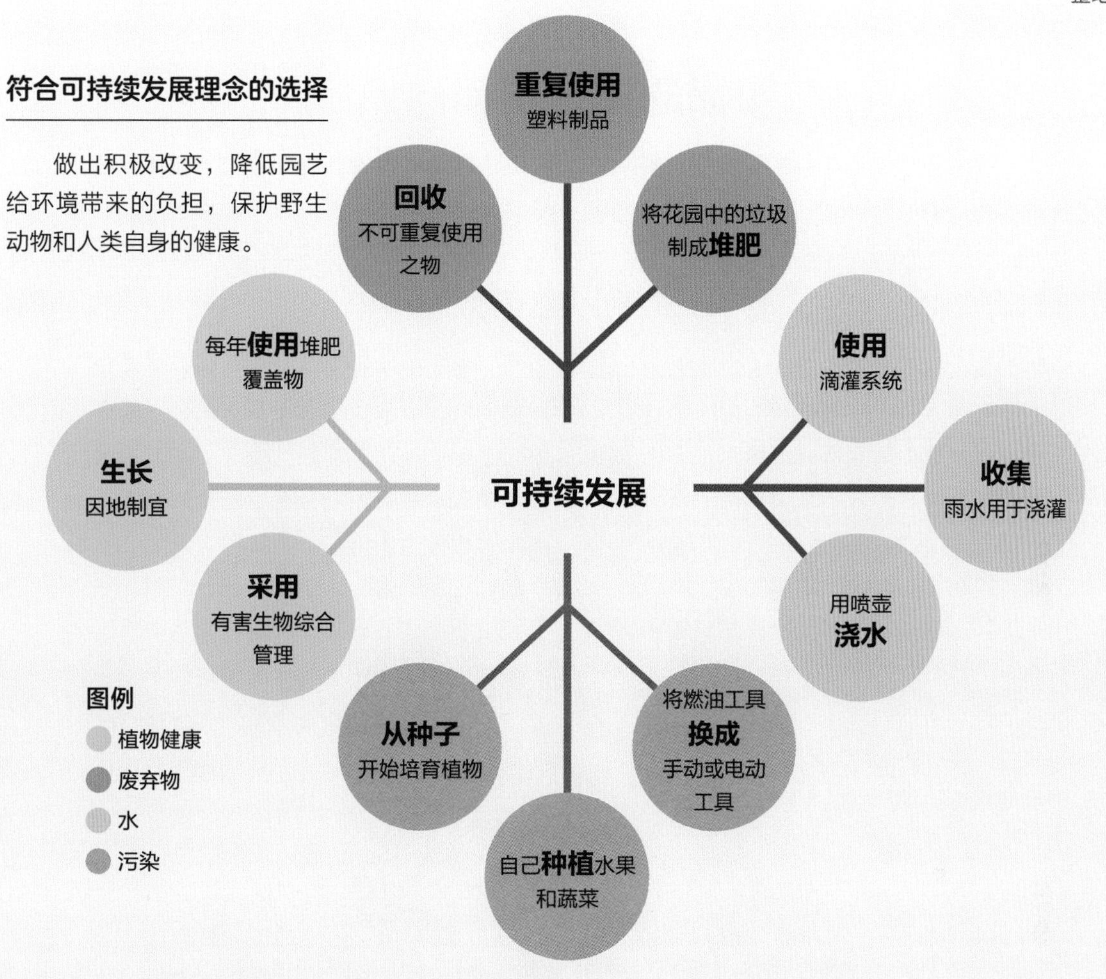

自来水需要耗费大量能源，因此应尽可能利用水槽和浴室中的废水，并用水桶收集雨水。传统的浇水器一般每小时会喷出4500升的自来水，这会消耗大量水资源，因此应考虑淘汰这种系统，尽可能改为手动浇水或安装滴灌系统（见第107页）。

循环生活

减少资源消耗、重复使用物品，以及回收剩余物品，有利于实现可持续发展。生活中，应只购买真正需要的东西，避免使用一次性塑料制品，并尽可能重复使用物品。自己种水果和蔬菜不仅可以减少开支，还能减少塑料包装的使用。将未吃或要丢掉的食物与花园垃圾放在一起进行堆肥处理，能够为农作物提供养分（见第180～183页）。

如何选择花园朝向?

园丁喜欢谈论花园的朝向。当然，对一块土地来说并没有什么朝向可言，不过了解花园一天中是始终能被阳光沐浴，还是阳光大部分时间都被房屋遮挡了是很有用的。

随着太阳的位置在天空中移动，建筑物和高大树木投下的阴影也会有变化，花园中各个区域一天中获得的光照是不同的。对地球上的大部分地区来说，正午阳光不会从头顶直射下来，而是会以一定的角度照射下来。如果你住在北回归线以北，那么正午时，太阳始终位于南边的天空（除极夜情况外），因此建筑物和树木的影子都朝向北边。

评估朝向

还是以北半球为例，当你的花园在房屋前面时，背靠房屋，手持指南针，指南针指示的方向就是花园的朝向。如果花园不幸朝北，那么它就会缺少阳光的沐浴；如果指南针指向南，那么花园就是坐北朝南的，这意味着一天中的大部分时间，它都能被阳光照射到（没有其他遮挡的情况下）；朝东的花园能够享受清晨的第一缕

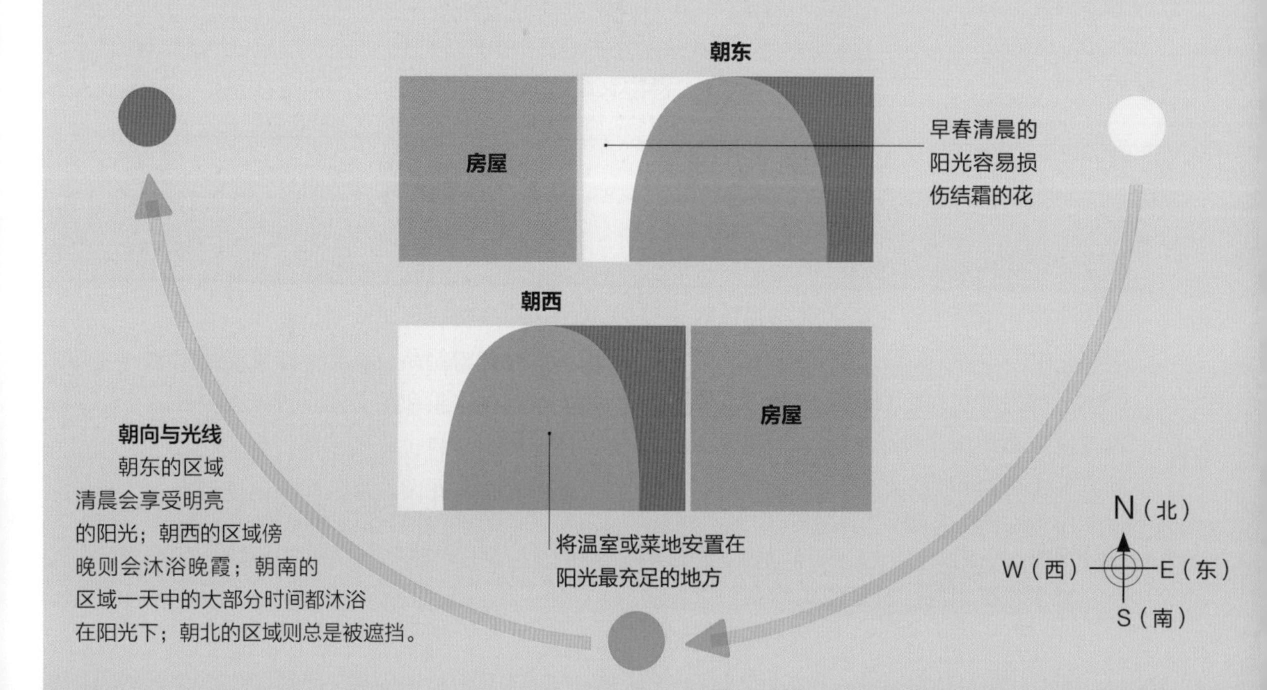

朝向与光线 朝东的区域清晨会享受明亮的阳光；朝西的区域傍晚则会沐浴晚霞；朝南的区域一天中的大部分时间都沐浴在阳光下；朝北的区域则总是被遮挡。

阳光，而朝西的花园则能沐浴温柔的晚霞。如果你的房子前后都有花园，那么它们的朝向就是相反的，光照情况也大不相同。

斟酌每个细节

花园边上的篱笆或围墙也值得关注。朝南的篱笆或围墙对很多植物来说是最佳种植点，因为篱笆和围墙既能吸收阳光，也能反射阳光，可以为喜热的植物提供额外的温暖，也有助于果实的成熟。

当然，花园的朝向很少能与指南针的指向完全吻合，花园附近的建筑物、树木和高树篱也会遮挡阳光。地块的大小也很重要，小花园周围空地往往较少，而且空地容易被附近的树木和建筑遮挡。因此，要想找出花园中的光照区和阴凉区，最好在一天中的不同时段多多进行观察。

要想最大限度地发挥花园的潜力，最好的办法就是了解花园各个区域的朝向。只有了解花园一天中不同时段各个区域的光照情况，才能合理地安置各种植物，毕竟植物也有自己的偏好。应将需要充足阳光和温暖的植物种植在朝南的区域，而将朝北的区域留给喜阴植物。

根据朝向布局

了解花园的朝向有助于为每种植物找到最佳的种植位置。

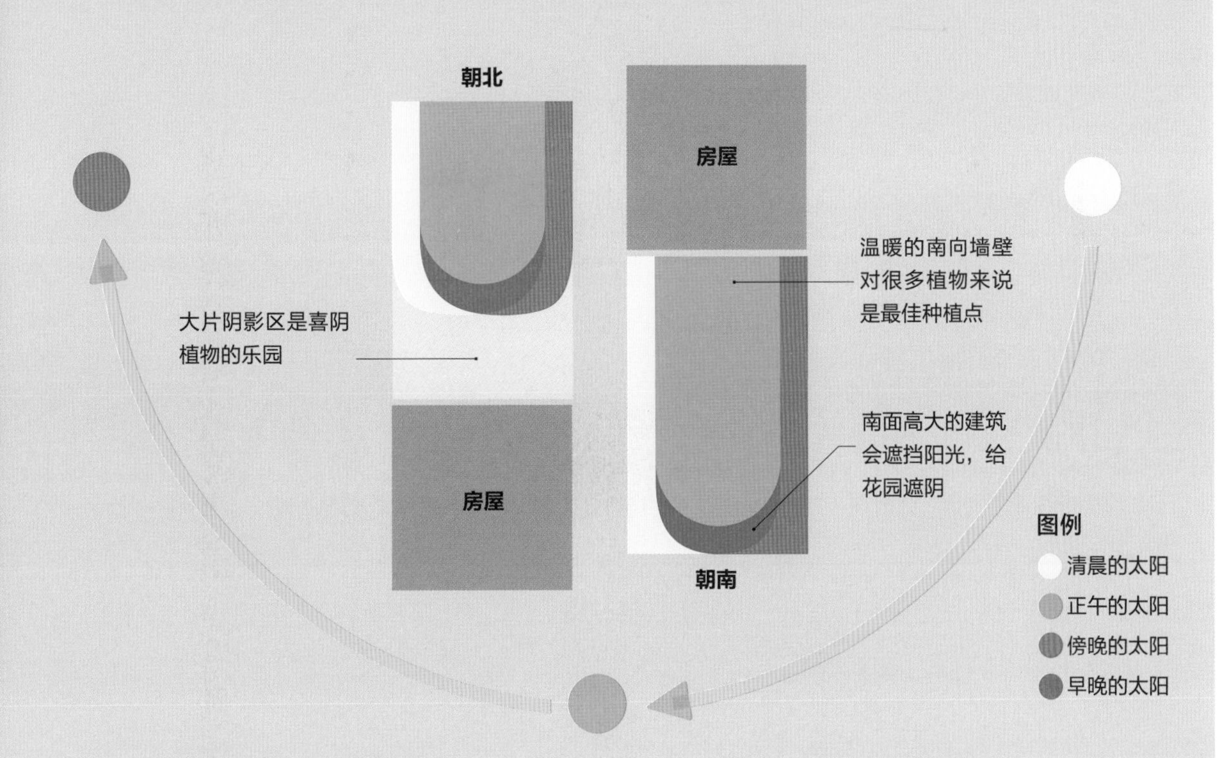

天气是如何影响我的植物的？

虽然每种植物的生长需求各不相同，但不管怎么说，光照、降雨和温度对植物的生长过程都至关重要。考虑到这一点，就不难理解为什么你所在地区的天气（地方性气候）会影响你种植的植物了。

无论一个园丁的种植技术有多么高超，他也无法掌控天气。天气不仅会影响土壤条件，还会影响植物的生长。

光照带来生机

阳光是植物制造食物的能量来源，植物接受的光照充足，有助于其合成充足的能量。一个地区的全年日照时长主要取决于纬度，一般纬度越低，日照时长越长。例如，冰岛年平均日照时数不足1400小时，还不及希腊年平均日照时数的一半。不过，有些低纬度地区的云层长年较厚，这也会对光照时长有影响。岩蔷薇（*Cistus ladanifer*）通常生长在炎热、阳光充沛的地区。鸡爪槭（*Acer palmatum*）等植物则喜欢在阴凉处生长。此外，一些植物还会根据昼长决定是否开花（见第134～135页）。

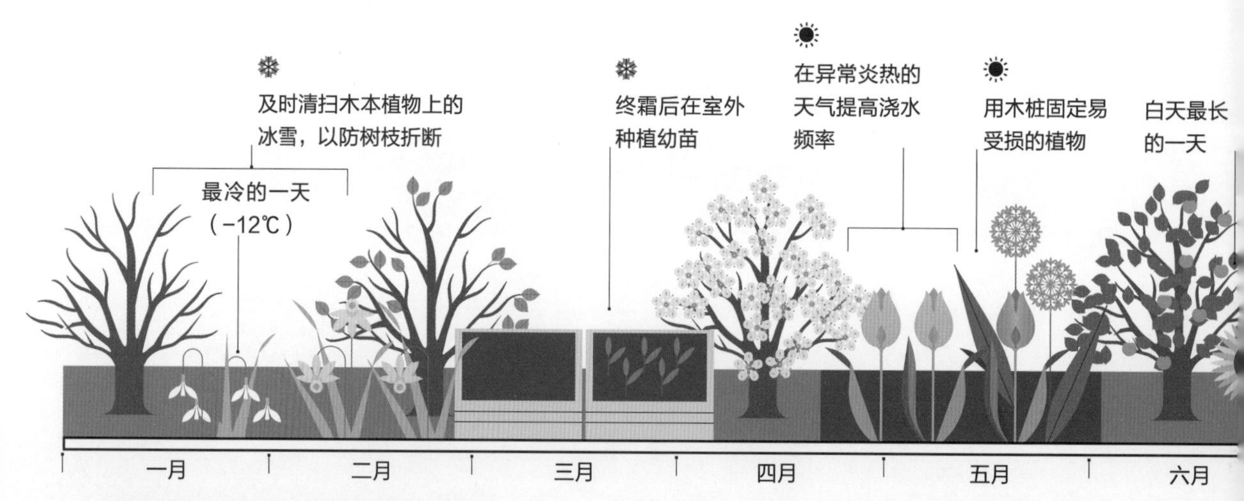

在一年中仔细观察、记录天气情况，能够帮助你决定种什么，知道何时播种、种植、收获最合适。

注意温度

几乎所有生物体内进行的化学反应都是由酶催化的。温度不同，酶的工作效率也不同。通常，酶在温度较高的环境中工作效率更高，但其效率上限因植物种类不同而有所差异。以西蓝花为例，当环境温度超过25℃时，西蓝花中的酶基本会停止工作。对大多数植物来说，当环境温度达到40℃时，叶绿体就会停止工作。果实在温暖的环境中成熟得更快，也更甜，这是因为在最适温度内，随着温度的提高，酶的活性会提高。低温环境会给那些未进化出耐寒能力的植物带来致命的影响，因此园丁在冬天需要格外注意花园的温度（见第72～73页）。

风和雨

园丁都知道风可能会使茎或枝条折断，对植物造成损伤，但往往忽视了风会让空气更干燥。平时，植物体内的水分会以气态形式向大气中散失（蒸腾），而大风会加速这一过程。针叶的表面积较小，受风的影响相对来说要小得多。

雨水能为植物提供生长所必需的水分，不过每种植物对水分的需求量不同。有些植物喜欢在湿度高的土壤中生活，而有些植物只能在透水性好的土壤中生存。

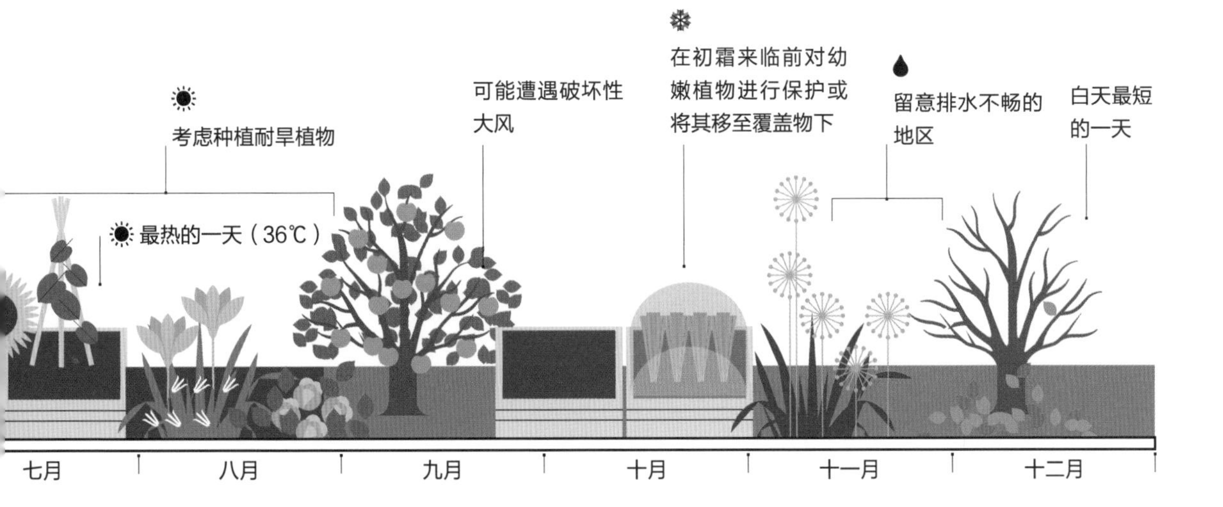

什么是小气候?

每个花园都形成了独特的生长环境，环境会影响光照和雨水洒落的方向，风向和冷空气的聚集也会受到周围建筑物和树木的影响。这就是小气候。

要完全了解花园的小气候可能要耗费数年的时间，但一旦掌握了这些信息，你就能做到因地制宜（见第50～51页）。

朝向

太阳赋予万物生命。一天中太阳在空中的位置会变化，而且，夏天阳光能够直射到的地方，冬天可能会处于阴影中。建筑物、围墙和栅栏也会影响小气候。靠近朝南墙壁的有遮蔽物的区域避风且向阳，该区域的气温可能比花园中其他地方高一些。在北半球中纬度地区的花园中，朝南的墙壁从阳光中接收的光和热可能是朝北墙壁的3.5倍，因此朝南墙壁附近非常适合种植不耐寒的植物或结果实的植物。围墙和栅栏还能为下方的土壤阻挡雨水，在底部形成“雨影”。

有效防风

强风对植物来说并不友好，尤其是对那些常年受盛行风影响、靠近海岸或位于裸露山顶的植物来说。强风通过建筑物之间的狭窄空间时，风向会发生不规则变化。树木、树篱、栅栏和围墙等构成的防风屏障可以降低风速，保护植物。很多植被，尤其是乔木，对小气候影响较大，它们能够增加周围空气的湿度（见第14页）。落叶树下的环境会随着季节的变化而变化。

了解小气候

观察花园的环境如何与自然力量相互作用，从而形成影响植物生长的小气候。

雨影

受风的影响，雨水一般是呈某种角度落下的。如果有墙或栅栏阻挡，背风面的土壤就会相对干燥

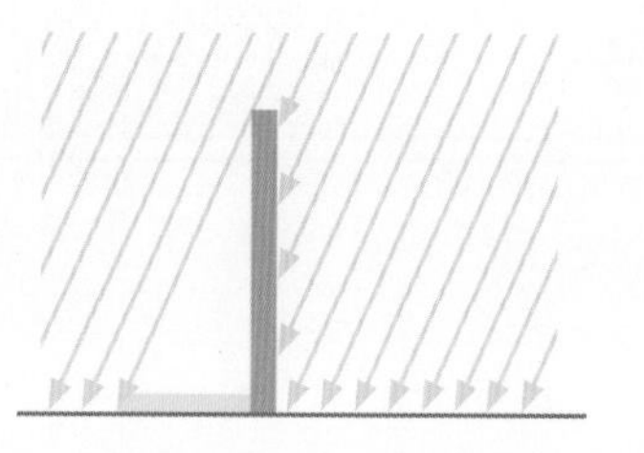

蓄热

墙壁能吸收热量。这些热量会在夜晚慢慢散发出来，为植物提供舒适的生长环境

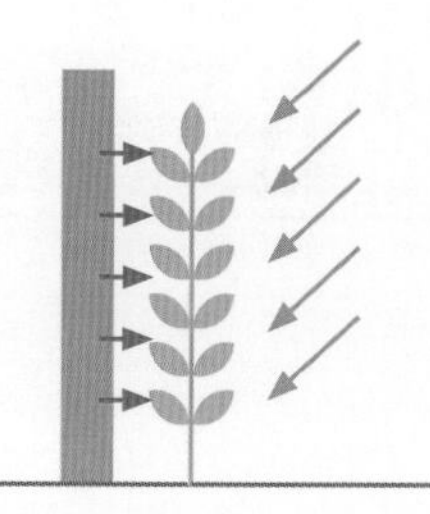

夏天，有些地方处于树冠的阴影下，但到了秋天，叶子落下后，这些地方可能就能享受到充足的阳光。

成霜洼地

注意当地的地形地貌，有助于更好地了解盛行风将如何进入花园以及冷空气可能在哪里聚集。例如，洼地、谷底等都是夜间冷空气可能聚集的地方，从而形成相对寒冷的区域，即“成霜洼地”。

低洼霜冻

冷空气的密度比暖空气的大，因此冷空气会沿着斜坡向下移动，并聚集在洼地或有障碍物的地方。这些地方容易出现霜冻。除了非常耐寒的植物，大部分植物会受到损害

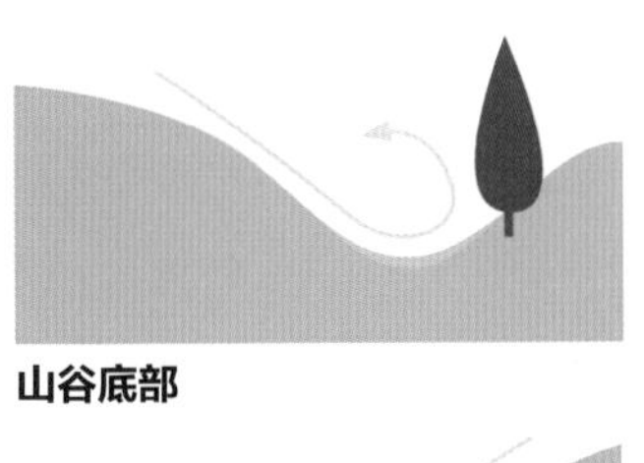

山谷底部

遇到障碍

防风

防风墙的主要作用是降低风速，而不是完全阻挡风。实心墙容易导致风速增加，风向变化不定

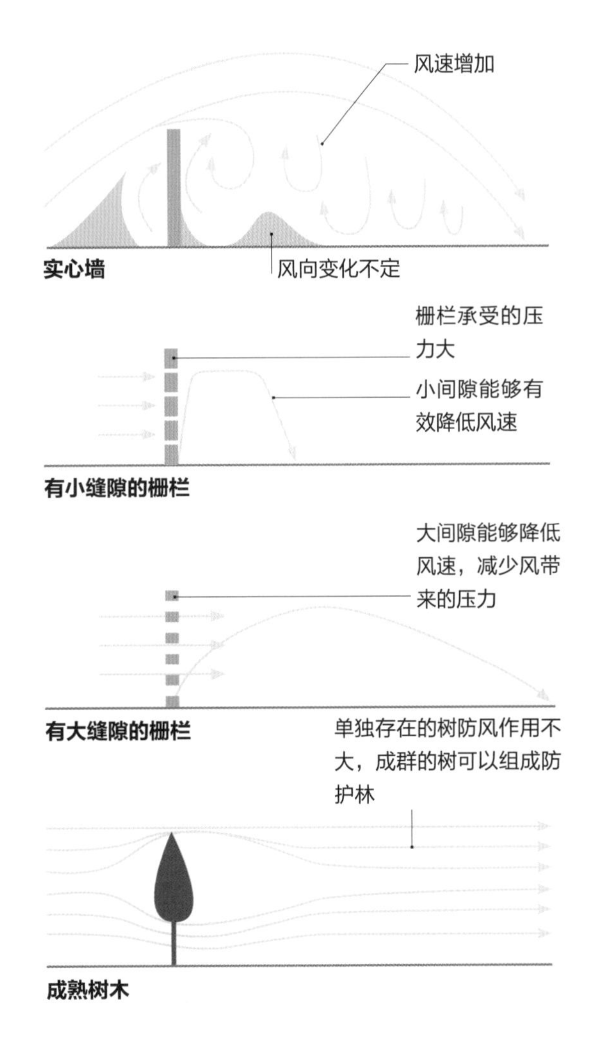

实心墙

有小缝隙的栅栏

有大缝隙的栅栏

成熟树木

什么是土壤?

你或许不会在意脚下的土壤，但它们对动植物来说是非常珍贵的资源，称得上是“无价之宝”。

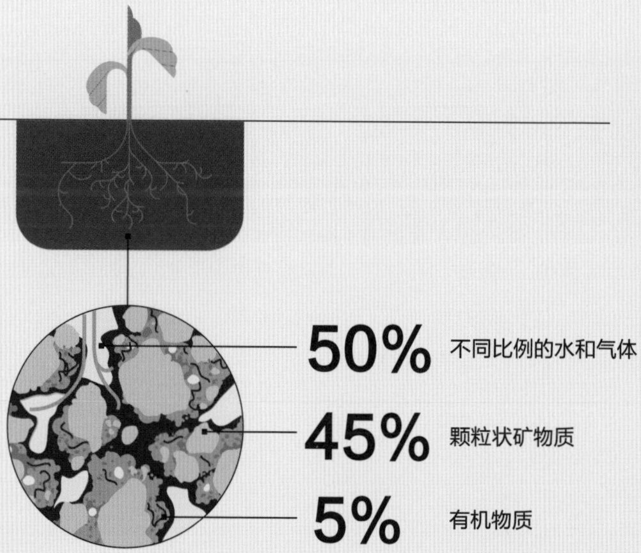

50% 不同比例的水和气体

45% 颗粒状矿物质

5% 有机物质

几个世纪以来，科学家经过研究发现，土壤环境是由各种颗粒状矿物质、有机物质、水分、空气、微生物等组成的。

尽管这些科学发现非常重要，但如果只关注这些具体的物质，就容易忽略土壤的复杂性。近几十年，专家又提出了“土壤食物网”（见第36～37页）的概念，它是指部分生命周期或整个寿命周期均生活在土壤中的生物体群落。

土壤成分

颗粒状矿物质是土壤的主要成分。土壤中还有一小部分（也许是最重要的部分）是动植物腐烂后产生的有机物质。腐殖质的含量与土壤颜色深浅有关，腐殖质含量高时，土壤呈黑色。

复杂的结构

由颗粒状矿物质和有机物质组成的固体土粒是土壤的主体，固体土粒间的孔隙由气体和水分占据。具有良好结构的土壤能让水分通过较大的孔隙向下渗透，同时也能将水保留在较小的孔隙中，供植物根系吸收。健康的土壤一般含有25%的气体，这对植物根系和其他生物来说至关重要。土壤的“活跃度”可能超出你的想象。在透水性好的土壤中，表层约20厘米厚的范围内，气体每小时都在更新。

我用的是哪种土壤?

粒级指将颗粒群按粒径不同分成的若干级别。土壤物质的最大粒组被称为砂粒，粒组直径在20微米至2毫米之间。粉粒的粒径大小介于黏粒与砂粒之间。黏粒直径小于2微米，是土壤中的最细小部分。根据土壤的粒级组成对土壤进行质地类别划分，可以将土壤分为砂土、壤土和黏土三类。要了解土壤的类型，可以观察大雨后土壤透水的情况，即取一把土，试着将其滚成球状，然后观察其特征。砂土很难形成光滑的球状，摸上去有颗粒感；壤土比较容易形成球状，但土壤黏性一般，不易形成长长的香肠状；黏土容易形成较光滑的球状，黏性也较强，可以形成香肠状，即使弯曲成“U”形也不容易断。

砂土

砂土是砂粒含量较高，粉粒和黏粒含量相对较低的土壤。由于砂粒含量高，粒间大孔隙数量多，因此土壤通气性和透水性好，土体内排水通畅；相对的，这种土壤保蓄性差，保水、持水、保肥性能弱，容易造成水肥流失，白天水分蒸发快。另外，这种土壤温度变幅大，中午土壤升温快，晚上降温也快。

壤土

一类土壤砂粒、粉粒和黏粒比例较为适宜于农耕的土壤质地。壤土中砂粒和黏粒含量适中，大小孔隙比例分配较合理，保水保肥，养分含量充足，有机物质转化快，耕性好，土壤中水肥气热以及扎根条件协调。

黏土

黏土是土壤颗粒组成中黏粒含量较高的土壤。一般而言，黏土通透性和耕性差，土壤温度变幅小，对水分和养分的保蓄能力强。黏土在春季升温缓慢，故黏土中的作物大多发芽晚，但后期生长良好。

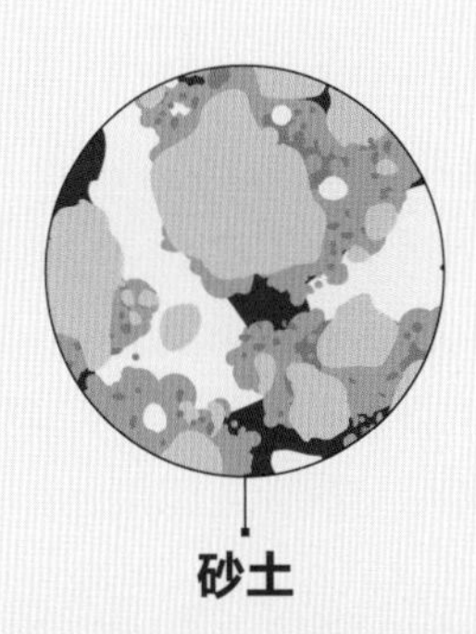

砂土

砂粒含量较高，物理黏粒含量小于15%。土壤透水性好，但保蓄性差

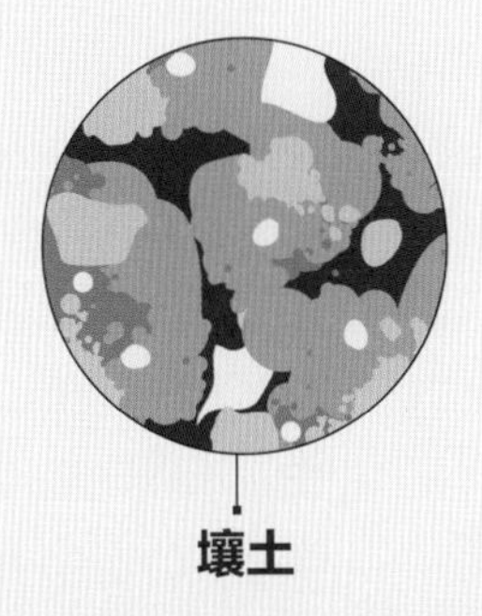

壤土

壤土的物理性砂黏比例一般为6：4左右。由于砂粒、粉粒和黏粒含量比例较适宜，故兼有砂土和黏土的优点

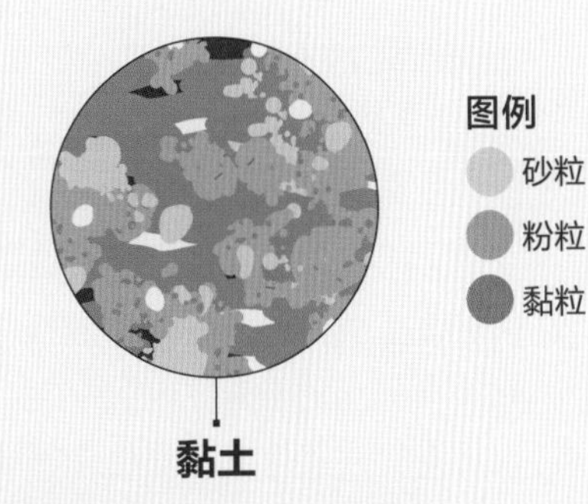

黏土

黏粒含量在25%以上的土壤属于黏土，黏土对水分和养分的保蓄能力强

什么是土壤酸碱度？它对我的花园有何影响？

土壤酸碱度是指土壤酸性或碱性的程度。通常以pH表示。它直接关系着土壤肥力状况、植物生长、微生物活动以及土壤的其他性质。

土壤学上以pH6.5以下的土壤为酸性土壤，pH7.5以上的为碱性土壤，pH6.5 ~ 7.5的为中性土壤。在全球范围内，酸性土壤居多。农作物一般适宜在pH＝7或接近7的土壤中生长。对大多数植物来说，健康生长的土壤pH范围是5.5 ~ 8.5，最理想的是6.2 ~ 6.8。很少有资料提及，土壤pH的水平与母质、地形、植被、气候等有关。花岗岩、页岩母质形成的土壤通常呈中性至酸性，石灰岩母质形成的土壤通常呈中性至碱性。黏土排水缓慢，容易保留碱性物质，因此pH较高，而排水通畅的砂土通常呈酸性。长期使用化肥会导致土壤酸化。

吸收养分

土壤pH很重要，因为它会影响植物根系对养分的吸收。pH过高会使植物难以吸收磷以及诸多微量元素（见第114 ~ 115页），并可能导致“石灰性土壤果树缺绿症”，即植物由于缺乏铁或锰，影响叶绿素的合成，出现叶片失绿的症状。pH较低的酸性土壤会锁住钙、磷和镁三种元素，导致铝和锰的含量更高，甚至可能高到对植物有害的程度。土壤食物网（见第36 ~ 37页）中的各种生物也会受到土壤pH的影响。例如，当pH接近中性时，蚯蚓的数量最多，而当pH下降时，土壤中细菌的繁殖速度会减慢，从而阻碍它们分解动植物尸体的速度。

因地制宜

了解土壤pH有助于选择合适的植物来种植，以达到最佳效果。市面上有很多工具可用来测试土壤pH，但要得出一个精确的数值，一般需要在实验室进行测试，因为看似微小的误差可能导致很大的不同。网络上关于如何“调整”土壤pH的建议比比皆是。例如，如果想种植喜酸的植物，就给土壤添加硫基肥料；如果想要健康的蔬菜，那就添加石灰。然而，一般来说很难准确把控这些添加剂的用量，而且就算添加了这些东西，土壤pH一般也会很快恢复到原来的水平。贸然改变土壤pH还会危及土壤食物网的健康。适用于所有类型土壤的最佳策略就是定期在土壤表面添加一层堆肥，这样往往会使土壤酸碱度趋向中性。这样一来，你只需要尽情观赏花园中的草木自然生长就好。

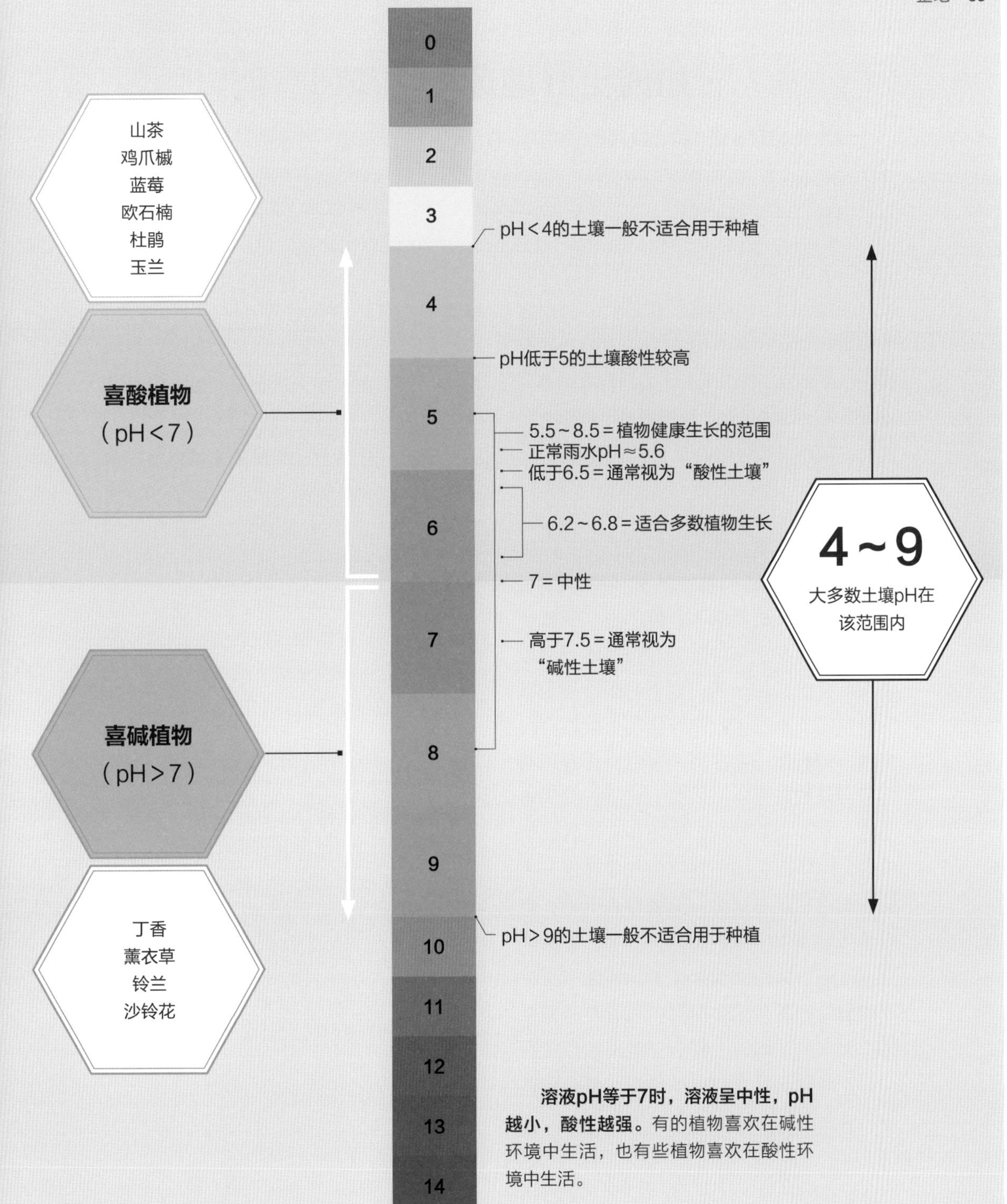

溶液pH等于7时，溶液呈中性，pH越小，酸性越强。有的植物喜欢在碱性环境中生活，也有些植物喜欢在酸性环境中生活。

如何更好地改良土壤?

科学研究已经证实，通过翻土和添加诸如沙砾、石灰等“改良剂”来改良土壤的做法是错误的。最新科学研究表明，改善土壤的最佳方法是避免频繁翻土，并定期将有机物覆盖在土壤上。

土壤是花园中宝贵的资源之一，但多年来很多园丁可能一直在用错误的方式对待它。很多园丁都以为翻土可以清除杂草、增加空气、改善排水，还能提高土壤肥力。然而，最新研究表明，事实恰恰相反。

不要翻土

实际上，翻土后土壤中往往会长出更多杂草，因为埋在地下的种子会被翻出来，并被明亮的光线和新鲜的空气唤醒。翻土还会破坏土壤的结构，就像地震会破坏建筑物的结构一样。频繁翻土会使土壤变得紧实、不透气。而健康的土壤具有海绵状结构，在一定范围内对水资源有积蓄作用。仔细观察土壤，我们可以看到固体土粒，它是由颗粒状矿物质和有机物质组成的，固体土粒间的孔隙由气体和水分占据。土壤中还有细菌、真菌等微生物，它们是土壤食物网的一部分。用铲子翻土后，土壤的结构就被破坏了。刚翻完土，固体土粒间的孔隙会变大；随着时间的推移和雨水的冲刷，土粒会更紧密地聚集在一起，导致土壤变得更加紧实。更糟糕的是，这会伤害脆弱的土壤食物网。

覆盖有机物

要保护土壤结构和维护珍贵的土壤食物网，需要在土壤上覆盖有机物。这样做除了有上述功效外，还能防止杂草丛生（见第38～39页），有助于土壤保持水分和热量，减少植物夏季对浇水的需求，降低植物冬季遭受冻害的风险。在深秋时节，用堆肥覆盖土壤，可以保护土壤免受雨水的侵袭（雨滴的时速可达到约30千米）。堆肥是由植物残体为主、间或含有动物性有机物和少量矿物质的混合物经堆腐分解制成的物料，可用作土壤调理剂（见第180～181页），迅速为土壤食物网提供养分并促进新生命的生长。在堆肥和土壤的交界处，昆虫、蚯蚓和微生物努力消化这些物质，并将其融入土壤中。还有一种方法是用植物覆盖土壤，比如在每年的种植间隔期播种“覆盖作物”（如三叶草或胡卢巴）。当这些植物死亡、被分解时，它们就变成了“绿肥”。随着植物的分解，养分也将返回到土壤中。

土壤是一个生命系统

花园里的土壤不是没有生命的尘土，而是一个由多种动物、真菌和细菌等组成的充满活力的生态系统。为了你的土壤考虑，你应当学习如何呵护土壤，尽量减少对土壤的破坏。

有机堆肥

无论是自制的还是购买的堆肥都可以滋养土壤中的生物，为植物提供养分

杂草

通过铺设覆盖物和减少翻土来减少杂草的生长

植物根系

健康的土壤充满孔隙，为根系生长提供空间，并存蓄空气和水分

微生物

微生物以有机物为食，能够与植物相互作用

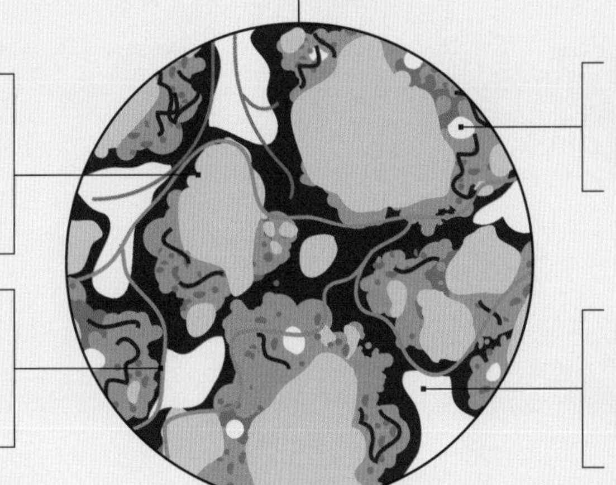

土壤[自然]结构体

由团聚作用形成的团聚体和由干湿交替、膨胀收缩作用形成的不规则土块

菌根真菌

与植物根系形成菌根共生关系，为根系提供水分和养分，以换取富含能量的植物多糖

毛管孔隙

土壤孔径小于0.10毫米的孔隙称为毛管孔隙，毛管孔隙的存在使得土壤具有持水能力

非毛管孔隙

大于等于0.10毫米的孔隙称为非毛管孔隙，非毛管孔隙不具有持水能力，但能使土壤具有通气性和透水性

什么是土壤食物网？为什么它很重要？

大多数园丁对自己的土壤知之甚少，因此他们可能会对一茶匙的土壤中竟有那么多的生物感到惊讶。土壤中的生物体群落被称为“土壤食物网”，其对土壤、植物甚至地球的健康都至关重要。

区区一捧土壤（200克）中就可能含有1000亿个细菌，5000种昆虫、蛛形纲动物和小型的脊椎动物。这还只是一部分：土壤中还有藻类、线虫和无数其他微生物。这些生活在土壤中的生物相互依存，形成了一张错综复杂的生命之网。

线虫和节肢动物以微生物为食，而鸟类等更大的动物又以线虫和节肢动物为食。蜗牛、蛞蝓、昆虫和线虫等无脊椎动物通过咀嚼、撕碎和消化植物，将其分解成更小的碎片。以上这些进食活动都会产生粪便，这为大量微生物提供了食物。这种复杂得令人惊叹的生命系统共同维持土壤健康，并滋养和保护在其中生长的植物。

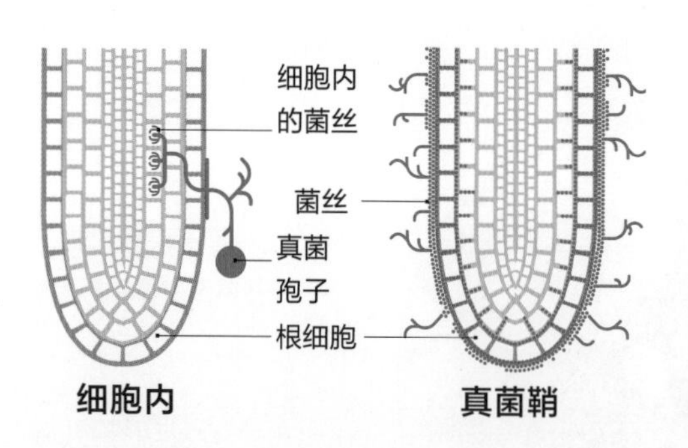

菌根真菌与植物根系形成共生关系。为了换取糖分，菌根真菌的菌丝在根上“钻洞”或用菌丝的“鞘”包裹根，将水分和养分输送到根中。

植物与真菌互利共生

真菌在土壤食物网中发挥着关键作用。它们擅长分解很多生物无法消化的东西。真菌对植物的生存也至关重要。很多人觉得真菌就是蘑菇，但其实这些地上的我们能看到的真菌只是真菌大家族的冰山一角，地下还分布着数以百万计的细小的像毛发一样的菌丝。

菌根真菌与大约90%的植物（包括几乎所有树木）建立了长期的共生关系。植物根系为菌根真菌提供含糖液体，作为回报，菌根真菌将菌丝延伸至根系无法到达的地方（有时甚至长达数千米），以获取宝贵的水分和养分。这些菌丝实际上可以

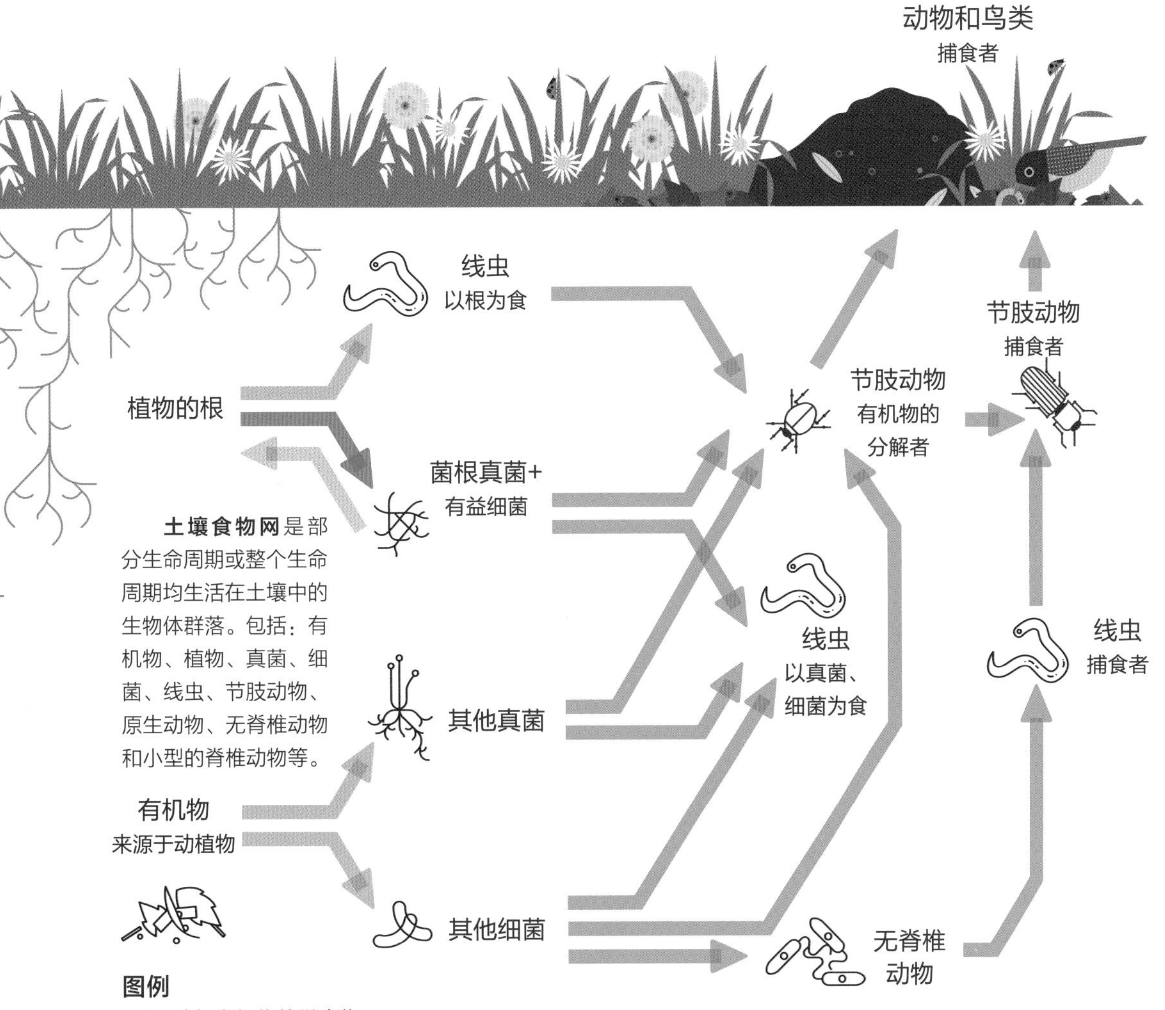

土壤食物网是部分生命周期或整个生命周期均生活在土壤中的生物体群落。包括：有机物、植物、真菌、细菌、线虫、节肢动物、原生动物、无脊椎动物和小型的脊椎动物等。

渗透到植物根系的细胞中（见第36页左下角图），为其提供大量营养物质，如氮、磷酸盐和锌。更为神奇的是，菌丝还能将植物连接起来，形成一张网，使植物可以分享养分。菌丝还可以在发现疾病时发出化学警报，甚至释放毒素来毒杀敌人。

有益微生物

微生物对植物的健康非常重要。植物将约40%的能量用于产生土壤中的黏性分泌物，来为微生物提供食物。微生物群围绕着植物的根系，吸收植物分泌的糖分，同时为植物提供食物和保护。有些细菌甚至可以直接从空气中提取氮，来为植物提供重要养分（见第114～115页），而人类只有在超过400℃的高压工业桶中才能做到这一点。

杂草到底该不该除?

杂草对园丁来说可能是生长在不该生长的地方的植物。但是，正所谓“情人眼里出西施”，对野生动物来说，有许多“杂草”既有吸引力，又具价值。当然，也有一些杂草确实应该除掉。

杂草可以说是“土壤和阳光争夺战”中的胜利者。虽然它们的存在可能会给园丁带来麻烦，但这些饱受诟病的植物往往对土壤和野生动物有益。它们生长速度快，能迅速覆盖裸露的土壤，使其免受侵蚀。

除杂草的方法有很多。虽然合成除草剂很有效，但最好还是别用，因为研究表明，它们可能会伤害土壤中的微生物等生命。考虑到杂草的益处，也许是时候让我们更多地了解杂草，并在栽培植物时为它们留出一些空间了。

一年生和多年生植物

人称“杂草”的植物往往生长进度快，而其生长往往又以牺牲周围植物的利

富含果蜜

药用蒲公英的花是由许多黄色舌状花组成的头状花序。

药用蒲公英

这些多年生植物的花头生机勃勃，是昆虫春季采蜜的重要场所，因此园丁完全有理由在花园的角落里种上几株药用蒲公英。

益为代价。它们霸占阳光，甚至用茎缠绕周围的植物，从而导致植物死亡。杂草要么是多年生植物，年复一年地从长长的主根或蔓延的地下茎中生长出来；要么是生长迅速的一年生植物，在一个季节中生长、开花并结出成千上万颗小种子。杂草的种子可以被风从邻近的花园吹到你的花园，也可以附着在鞋底上被人带到花园中，或者是在土壤中耐心等候，直到被翻到土壤表面时再发芽生长。入侵植物通常是指从海外自然传入或人为引种后成为野生状态，并对本地生态系统造成一定危害的植物（见第54～55页）。一旦发现入侵植物，最好立即清除。

有效除草

在一年生杂草结籽之前及时将其拔除，可以阻止下一代的产生，但要注意尽量减少对土壤的翻动，因为土壤中可能储存了大量种子，正等着被带到土壤表面后发芽的机会。多年生杂草比较难清除，因为很多杂草都可以由小块组织再生（见第128～129页）。有一种较为轻松的方法是剥夺光照，以阻止杂草进行光合作用（见第62～63页），从而使它们无法获得生长所必需的能量。具体做法之一是用纸板、黑色塑料板或其他可以遮挡阳光的材料完全覆盖土壤。这样一来，即使是根系储存了丰富能量的多年生杂草最终也会死亡（尽管这一过程可能需要一年或更长的时间）。更有效的方法是，在杂草上铺上至少5厘米厚的堆肥或树皮碎屑等会腐烂的有机覆盖物，这样也能达到同样的效果，同时还能滋养土壤。

养分的一种来源

这些贪婪的杂草中富含氮和其他珍贵的养分（见第114～115页），可以等它们彻底干燥后将它们加入堆肥中（见第184页），或者将其浸泡在水中2～4周，制成液体饲料，令这些养分回归土壤。

入侵植物

研究表明

根除巨型猪草需要约

10

年时间

根除日本虎杖需要

3～4

年时间

40000
荠
（*Capsella bursa-pastoris*）

25000
繁缕
（*Stellaria media*）
欧洲千里光
（*Senecio vulgaris*）

12000
药用蒲公英
（*Taraxacum officinale*）

多产的播种者

这些常见的植物几周内就能结出成千上万颗种子，给园丁带来麻烦。

在容器中种植是否更轻松?

在容器中种植对园丁来说有很多好处，植物在容器里也能够与在土地里一样茁壮成长。不过，根被限制在容器内意味着植物必须依靠园丁的精心照料才能获取足够的水分和养分。

小到花盆，大到高架床，植物能够在任何底部有排水孔的容器中茁壮成长。你可以利用容器来为那些无法在你的花园中生长的植物创造一个完美的生存环境。例如，如果花园中的土壤是碱性的，你就可以把蓝莓种在装有酸性土壤的花盆中（见第32~33页）。

简易防护

找一些没有杂草种子的土壤和堆肥，这样你就不会被杂草困扰了。在容器中种植植物有助于让植物远离蛞蝓和蜗牛分泌的黏液。天气转冷后，可以将花盆移到遮盖物下，使耐寒性较差的植物免受霜冻。

需要更多呵护

在容器中种植植物也有弊端。由于堆肥量有限，在容器中生长的植物在寒冷的天气更容易受到伤害。另外，容器中的土壤往往干得快，需要定期浇水。

容器的空间有限，这会限制植物的生长以及它们对营养的获取，因此需要定期施用合适的肥料和换盆。相对于花园中的土壤，容器中的土壤中真菌和其他微生物的数量和种类可能有限，植物可能缺乏这些微生物的滋养和保护。

获取生长所需的资源

在容器中生长的植物无法像在自然环境中生长的植物那样获取充足的水分和养分，只能完全依赖园丁的呵护。

水分
雨水落在土壤上，被植物利用

根
根在真菌和其他微生物的帮助下，从土壤中获取水分和养分

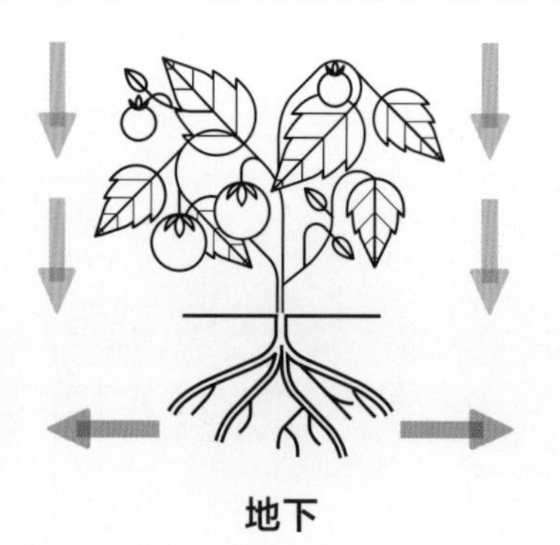

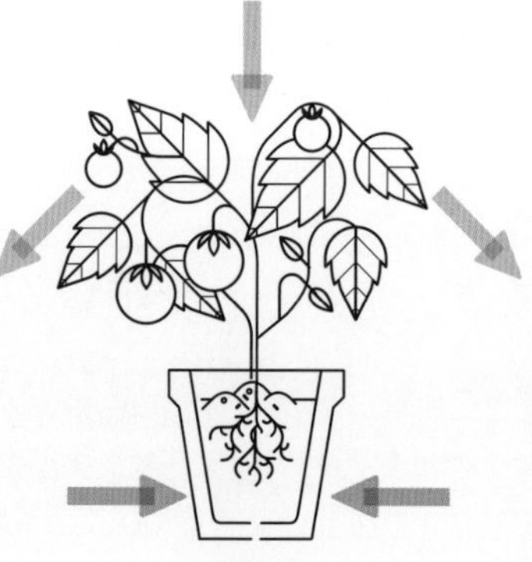

水分
雨滴从叶片上流下，土壤只能吸收一部分水分

根
根在花盆中无法充分延伸并寻找水分和养分

该买哪种类型的堆肥？

市面上有各种各样令人眼花缭乱的堆肥，它们是根据不同的目的和植物生长阶段配制的。应当选择适合自家植物的堆肥，并考虑其成分对环境的影响。

施用于盆栽的堆肥的质地、营养成分和pH都需要与其使用对象的需求相匹配，因此应当仔细挑选。

与使用对象相匹配

种子堆肥透水性好、养分含量低，适合用于发芽阶段的种子，不过从测试来看，优质品牌的多用途堆肥同样适合发芽阶段的种子。

大多数适用于盆栽的堆肥含有大量有机物，但也有一些含有表土，这些表土经过高温处理，其中的杂草和微生物已被杀死。这种堆肥较重，可在数年内使根系保持良好的结构，适合用于长寿的灌木或乔木。

选用无泥炭堆肥

由于人们对使用泥炭造成的影响感到担忧（见第42～43页），因此不含泥炭的堆肥应运而生。将木纤维或椰壳纤维等泥炭的替代品添加到堆肥中，有助于堆肥保持水分，并使堆肥体积增大，但它们不如泥炭稳定。

椰壳纤维

这种椰子加工业的副产品被宣传为泥炭的环保替代品。

但是，将椰子壳加工成椰壳纤维可能需要6个月的时间，且加工过程中需要大量的水，然后再从印度、斯里兰卡和东南亚国家运输到世界各地。

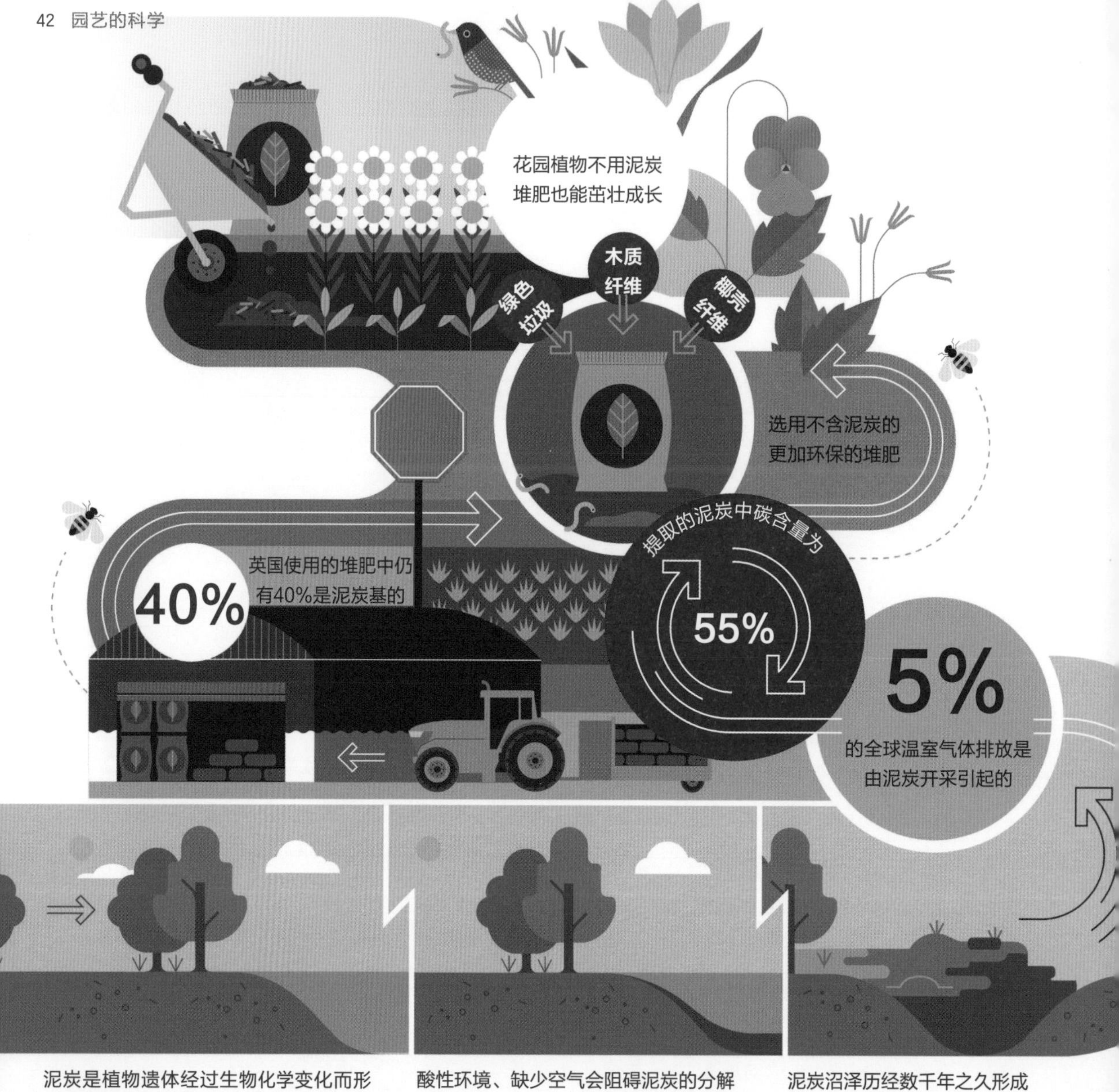

泥炭是植物遗体经过生物化学变化而形成的堆积物

酸性环境、缺少空气会阻碍泥炭的分解

泥炭沼泽历经数千年之久形成

从沼泽到花园

在花园中使用含有泥炭的堆肥容易对土地造成破坏，并释放更多的温室气体。

泥炭地中封存着全球大约**25%**的土壤碳

泥炭地约占全球陆地面积的**3%**

使用泥炭有哪些坏处?

泥炭富含有机质和植物生长所需要的营养元素，可以让很多植物茂盛生长。目前，它仍被广泛用于适用于盆栽的肥料中，但它确实应该被淘汰了：它能让你的牵牛花漂亮地绽放，但这是有代价的。

泥炭的好处

泥炭可以帮助固定并保存堆肥中的水分，并为生长的植物提供稳固的支撑。泥炭有着疏松的纤维结构和孔隙，可以帮助改善堆肥的通气性，促进有机物的分解和氧气的进入。

破坏森林

泥炭的形成是一个漫长的过程，需要湿地、水、植被和缺氧等环境条件。从泥炭层中开采泥炭并将其制成肥料，可能会让沉睡在黑暗中几个世纪的微生物被唤醒。它们从酸性环境中解脱出来，释放出二氧化碳和甲烷。泥炭中富含碳，几个世纪以来，人们一直在燃烧干燥的泥炭砖来取暖和获得能源，直到今天，仍有一些国家在这样做。泥炭有时甚至被称为“被遗忘的化石燃料”。

荒芜的泥炭地

那些使用泥炭的园艺爱好者可能在无意间对独一无二的栖息地造成了破坏。与普通土壤不同，构成泥炭地的沼泽和湿地完全被水淹没，因此通常能分解树叶、树枝和其他植被的真菌、细菌和其他很多生物在这样的地方往往会窒息而死。泥炭地本应是一片荒芜之地，但大自然在这里孕育出奇特的植物群和苔藓（尤其是泥炭藓），这里也成了许多稀有的动植物的家园。然而，那些热爱大自然的人仅仅为了自家植物能生长得更好，就破坏了如此珍贵的生物多样性，这无疑是一件令人痛心的事。

泥炭产品是“可持续”产品?

一些泥炭产品在市场上被标榜为“可持续”产品，但这种说法已经遭到科学家的否定。

泥炭地每年以约1毫米的速度更新，因为地表的苔藓会生长和死亡。一些北美的泥炭产品生产商在销售所谓的“可持续”泥炭时声称，他们只剥去表层苔藓下面的干燥层，或者他们所采集的泥炭只是整个泥炭储量的一小部分。但有科学家提出，任何泥炭产品都不是可持续的，而且每采集少量泥炭，都会向空气中释放大量二氧化碳。

我需要使用农药吗?

使用农药或许可以快速清除杂草或蚜虫，但农药的成分可能对人类和环境有害，还可能使一些问题更加严重。减少农药的使用有诸多益处，而且如今有更好的产品可以代替农药。

农药是一个统称，指用来防治农、林、牧业中各种有害生物和调节作物生长发育的化学和生物药品。它包括能杀死杂草（除草剂）、昆虫（杀虫剂）、真菌（杀菌剂）、老鼠（杀鼠剂）的产品以及植物生长调节剂。从本质上讲，所有农药都对生命有害，只是有些农药毒性相对更大。大多数农药在较短时间内可通过化学或生物的途径降解，最终分解成无毒物质。也有一些农药性质稳定，不易降解，残留期很长，可能造成环境污染，使生态系统中的非目标生物受到伤害，引起生态失调。农药还可以通过风吹雨淋、灌溉等转移到大气和水中，毒害更多生物。虽然如今，农药的生产受到严格监管，但使用农药仍可能引发一些令人意想不到的后果，比如，高效的新烟碱类杀虫剂会毒害蜜蜂的大脑，而人们广泛使用的草甘膦除草剂会影响微生物和哺乳动物的健康，还可能与癌症的发生有关。

远离杀虫剂?

美国居民在草坪上使用的杀虫剂剂量是农民在农作物上使用的量的10倍。有证据表明，使用杀虫剂会导致昆虫数量急剧下降，而且杀虫剂会损害人类的健康，因

有害生物综合管理

简称IPM，其核心理念是最大限度地借助自然的力量，综合运用各种农业技术，将农业有害生物造成的不良影响减少到最低限度。

研究

了解潜在的害虫以及它们可能出没的时间：

- 查阅园艺类书籍，浏览相关网页，认识植物及与之相关的害虫。
- 使用诱捕器来检测害虫的存在。

知识

使用技巧来预防问题的发生：

- 通过因地制宜来为植物提供良好的生长环境（见第50～51页）。
- 在土壤中添加有机物，以培育具有强大防御能力的健康植物。
- 轮作和清理病株，防止问题发生、持续或蔓延。

此许多园艺爱好者正在重新考虑是否真的要为了防止杂草丛生、叶片被啃食或果实不够完美而使用杀虫剂。

实际上，正常情况下，鸟类和瓢虫等会前来捕食花园中的蚜虫等害虫，它们是这些害虫的天敌。一有麻烦就给植物喷杀虫剂，不仅会导致野生动物失去食物来源，还可能杀死害虫的天敌。等到蚜虫等害虫卷土重来时，就没有足够的天敌可以控制它们的数量了。在没有杀虫剂干扰的情况下，害虫和捕食者的数量有可能达到平衡。在这种平衡下，虽然害虫难以完全消失，但其数量会保持在可控范围内——不使用杀虫剂意味着要学会接受害虫的存在。将珍贵的植物与能吸引有益生物的植物穿插种植，有助于实现这种平衡。

了解术语

了解农药标签上的术语有助于选择合适的产品。

接触

只对接触到的部分起作用，比如，只杀叶不杀根。

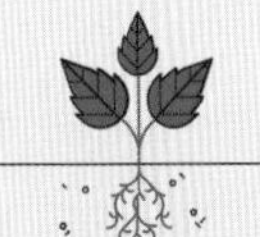

系统性

被植物吸收并分布在所有组织中，杀死整株植物或以其为食的害虫。

选择性

只针对某一特定类型的植物或动物，不会伤害到其他动植物。

非选择性

不加区分地杀死害虫和益虫，或是杂草和花园植物。

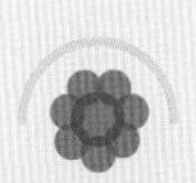

物理保护

采用简单的**物理保护**方法：

- 利用羊毛或防虫网等保护农作物，使害虫远离植物。
- 用手将害虫从植物上摘下或用水驱赶害虫。

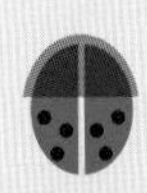

捕食者

鼓励**野生动物**捕食害虫：

- 种植能吸引益虫（如食蚜蝇）的植物。
- 为鸟类提供乔木和灌木，有条件的话还可以为青蛙和蟾蜍提供池塘。

“天然”杀虫剂

如果无法容忍害虫，可以尝试使用**“天然”杀虫剂**：

- 使用含有天然表面活性剂或油的产品来杀灭害虫。
- 硅藻土具有磨蚀性和物理吸附性，可以用于防虫。

化学产品

只在万不得已的情况下使用**化学杀虫剂**：

- 如果你愿意，可以选择不使用杀虫剂。
- 如果不得不用，就找到合适且对野生动物伤害较小的产品。

坚持有机园艺是不是很难？

有机园艺强调的不仅仅是避免使用化学合成品，更是一种思维方式的转变，目的是让植物、土壤和土壤里的生物协同运作。这听起来很难做到，但从长远来看，这往往会让园艺工作变得更加轻松。

有机园艺在生产中完全或基本不用人工合成的肥料、农药等，而采用有机肥满足植物的营养需求，其核心理念是努力与大自然合作共生，而非征服自然。当你不再追求草坪或玫瑰花埔看起来很完美时，这一目标就有可能实现。慢慢地你就会发现，各种植物在没有干预的状态下也可以健康生长。

有机园艺爱好者常常采取混栽的方式来布置自己的花园，利用植物物种在物理和化学上的相互影响来防治病虫害，减少农药等化学合成品的使用。目前的科学研究已经证实，有益的植物组合确实存在（见第86页）。

杀虫剂的替代品

混栽也会使植物的一些“瑕疵”或蚜虫的存在变得不那么明显，让园艺爱好者更容易接受它们的存在，从而使他们减少在花园中喷洒农药的冲动。事实上，用杀虫剂或除草剂对一个区域进行地毯式轰炸的影响是深远的，因为花园里的植物、鸟类、昆虫、哺乳动物和微生物是相互依存的。用来杀死蚜虫的杀虫剂（无论是合成杀虫剂还是有机杀虫剂）也可能消灭蚜虫的天敌，如食蚜蝇和瓢虫，这样当蚜虫再次出现时，就没有足够的天敌来捕食蚜虫了。允许一些害虫在花园中生存，也是给它们的天敌保留活动的空间。在使用杀虫剂之前，可以思考一下有没有替代方案，比如明确作物抗耐病能力及病害自然控害因子，优化作物种类及其栽培措施，引入病虫害天敌，进行有害生物综合管理。

不翻土

“不翻土”代表着工作量更少，土壤更健康，土壤的结构更合理。

“不翻土”的关键在于每年用堆肥覆盖土壤，让堆肥留在土壤表层而不翻土。这样可以使土壤中的养分更丰富，改善土壤结构，维持土壤食物网（见第34～37页）的正常运行，还能在杂草生长之前将其扼杀在摇篮中。如此一来，就能为植物提供生长所需的养分，无须额外使用化肥。利用厨余垃圾，落叶、枯草等园林垃圾可以制成优质的“黑金土”，它是植物的优质肥料。

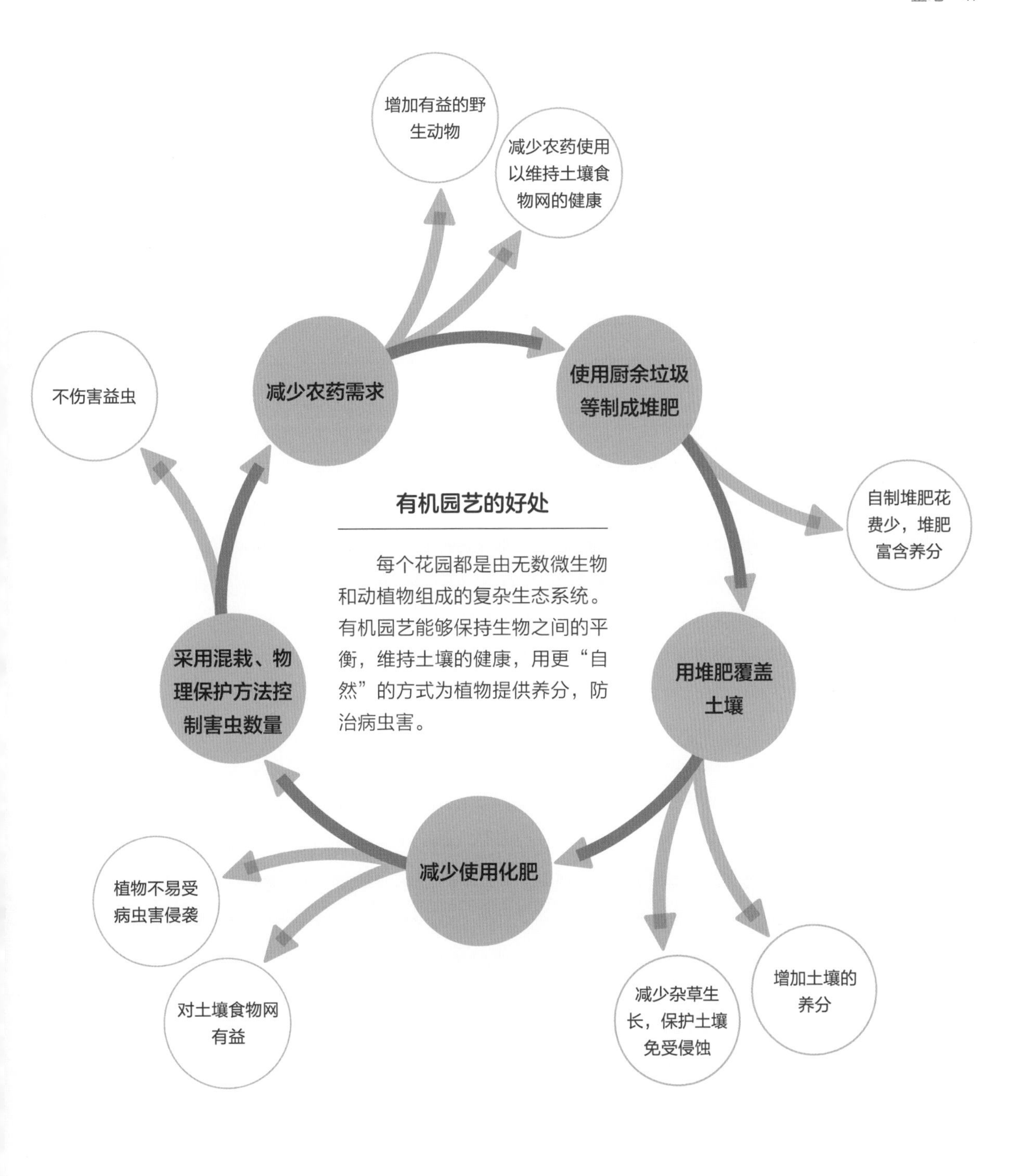
增加有益的野生动物
减少农药使用以维持土壤食物网的健康
不伤害益虫
减少农药需求
使用厨余垃圾等制成堆肥
自制堆肥花费少，堆肥富含养分
有机园艺的好处
每个花园都是由无数微生物和动植物组成的复杂生态系统。有机园艺能够保持生物之间的平衡，维持土壤的健康，用更“自然”的方式为植物提供养分，防治病虫害。
采用混栽、物理保护方法控制害虫数量
用堆肥覆盖土壤
减少使用化肥
植物不易受病虫害侵袭
对土壤食物网有益
减少杂草生长，保护土壤免受侵蚀
增加土壤的养分

高维护与低维护

简单的改变就能让花园所需的日常维护量大不相同。尝试将下面左栏中的做法换成右栏中的做法吧。

修剪草坪

定期修剪草坪，这需要耗费大量的时间和精力

任草坪生长

任草坪生长不仅省时省力，还可以造福自然

放任裸土

放任土地裸露。裸露的土壤容易长出更多杂草

种植地被植物

种植地被植物有助于控制杂草生长

勤翻土

翻土会破坏土壤结构，增加杂草的数量

不要翻土

堆肥可抑制杂草生长，滋养土壤，因此施加堆肥可减少工作量

错误的位置

植物在不适宜的环境中难以生存，需要更多的照料

正确的位置

种植适宜的植物，这样只需要稍加打理，植物就能茁壮成长

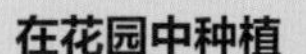

种植盆栽

盆栽植物往往需要更多的照料

在花园中种植

当植物的根在开阔的土壤中生长时，植物对人类的依赖就会减少

怎样才能降低花园的维护成本？

天下没有无须打理的花园。如果花园是根据你的兴趣和需求打造的，那么打理一个生机勃勃的绿色空间未必是一件苦差事。创建一个适合自己的、自己喜欢的空间，你会更容易享受打理花园的乐趣。

舍弃部分草坪

想要降低花园的维护成本，舍弃部分或全部草坪是最省时省力的方法。1平方米的草坪上可能有10万片干渴的草叶——很少有植物像它们一样需要频繁地施肥和修剪。如果草坪没有任何实际用途，那留着就太费事了，还不如换成色彩鲜艳且不需要经常打理的植物。但是，不要放弃拥有绿色空间的机会。用铺路或人造草坪来代替草坪可能可以一劳永逸，但往往会扼杀植物和野生动物的生存空间，并且增加花园内涝的风险。

保持土壤肥沃

避免土壤裸露，因为裸露的土壤很容易杂草丛生。裸露的土壤还很容易遭到风雨的侵蚀和破坏。有效的做法之一是种植地被植物，这样可以防止水土流失，还有助于吸附尘土、净化空气，减少除草和浇水的需要。

植物选择

精心选择植物可以省去很多麻烦。最好根据花园中土壤和光照的条件来安排植物的分布（见第50～51页），这样植物成活后只需少量浇水和养护就可自然而然地生长。最好不要选择一、二年生植物。可以选择种植乔木、灌木或其他多年生植物。此外，可以种植生长缓慢的树篱，如红豆杉（*Taxus*），这样每年修剪一两次即可，维护起来比较简单，植株也很美观。生活在容器中的植物需要经常浇水（夏天可能需要每天浇水）和定期施肥（见第102～103页），如果不想费心打理，最好不要种植盆栽植物，以减少工作量。

生长空间

给树木留出足够的生长空间有助于避免日后频繁修剪枝叶。

何为“因地制宜”？

每个花园都有独特的环境，适合不同的植物生长。“因地制宜”就是根据花园的实际情况选择合适的植物来种植。这样，它们轻松，你也轻松。

一时冲动买下一株植物种在自己的花园，结果想象中的植物茂盛生长的场景并未如期而至，这种情况实在太常见了。由于不了解植物需要的生长条件，也不了解自己花园的环境，对很多园丁来说，种植植物就像买彩票一样，结果往往令人失望。当植物被迫离开它的舒适区时，它可能因为无法获得生长所需的光照、水分和养分，而变得虚弱、易受虫害和疾病侵袭，并更加依赖园丁的照料。

找到适合自家花园的植物

成功的关键在于找到适合在自己的花园中生长的植物。植物已经进化到几乎可以在地球上的任何角落生长，无论环境多么荒凉、潮湿或阴暗，总有植物可以生长。这听起来有些难以置信，但书籍、网站上的资料和从事园艺工作的人都可以证实这一点。只要稍加研究，你就会发现自己有很大的选择余地。你需要不断学习乃至试错，去发现那些能够在自家花园中旺盛生长的植物。了解花园不同区域的温度和朝向（见第24 ~ 25页），并根据不同的小气候选择合适的植物（见第28 ~ 29页），就能减少种植失败的可能性。

观察光照和朝向

根据植物对光照的需求量，植物大致可以分为喜阳植物、喜阴植物和中性植物三类。喜阳植物喜欢整天沐浴在阳光下，其叶片也进化出了“防晒”和保水的能力（见第109页）。喜阴植物的叶片能够在光照条件较差的条件下高效地进行光合作用，但通常“防晒”能力较差，因此容易被强烈的阳光晒伤。中性植物介于两者之间，每天最好只晒4 ~ 6小时太阳，而且最好是在上午，因为上午的光线比较柔和，对植物的伤害较小。

评估土壤

土壤条件也很重要，相隔不过几米的土壤条件就可能有所不同，因此必须了解土壤的类型（见第30 ~ 31页），注意土壤是干燥、排水快且适合许多地中海植物生长的砂土，还是适合喜湿植物生长的黏土。土壤酸碱度（见第32 ~ 33页）也很重要，因此在种植前了解土壤的酸碱度是很有必要的。

因地制宜

光照、温度、风力和土壤条件都会影响植物的生长。请根据环境仔细选择合适的植物。

湿润，阳光充足

池塘周围的土壤湿度高，整日阳光明媚

潮湿，半阴

早晨能够接受柔和阳光的照射，土壤能保持一定的水分

干燥，阴凉

排水条件好，较为干燥，有遮挡

潮湿，阴凉

藤架可以遮阳，黏土湿度高

干燥，阳光充足

墙壁吸收了充足的热量，土壤干燥

花园房/办公室

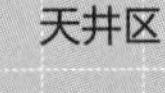

前门

喜干燥、阳光充足

需要透水性良好的土壤和开阔或朝南的环境。

迷迭香（*Rosmarinus officinalis*）

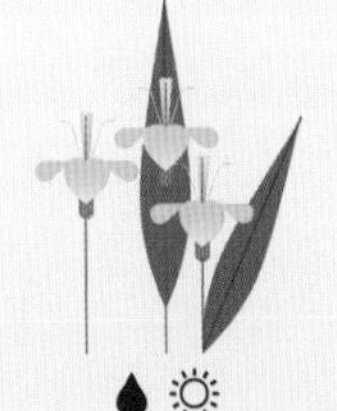

喜湿润、阳光充足

需要潮湿的环境，适合种在明亮的沼泽园或黏土中。

黄菖蒲（*Iris pseudacorus*）

喜潮湿、半阴

适合在潮湿和有遮挡的土壤中生长。

日本银莲花（*Anemone x hybrida*）

喜干阴

适应少水和阴凉环境，适合在灌木或大树下生长。

淫羊藿（*Epimedium brevicornu*）

喜湿阴

需要潮湿的土壤和有遮挡的环境。

鸡爪槭（*Acer palmatum*）

该不该种草坪？

拥有一块修剪得很齐整的绿色草坪一直是很多园艺爱好者的骄傲。但近年来，随着维护草坪的环境成本日益受到重视，人们开始质疑是否有必要痴迷于拥有一块草坪。

13世纪，高尔夫球在英国的高地丘陵和沿海地区开始普及，随后在欧洲及美洲流行。由于高尔夫球是在草坪上进行的竞技运动，因此草坪备受青睐，得以快速发展。1830年第一台草坪剪草机在英国诞生，这是草坪发展历史的里程碑。美国是现代草坪的发源地。但是，如今有人提出疑问：草坪有必要出现在21世纪的花园中吗？

草坪带来的烦恼

园丁总是想把草坪打理得完美无缺、一片翠绿，但这可没那么容易。草坪是以人工建植养护管理的，以禾本科多年生草类为主的草本植被。对于大多数野生动物来说，草坪跟荒野差不多。草坪的草根系较浅，只能从土壤中靠近地表的地方获得水分。因此，在炎热干燥的天气里，需要不停地给草坪浇水才能使它们保持绿意——尽管它们实际上能很好地度过干旱期，而且会在下雨后焕发绿意。再加上园丁为了让草坪没有杂草，常常使用有害的除草剂、化肥并进行高能耗的修剪工作，这使得草坪这种“必备品”如今看起来更像是一个环境问题重灾区。

远离草坪保龄球场

有一些方法可以减轻草坪对环境造成的负担。在播种或铺设草坪时，可选择耐磨性较强的草种混播。相比于单一种植的草坪，混播草坪更好打理。有些混播种子

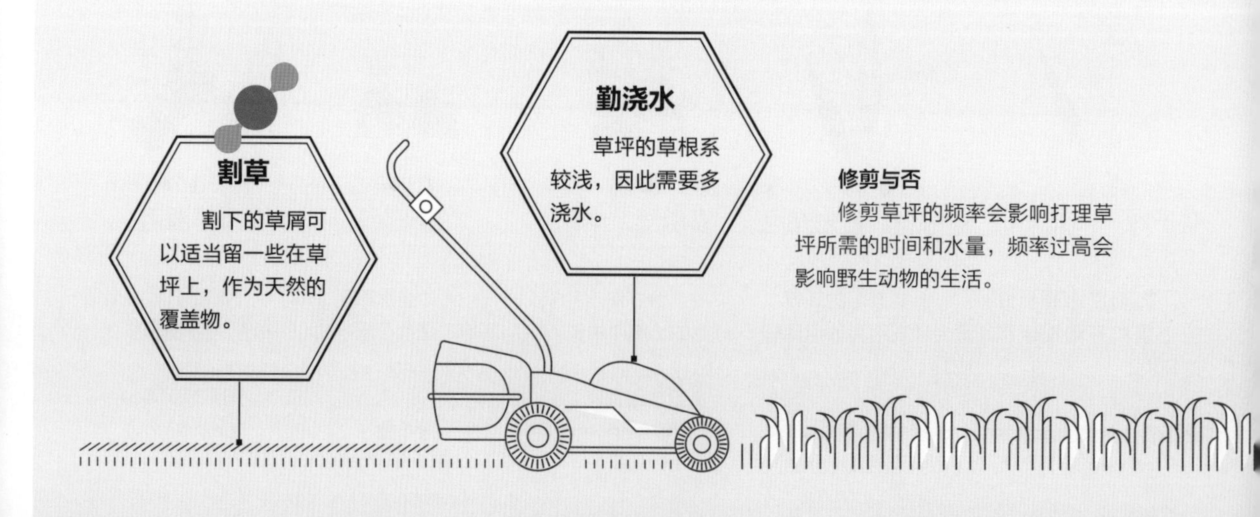

草坪：要还是不要？

考虑一下草坪对你来说是不是易于维护的。

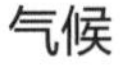

气候

气候适合草坪生长吗？在炎热干燥的夏季，草坪需要频繁浇水来保持绿意。

实际需要

你会如何使用草坪？是需要玩耍的空间，还是有其他用途？

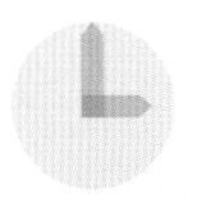

时间

你能常常打理草坪吗？定期修剪草坪可是一件很费时间的事。

使用化学品

有必要使用化肥和杀虫剂吗？不用化肥和杀虫剂，草坪也能好好生长。

野生动物

你的草坪可以成为野生动物的栖息地吗？种植花卉和减少修剪对野生动物更友好。

含有雏菊和白车轴草（白三叶），它们能够从空气中吸收氮，因此对肥料的需求少（见第114页）。虽然草坪在吸收温室气体方面的表现不如森林好，但它们还是可以从空气中吸收一定的二氧化碳，并能为土壤保留一些碳。允许那些通常被视为杂草的本土植物在你的草坪上茁壮生长可能不那么容易，毕竟你可能曾尝试消灭它们，但其实很多本土植物能在修剪过的草坪上开花，为春夏两季增添迷人的色彩，同时为昆虫提供宝贵的资源。这样做的另一个好处是，你可能会发现自己不需要除草剂了。除草剂会伤害其他植物和那些土壤食物网的成员（见第36～37页），还容易污染地下水。还要避免使用汽油割草机，以便降低能源消耗、减少空气污染，并为野生动物创造一个更好的生存环境。

晚春时，任由草坪留长不仅可以节省各种资源，还可以为昆虫提供花蜜。

在今天的美国，**草坪草**是最大的灌溉作物，草坪面积是**玉米**种植面积的**3倍**

施用**氮肥**的草坪造成的**二氧化碳**排放量是其吸收量的**5～6倍**

我应该只种植本土植物吗？

我们都知道，本土植物能为与它们一起进化的当地野生动物提供食物。其实，虽然非本土植物偶尔会成为“入侵植物”，但许多非本土植物对野生动物是有益的，也应该受到我们的欢迎。

本土植物是指在没有人为影响的条件下，经过长期物种选择与演替后，对特定地区生态环境具有高度适应性的自然植物区系的总称。这些植物与当地野生动物共同进化，它们之间往往会形成一种特殊的关系，一方消失后，另一方的生存也会受到威胁。

本土植物是花园中的“中坚力量”，但园丁总是容易被新奇、优质的大型植物所吸引。这种对更大、更华丽的花朵的渴望，促使植物育种者培育出了各种各样的品种，让园丁大饱眼福。不过这些品种的存在对昆虫来说可能不是什么好事。比如，很多重瓣花（见第132页）虽然美得令人惊叹，但其携带花粉的雄蕊和产花蜜的蜜腺消失了。

外来入侵者

无论人类走到哪里，植物都会有意无意地搭上人类的便车，成为新土地上的“非本土”物种或者说“外来”物种。这些外来种通常只能在花园中生存，但也有一部分在进入新环境后扩散到自然环境中，脱离了人为控制。若在新环境中没有天敌，加上其旺盛的繁殖力和强大的竞争力，外来种就会变成入侵者，影响环境中的原生种，破坏生态平衡。此类外来种被称为入侵种，它们对当地野生动物来说不仅几乎没

中欧孀草（*Knautia macedonica*）原产于欧洲，但无论种植在哪里，其漂亮的花头都能为昆虫提供丰富的花蜜。

富含花蜜

中欧孀草的每朵小花都有蜜腺，它们能够分泌花蜜，吸引昆虫来采食。

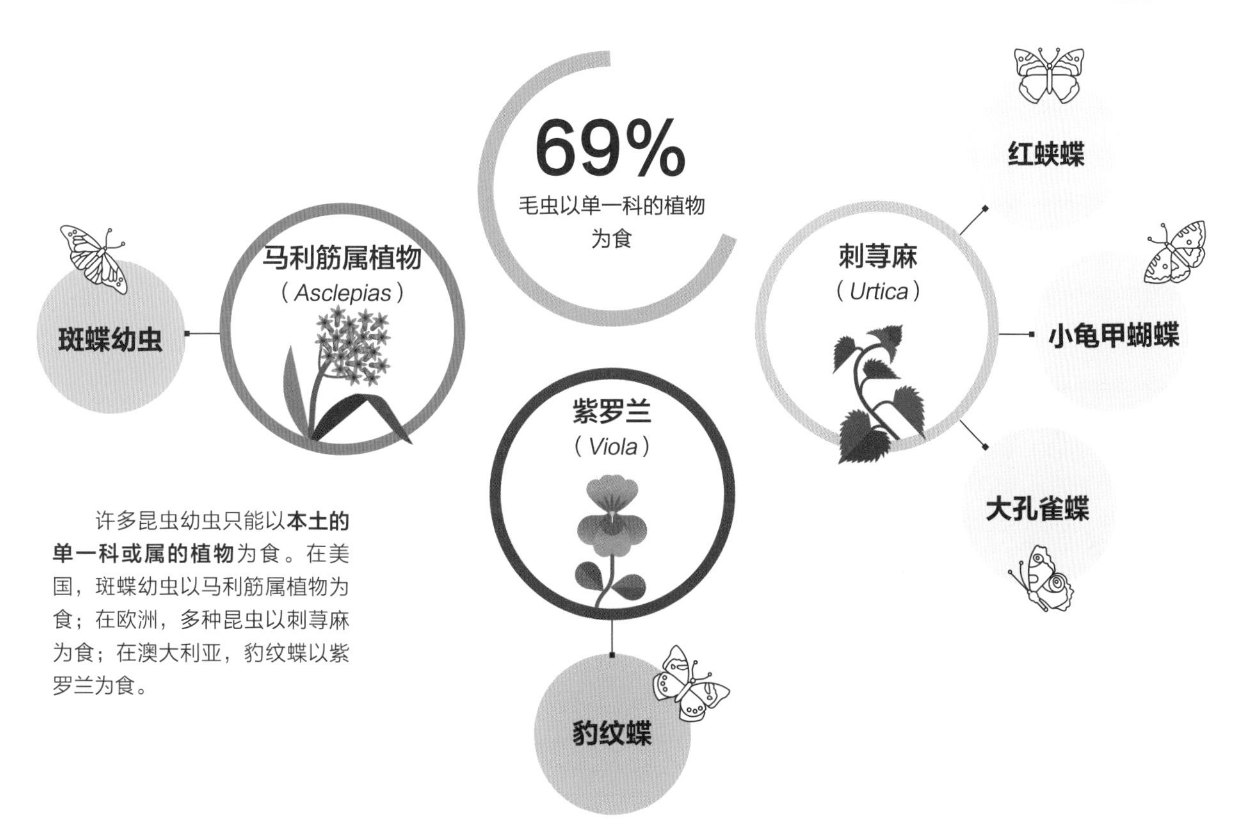

许多昆虫幼虫只能以**本土的单一科或属的植物**为食。在美国，斑蝶幼虫以马利筋属植物为食；在欧洲，多种昆虫以刺荨麻为食；在澳大利亚，豹纹蝶以紫罗兰为食。

有好处，还会伤害它们赖以生存的本土植物。为了保护本土植物和野生动物，你应该去查看所在国家或地区的入侵种清单，然后避开清单上的物种。如果你的花园中已经有这些物种，请将其移除。

务实的方法

然而，不能仅凭“非本土”这一标签就认定某种植物是“祸害”。实际上，只有不到千分之一的外来种会成为入侵种，而大约三分之一的野生植物已经实现产地的国际化。许多外来种深受园艺爱好者和野生动物的喜爱——它们盛开的花朵中通常富含花粉或花蜜。研究还发现，本土植物和非本土植物混合种植的花园能为野生动物提供丰富的资源。各地对于本土植物的定义也有所不同：在北美，欧洲人到来之前就存在的植物被认为是本土植物，而在其他地方，则以最后一个冰河时代结束为分界线。荨麻和药用蒲公英在很多地方曾经被认为是入侵种，但如今它们已成为许多国家植物群的一部分。一定要避免种植已知的入侵植物，但也无须因为欣赏了外来物种而对本土植物感到抱歉。

入侵植物

日本虎杖
（*Fallopia japonica*）
欧洲和美国

喜马拉雅凤仙花
（*Impatiens Glandulifera*）
欧洲

洋常春藤
（*Hedera helix*）
美国

过江藤
（*Phyla nodiflora*）
澳大利亚

这些拉丁文又是怎么一回事?

有经验的园丁素以友善著称，因为他们乐于分享知识，也乐于向他人展示自己的植物。那么，他们为什么坚持使用复杂的学名，让园丁“小白”摸不着头脑呢?

要掌握植物的学名可能看起来很困难，但使用学名能够很好地避免园丁们在交流时产生误解。如果不使用学名，很多时候他们就无法确定彼此谈论的是不是同一种植物。使用俗名是很容易引起误会的，尤其是在不同国家的人交流时。例如，英国人说的“酸橙树”是美国人所说的“椴树”，而西班牙人口中的“酸橙树”在厄瓜多尔被称为“接骨木树”——这显然会造成很大的误解。

学名很简单

学名是一个分类单元的拉丁文或拉丁化的，且符合《国际动物命名法规》的名称。双名法是由林奈（C. Linnaeus）建立完善的一种生物命名法则。每个物种的名称由两个拉丁文（或拉丁化形式）单词来表示，第一个词是属名，第二个词是种加词，属名为名词，种加词为形容词或同位名词，后面还常常附有定名人的姓名和定名年代等信息。

BINOMIAL NOMENCLATURE

BI 两个　NOMIAL 名　NOMEN 名　CLATURE 属名

独一无二的标签　学名的普遍使用使植物的进出口贸易，以及国际范围内的研究和讨论成为可能。

了解生物分类系统

“属”是介于科和种之间的生物分类阶元，由一个或多个物种组成，它们具有若干相似的鉴别特征，或者具有共同的起源特征。例如，毛茛属（*Ranunculus*）包含数百个种，其中大多数有五瓣的黄色或白色花。园丁通常只用属名来称呼植物。

种加词是双名法中组成种名的第二个词。通常是修饰属名的形容词。这个词通常会说明植物的外观或喜好的栖息地，例如*aquatilis*表示“来自水中”，*lutea*表示“黄色”。

有时，学名中还会多用一个词来表示物种的变异。这些变异可能是自然出现的变种或亚种，也可能是植物育种者选育的类型，后者又称为“品种”，通常根据其颜色或特性用单引号命名。

命名系统

植物的学名总是遵循相同的模式，首先是属名和种加词，然后是定名人的姓名和定名年代等信息。

亚种

指在不同分布区的同一种植物，由于生境不同，两地植物在形态结构或生理功能上存在差异。

变型

仅具有微小的形态学差异，但其分布没有规律的同一种的不同个体。

变种

指具有相同分布区的同一种植物，植物间具有可稳定遗传的差异。

属　种　（………）　品种

属：同一属的植物具有若干相似的鉴别特征，或者具有共同的起源特征。

种：具有一定的自然分布区和一定的生理、形态特征，能相互繁殖。

品种：在一定的生态和经济条件下，经人工选择培育的植物群体。

老鹳草属（*Geranium*）的植物具有相似特征，如果没有学名，很容易混淆。

'罗珊'老鹳草

马德拉老鹳草

纤细老鹳草

肾叶老鹳草

暗色老鹳草

'玫瑰红'暗色老鹳草

老鹳草属

这一属有超过400种植物，花序聚伞状或单生，每总花梗通常具两花，稀为单花或多花

暗色老鹳草

此种喜阴，在叶片上方的高茎上有深紫色的小花

'玫瑰红'暗色老鹳草

该品种的特别之处在于它的暗粉红色小花和淡绿色叶片

园艺工具有好坏之分吗？

购买廉价园艺工具看似省钱，但实际上这些工具可能很难经受住时间的考验，用起来非但效率不高，也不顺手。因此，明智的做法是：只购买必要的且质量好的工具。

做园艺工作需要用到的工具其实并不多：用于挖土的锹，用于除草和种植的手铲和手叉，用于修剪枝叶的修枝剪，用于清除杂草的锄头，和用于平整土地的耙。在购买任何工具之前，请先动手操作一下，确保工具容易上手，且用起来适合自己。

经久耐用

锹是用来挖或铲沙、土等的工具。如今用于挖土的锹与几千年前人们使用的挖土工具并无太大区别：一个长而结实的用于抓握和撬动的手柄，前端多略呈圆形而稍尖。叉有锋利的长齿，可以插入和松动坚硬的土壤以及堆肥。有测试表明，木质手柄的性能优于沉甸甸的金属手柄的，尤其是白蜡木，这种材质的耐用性和抗震性都很好。用锹挖土时，前端撬动土壤的力比人施加在手柄上的力大得多，因此前端需要用坚固的铆钉等来加固。

轻松除草

锄头的头部带有锋利的锄刃。长锄用于站立除草，手锄用于蹲姿作业，用于除草或挖草或挖其他土里物。锄头还可分为板锄、薅锄、条锄三种。板锄锄刃的高比宽略长，主要用于大面积的浅度挖掘；薅锄刀身宽大而锋利，有的略有弧度，呈月牙形，有的没有弧度，刃口平直；条锄刀

选择剪枝工具

好的剪枝刀和剪枝剪能够干净利落地修剪植物（见第162~163页）。剪枝工具有锋利的上刀片和钝的下刀片，修剪时茎或分枝压在上刀片上。铁砧修枝剪和旁路修枝剪适合用于不同的修剪任务，后者适用面更广。

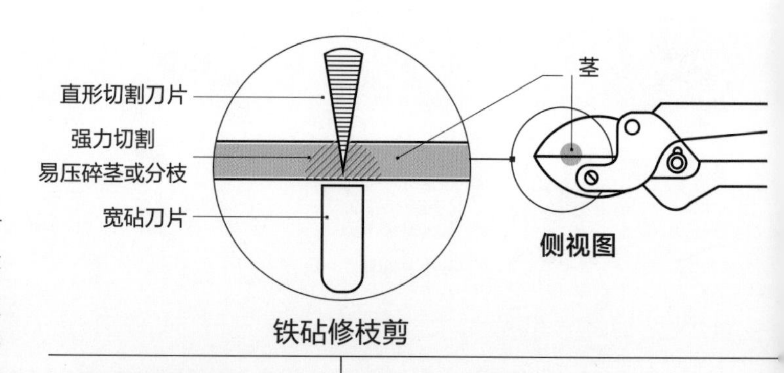

铁砧修枝剪

两个刀片都是直刃的。上刀片的锋利边缘撞击下刀片砧板中央的凹槽。然而这种工具容易压碎茎或分枝。可用于修剪枯枝或病枝等。

身窄小，用于小面积的深度挖掘。

仔细选择金属材料

工具中的金属材料会影响其性能和所需的保养。不锈钢锄刃不会生锈，几乎不需要清洁或其他保养就能保持光亮，在对挖掘工具的测试中表现最好。碳钢（不含防锈添加剂的纯钢）经久耐用，但很容易生锈，因此使用后需要清洗并上油。铜实用且美观，但比钢略重，价格也比较昂贵。此外，关于铜制工具能使土壤更肥沃等的说法纯属宣传噱头。

锄头和割刀等工具的刀片需要保持锋利。虽然不锈钢不会生锈，但这种材质的工具比碳钢的更难磨锋利。

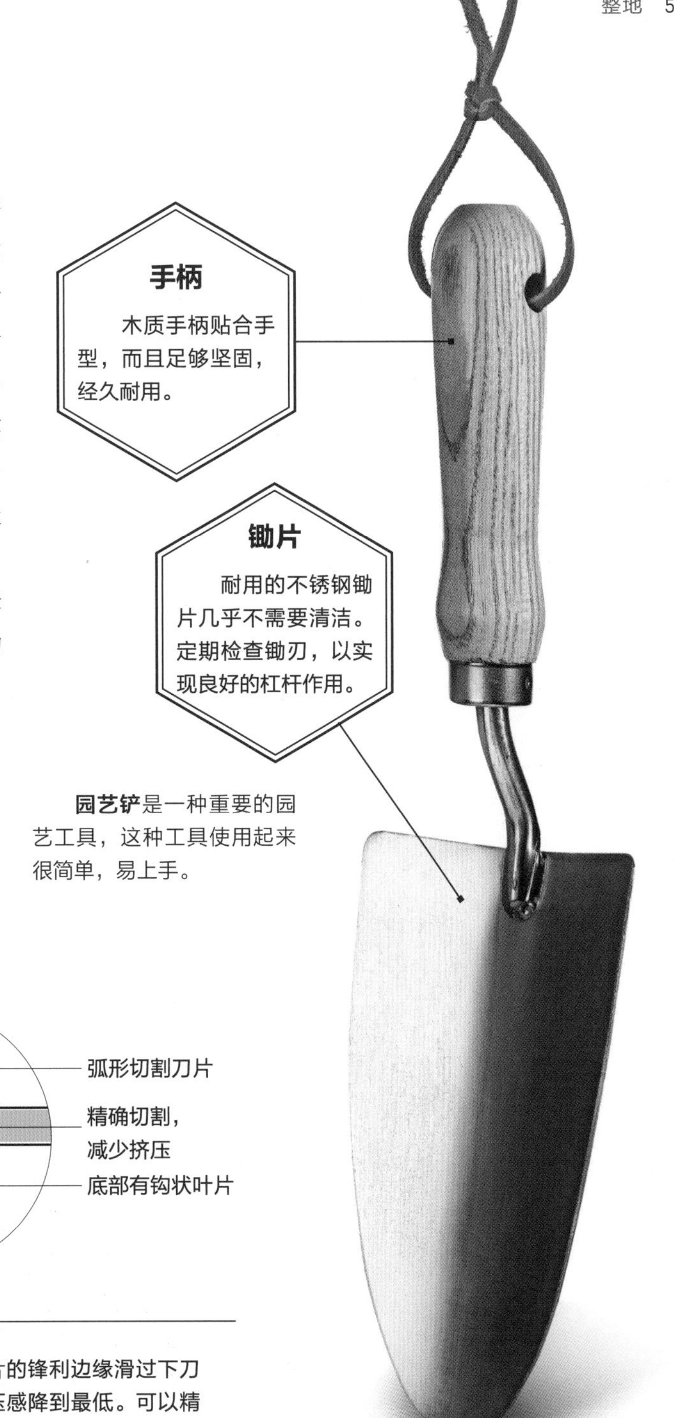

园艺铲是一种重要的园艺工具，这种工具使用起来很简单，易上手。

茎

侧视图

弧形切割刀片

精确切割，减少挤压

底部有钩状叶片

旁路修枝剪

刀片呈弧形，相互重叠。上刀片的锋利边缘滑过下刀片，形成平滑、干净的剪口，将挤压感降到最低。可以精确地进行修剪。

发芽

植物的生长需要什么？

在做园艺工作时，我们很容易把简单的事情复杂化。其实，与大多数生物一样，植物的基本需求非常简单：阳光、空气、水分和适宜的温度。如果植物枯萎了或者叶片边缘发黄了，可能只是因为有些需求没有得到满足。

绝大多数植物的生存需要氧气，因为它们在生长过程中会进行呼吸作用，借助氧气和酶来分解有机物，从而获得能量。

阳光

在太阳的照射下，植物通过光合作用吸收光能，把二氧化碳和水合成有机物，同时释放氧气。在显微镜下，你能看到叶肉细胞等中有一个个圆形或椭圆形的小结构，它们就是叶绿体，是光合作用细胞器。

没有水就没有生命

水不仅仅是植物进行光合所用所必需的，生命的各种化学反应同样离不开水。没有液态水，很多生命就会戛然而止。非木本植物依靠细胞内的水压或弹性来保持直立。细胞就像一个充满水的气球，缺水时会瘪下去，导致植物枯萎。水分从活的植物体表面（主要是叶）以水蒸气状态散失到大气中的过程被称为蒸腾。植物的叶越多，水分流失得越快，这就是为什么养大型植物需要比养幼苗浇更多水。

保持适宜的温度

从最基本的层面来看，生命是由一连串的化学反应组成的，就像音乐是由一串串音符组成的一样。这些化学反应的速度与温度息息相关。高温会加快反应速度，但如果温度过高，驱动生命反应的蛋白质就会开始变质。温度低会减缓反应速度，对很多植物来说，温度低于10℃时，它们就很难进行光合作用了。

光合作用

指光合生物吸收太阳的光能转变为化学能，再利用自然界的二氧化碳和水，产生各种有机物的过程。

=

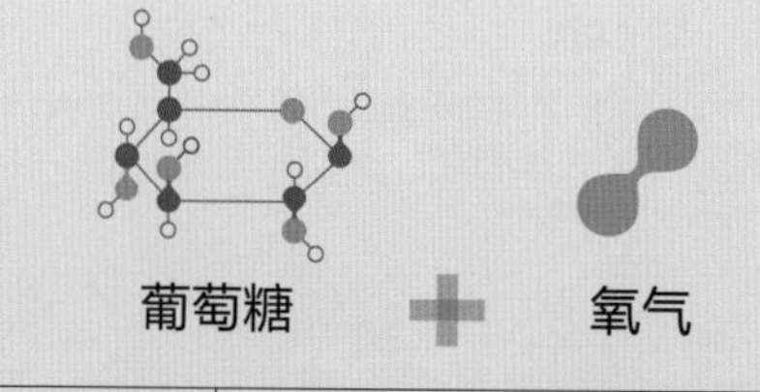

从根部通过茎**输送**到叶片。

通过气孔**从空气中吸收**二氧化碳。

吸收**光能**转变为**化学能**。

葡萄糖是细胞维持生命活动所需要的主要能源物质。

通过气孔释放到空气中。

呼吸作用

指生活细胞将某些有机物逐步氧化分解并释放能量的过程。根据是否有氧参与，分为有氧呼吸和无氧呼吸两大类。

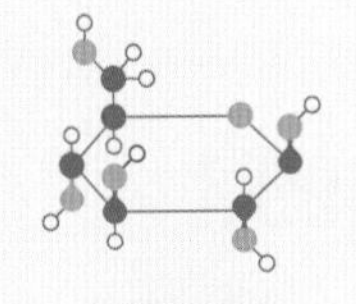

葡萄糖 + 氧气 = 水 + 二氧化碳

葡萄糖：叶片通过光合作用产生这种**能量**。

氧气：通过气孔从**空气**中吸收氧气。

水：从气孔中**蒸发**或用于**光合作用**。

二氧化碳：呼吸作用的**副产品**，可通过气孔从叶片中逸出。

阳光

植物吸收光能进行光合作用并释放能量。

二氧化碳

每年植物通过光合作用吸收的二氧化碳有一半通过呼吸作用释放到空气中。

水

水分从活的植物体表面（主要是叶）以水蒸气状态散失到大气。

氧气

光合作用产生的氧气比呼吸作用消耗的氧气多。

会“呼吸”的树叶

高等植物的叶绿体主要分布在叶肉细胞中。叶绿素系光合作用细胞器。气孔是植物进行呼吸作用和光合作用的通道，它们可以让二氧化碳进入叶，也可以让氧气和水蒸气从叶中排出。

植物细胞是如何工作的?

利用显微镜观察一片叶子，你可以清晰地看到叶子中的一个个细胞。再仔细看，你就会发现每个细胞都是一个充满活力的生命中心，由不同的部分组成，这些部分各自发挥着特殊而非凡的作用。

植物细胞是植物进行生命活动的基本单位，它们的每一个微观结构都发挥着重要作用。

细胞壁

细胞壁是植物细胞外表面由多糖类物质组成的起支持作用的结构。它是植物细胞特有的结构，具有保护原生质体、维持细胞一定形状的作用。

细胞膜

细胞膜是位于原生质体外围、紧贴细胞壁的膜结构。细胞膜使细胞与外界环境有所分隔而又保持种种联系，其功能主要关乎物质跨膜运输、细胞信号转导、细胞识别和黏附、细胞连接。

细胞质

细胞内除细胞核（或拟核）外的全部物质。真核细胞的细胞质由细胞器、细胞骨架、内含物和细胞质基质组成。内含物主要是贮存在细胞内的大分子物质（如糖原、脂滴和蛋白质结晶等）。细胞质基质内含有水和大大小小的分子，细胞的众多物质运输、能量和信息传递以及中间代谢都在其中进行。

液泡

植物细胞中由单层膜围成的细胞器。主要成分是水，水中溶有有机物、无机盐和色素等。在维持细胞膨压和胞内的酸性环境等方面起着重要作用。液泡根据发育过程可分为早期液泡和成熟液泡两种，后者存在于成熟的植物细胞中，只有一个很大的中央大液泡，占据整个细胞体积的90%，其内充满细胞液。

叶绿体

这些小小的、绿色的、椭球形的东西是植物细胞内进行光合作用的重要细胞器，含叶绿素，由双层被膜、类囊体和基质三部分组成。

线粒体

线粒体是真核细胞中由双层单位膜围成的细胞器。主要功能是通过氧化磷酸化作用合成腺苷三磷酸（ATP），为细胞各种生理活动提供能量。

细胞核

细胞核是真核细胞内最重要的一种细胞器，是贮存遗传物质的主要场所。间期的细胞核可分为核被膜、核仁和核质三部分。

“建筑工厂”

内质网、核糖体和高尔基体等一系列结构就像工厂生产线一样，按照细胞核发出的指令合成新物质。

细胞

植物的每个细胞都由一系列奇妙的结构组成，它们协同工作，使植物能够生长并对环境做出反应。

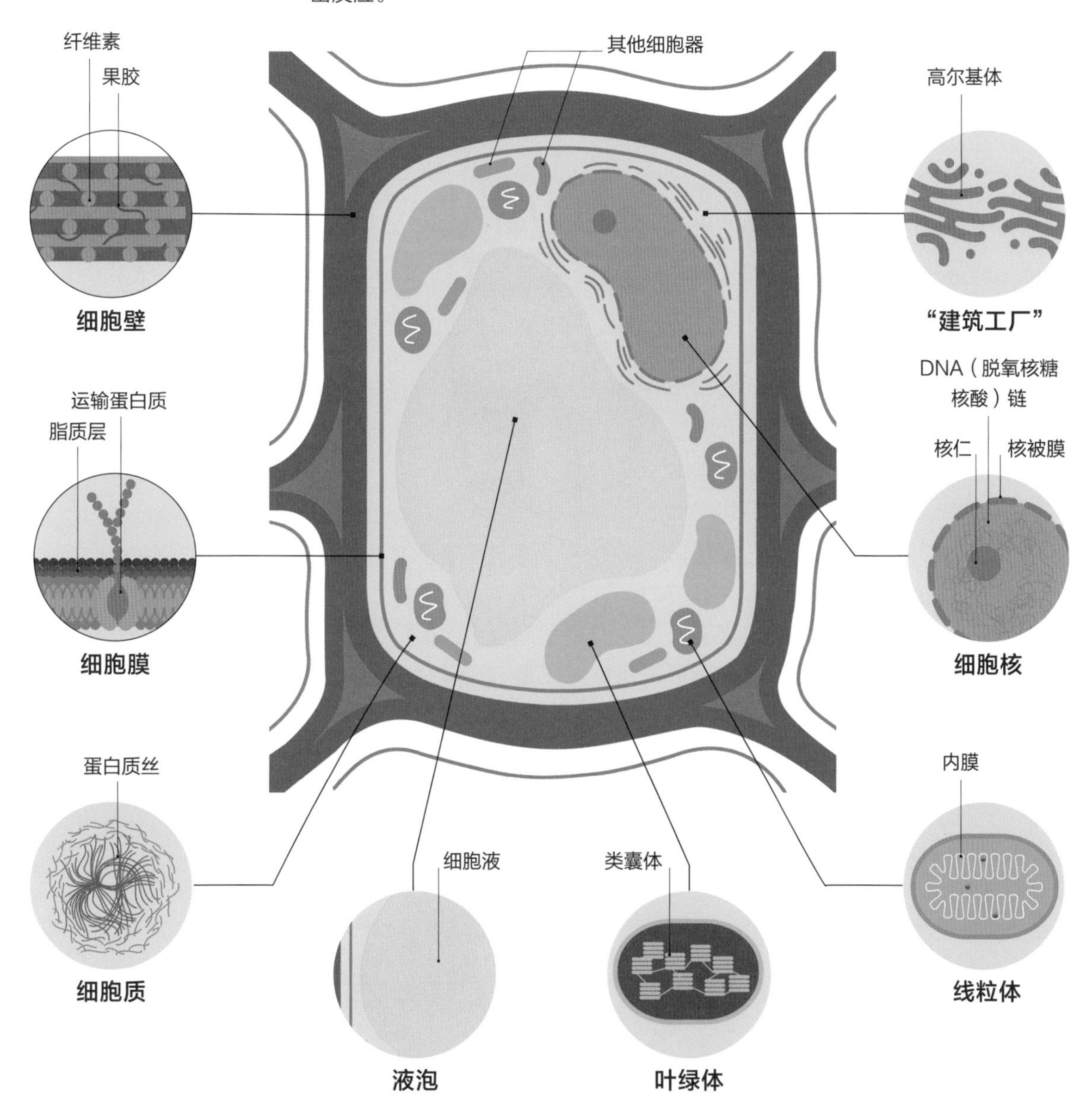

什么是种子？

植物的形状和大小各异，它们的种子也是如此，每一粒种子都是根据该植物的生长环境“量身定做”的。不管其外形有多大差别，种子在本质上都是一样的，都是一粒被包裹在保护壳中的未成熟的小植物。

在种子出现之前，孢子便已存在。孢子是有繁殖或休眠作用的无性生殖细胞，能直接发育成新个体。孢子脱离母体后，只有遇到适宜的环境条件才能够萌发和生长。蕨类植物和苔藓植物依靠孢子进行繁殖。

为了更好地传播与生存，植物进化出了更加复杂的有性生殖方式。有性生殖的出现为种子的产生提供了基础。种子是由子房中的胚珠受精后发育形成的结构，是裸子植物和被子植物特有的生殖器官，一般包括胚、胚乳和种皮三部分。有的植物成熟时种子只有种皮和胚两部分。子叶是在胚或幼苗中最早形成的叶子，在种子的萌发过程中起着供给养分的作用。

适者方能成功

在这个无情的世界里，成功发芽并不是一件容易的事，所以植物进化出了许多策略，来为发芽创造有利条件。人类繁衍后代要经过十月怀胎，而植物的胚胎可以休眠数月或数年，来等待最佳的发芽条件出现。

植物进化出了多种方法来帮助种子在远离母本植物的新环境中生根发芽。许多植物的种子都是借助风力传播的。有些果实能吸引动物和鸟类食用，动物和鸟类食用它们后，种子会随着动物和鸟类的排泄物传播到其他地方。带钩或带刺的种子能够附着在人类的衣服或动物的皮毛上，被带到很远的地方。

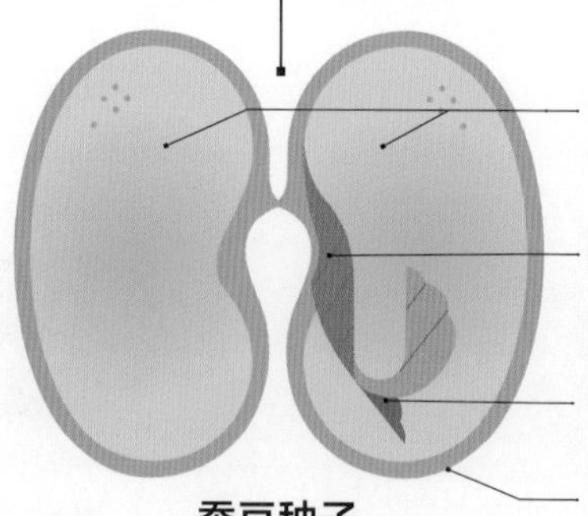

子叶：具吸收、贮藏或进行光合作用等功能

胚根：将来发育成主根

上胚轴：子叶着生处以上至第一片真叶之间的部分

种皮：种子的外保护层。由胚珠的珠被发育而来

蚕豆种子

双子叶植物

蚕豆属于双子叶植物。双子叶植物是胚具两枚子叶的被子植物。多为木本，多为直根系。单子叶植物是胚具一枚子叶的被子植物。

我应该把种子埋多深?

不管是新手还是经验丰富的园丁，都会想知道自己播种种子的深度是否合适。传统做法是覆土深度等于种子的长度，而科学研究证明，这种做法有一定道理。

空气和水需要渗入土壤，以促进种子发芽和保证幼苗存活。有一些种子的生长还需要光照。如果播种得过深，尤其是在致密的黏土中（见第30～31页），种子容易窒息。同样，浇水过多或播种后过分按压土壤也容易使种子窒息。砂土透水性、透气性较好，种子在砂土中可能需要播种得稍深一些才能得到足够的保护。干燥而坚硬的土壤会阻碍幼苗的生长，播种前应注意松土。

播种小型种子

直径小于或等于1毫米的小型种子适合播撒在土壤表面，或播撒后覆盖上一层薄薄的土。小型种子的生长通常需要光照，而光线很难穿过4～5毫米厚的黏土或8～10毫米厚的砂土。另外，小型种子很容易在大雨中被冲走或被鸟类啄食，因此最好将小型种子放在室内培育。

播种中型种子

中型种子直径为1～5毫米，它们的生长需要提防温度变化、过量水分、鸟类或啮齿类动物啄食等带来的伤害。播种时，将其埋在土里，使其上方至少有其直径的2倍高的土壤（2～10毫米）。

播种大型种子

只有当嫩芽破土而出时，大型种子的小绿叶（又称为“子叶”）才会伸展开，从而吸收光能来维持生命。播种大型种子时可以适当增加覆土深度，使种子在更为安全的环境中生长。对于豆类等体积较大、种皮较软的种子来说，深播也有优势，因为这样种子就能够缓慢地汲取水分，避免因水分过多导致种皮迅速膨胀、破裂。

小型种子　中型种子　大型种子

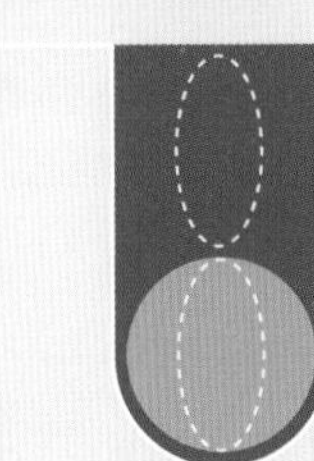

播种指南　直径小于或等于1毫米的种子的生长通常需要光照，播种时应使种子暴露在光线下或仅轻微覆土。中大型种子的播种深度一般为其直径的2倍。

种子发芽需要什么？

有的种子看似死气沉沉，但说不定哪一天遇上了合适的条件，种子内部的胚就会开始生长，奇迹般地长出嫩芽。

每一粒种子的DNA中都记录了适合其萌发的条件。种子的外保护层（种皮）感知着周围的环境，并掌握着释放生命力的关键。等到所有条件都满足后，发芽的过程才会开始。对有些植物来说，寒冷过后的温度是那个“时机”，对另一些植物来说，干燥之后的潮湿才是。不管怎么说，发芽过程一旦启动，就无法停止或逆转。

干燥的种子＋水＋温度＋空气（＋光照）＝发芽

为生命的繁衍创造条件

从技术上讲，从种子开始吸水到胚根探出种皮的那一刻，发芽就开始了。水、温度、空气，有时还有光照，对发芽至关重要。种子发芽所需的具体条件各不相同。有些种子需要高温环境，比如苋菜，适宜其发芽的土壤温度约为35℃；而有些种子，比如羽衣甘蓝，在土壤温度仅有5℃时就能发芽。在室内或温室播种意味着无论外面的天气如何，你都可以为种子提供理想的发芽条件。比如，在普通的育苗盘上盖上盖子，就可以打造一个所谓的“繁殖器”。这种封闭的环境可以保温，并保持土壤的湿度。还可以在育苗盘的底部装一个电加热器，从而加速种子的发芽。将种子播种在育苗盘中并且浇一次水，再盖上盖子，这样种子在发芽期间几乎不需要再浇水。当幼苗长出子叶时，可以将加热器取下，以防止幼苗过软、长势过快，受到天气的影响或害虫的侵害。

从休眠中唤醒

为了适应不良环境、加强自我保护，种子经过长期演化获得了一种适应环境变化的生物学特性，即休眠。引起种子休眠的原因有很多种，包括胚的后熟、种皮构造所引起的透性不良和机械阻力的影响、光照的影响等。大部分农作物种子发芽时对光没有严格的要求，无论在光下还是暗处都能萌发，如小粒的禾谷类种子、玉米和大部分豆科种子；但也有一些作物的新收获种子需要明亮或暗的发芽条件，否则就会停留在休眠状态，如烟草、禾本科的牧草等。

常用的打破或解除休眠的方法有以下几种：第一，低温处理，采用沙土层积法，种子在低温（0～10℃）、湿润和通气良好的层积下经过一段时间便可萌发；第二，曝光处理，给予需要曝光才能发芽的种子光照，将种子从休眠中唤醒；第三，

南瓜 这种娇嫩的植物需要足够的水分和温度来刺激其发芽。满足了这些条件，幼苗的生长速度会很快，两片又大又圆的子叶也会随之伸展开。

发根

胚根从破裂的种皮中长出来，发育成根。

胚轴出现

胚轴依靠胚乳中的养分不断伸长。

叶片未展开

胚根向下延伸，吸收土壤中的水分。

光合作用开始

幼苗形成，开始利用光合作用制造能量。

机械处理，对硬实种子采用切割、削破和擦伤种皮等机械处理方式，可打破其休眠；其他处理，比如电离辐射、超声波、红外线、电磁波、激光等也能打破种子休眠，促进其发芽。

为什么要在一年中的不同时节播种和种植?

有多种因素会影响植物播种和种植的最佳时间，其中最为关键的就是当地气候的特殊性。了解这些因素有助于让自家的植物赢在起跑线上。

秋冬温度低，日照时间短，落叶植物的叶全部脱落，停止生长，进入休眠期。即使是常绿植物，冬天也会因为日照时间短、光合作用无法提供足够的营养而减缓生长。但是，秋冬也有适合做的事，那就是种植和移栽。

为什么要在休眠期种植?

大多数植物在一年中的任何时候种植都能存活，但在休眠期种植能给植物提供充足的扎根时间，这样它们就能更有效地吸收水分和养分，从而为春季的生长做好准备。休眠期种植适用于落叶乔木、灌木和攀缘植物，以及多年生草本植物。深秋是理想的种植时节，此时土壤的温度相对没有那么低。早春也适合种植落叶植物。只要土壤不结冰，木本植物在整个冬季皆可种植。一些苗圃的工作人员会在秋冬时将种植在地里而非花盆里的乔木和灌木挖起来，使其根部裸露出来然后运送给顾客，以便顾客收到后能立刻将其种植在自家花园中，这种做法减少了种植和运输大型植物所要耗费的资源。

为什么要在生长期种植?

盆栽植物可以在生长期种植。不过，由于植物已经长出叶，因此种植后必须保证水分充足，尤其是在干燥温暖的天气里。要避免在植物生长时将其挖起或移栽，因为这样容易导致根部受损，进而导致水分吸收不足，严重时植物可能会死亡（见第98～99页）。春季种植时，要查看所在地区的终霜日期，并确保准备种植的植物足够耐寒。雪花莲等小鳞茎植物在休眠期很容易干枯，要注意养护。

如何判断该何时播种?

一般来说，土壤温度适宜植物生长时进行播种比较好，因为这样植物能够迅速发芽，种子也不容易腐烂（见第74～75页）。对于耐寒植物来说，早春土壤温度开始上升时就可以播种了（第一波杂草的出现可以表明生长条件适宜）。蔬菜作物的播种时间可以根据期望收获的时间来决定：在整个春夏，可以每隔几周播种一些生长迅速的叶菜，这样从夏中到秋天就可以一直有收成。娇嫩的植物只有在霜冻风险过去后才能在室外播种，当然，也可以在温暖的室内播种，从而延长播种期。

何时播种？何时种植？

低温会减缓植物的生化反应，限制其生长并抑制种子发芽，因此最好在生长期播种，在休眠期种植、移栽。

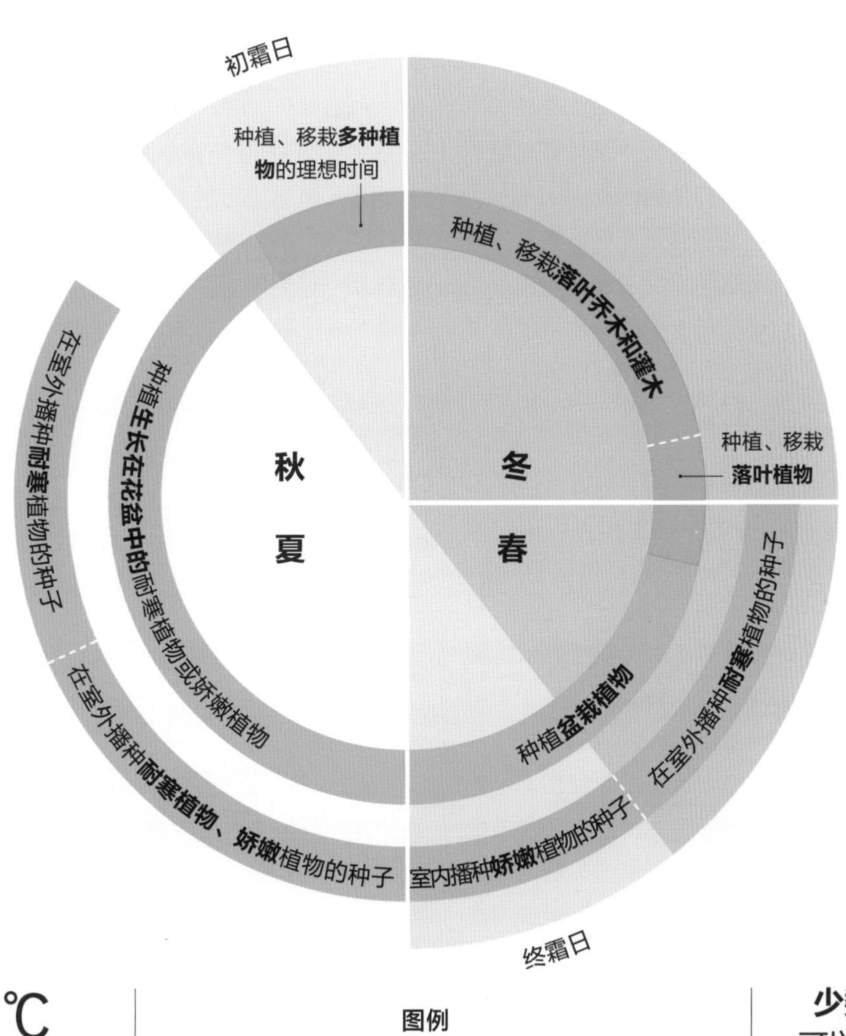

4℃
以下
植物
一般无法生长

图例

- 休眠期
- 生长期
- 霜冻期
- 霜冻风险期

少数种子
可以在低于
7℃
的环境中发芽

什么是耐寒性？如何衡量植物的耐寒性？

我们人类对低温的耐受能力与基因有关，植物也是如此。一些植物经过进化或培育能在寒冷的环境中生存，这种特性已经刻入了它们的DNA中。生物耐受或抵御低于其正常生活适温下限温度的能力被称为“耐寒性”。

我们喜欢在花园中种植奇花异草。不过，许多受人喜爱的植物并不具备应对寒冷天气和霜冻的能力（见第110~111页），但也有许多植物足够顽强，可以忍受长时间生活在冰天雪地中。园丁面临的挑战是要了解自己的花园在冬季的最低温度是多少，以及哪些植物能在这种条件下存活。

耐寒区和等级

园丁在谈论植物的耐寒性时常常会用到一些术语，这些术语非常有用：“耐寒”的植物分布于年平均温度低于0℃、最暖月平均气温低于10℃的极地区域；“半耐寒”植物在寒冷的冬季可能需要一些额外的保护（见第152~153页）；“不耐寒”植物生长期需要处于较温暖的环境中，冬天很容易停止生长或受到伤害。每个地区冬季的气候都不尽相同，因此各个国家的专家总结了一系列植物耐寒情况说明，以指导园丁选择适合在自己居住的地区生长的植物。这听起来很简单，但实际情况可能很复杂，因为不同国家的不同组织是根据不同的标准总结植物耐寒情况的。1960年，美国农业部（USDA）发布了最早被广泛应用的植物耐寒分区图，后来，这一图表又经过几次更新。美国农业部根据各个地区冬季年平均最低温度将美国划分为13个区域。园丁在选择植物时，可以参考所在地区的编号。许多国家都采用了这种划分方式。

除此之外，英国皇家园艺学会（RHS）根据植物可存活的最低温度，建立了一套详细的9级系统（从H1A至H7，从加热温室到非常耐寒）。《欧洲花园植物志》（*The European Garden Flora*）将植物的耐寒性分为7类，分别是H1至H5，以及温室植物G1和G2。

分类的局限性

不过，这些植物耐寒等级划分或区域划分并非万无一失，因为它们很难将所有变量都囊括在内。植物承受低温的时间长短和冬季降雨量的多少都会影响它们的生存。另外，同一地区的环境也可能大不相同（见第26~29页），因此耐寒等级划分或区域划分只能作为一般指导。

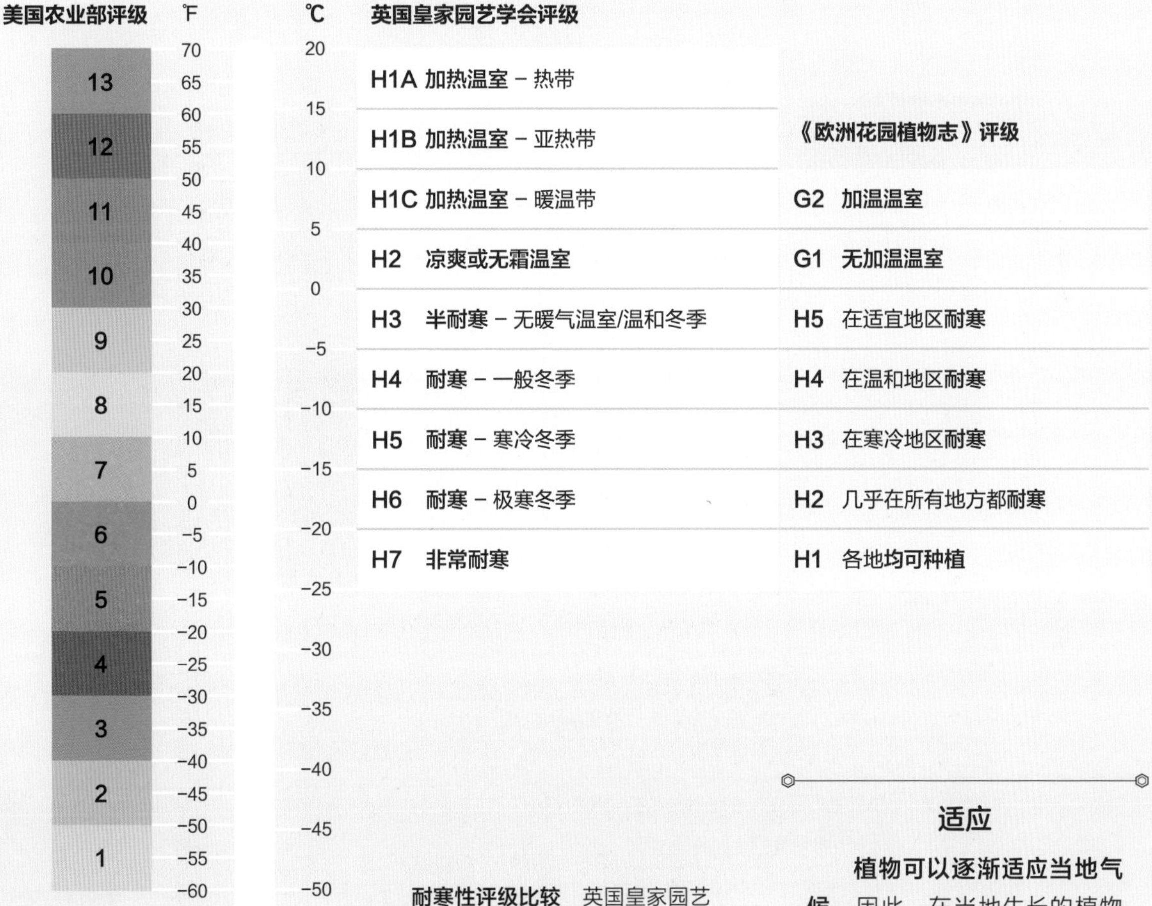

美国农业部评级

美国农业部评级
13
12
11
10
9
8
7
6
5
4
3
2
1

℉：70 65 60 55 50 45 40 35 30 25 20 15 10 5 0 −5 −10 −15 −20 −25 −30 −35 −40 −45 −50 −55 −60

℃：20 15 10 5 0 −5 −10 −15 −20 −25 −30 −35 −40 −45 −50

英国皇家园艺学会评级	《欧洲花园植物志》评级
H1A 加热温室－热带	
H1B 加热温室－亚热带	
H1C 加热温室－暖温带	G2 加温温室
H2 凉爽或无霜温室	G1 无加温温室
H3 半耐寒－无暖气温室/温和冬季	H5 在适宜地区耐寒
H4 耐寒－一般冬季	H4 在温和地区耐寒
H5 耐寒－寒冷冬季	H3 在寒冷地区耐寒
H6 耐寒－极寒冬季	H2 几乎在所有地方都耐寒
H7 非常耐寒	H1 各地均可种植

耐寒性评级比较 英国皇家园艺学会和《欧洲花园植物志》对植物的耐寒性进行评级，以便对植物进行分类，并方便园丁判断某种植物适合哪个温度区间。美国农业部则根据冬季年平均最低温度来划分区域。

适应

植物可以逐渐适应当地气候，因此，在当地生长的植物可能比从气候温暖的地方引进或在加温的温室中生长的植物更耐寒。

是在室外播种更好，还是在有遮盖的地方播种更好？

是按照自然规律在室外播种，还是在房屋、温室、大棚或其他有遮盖的地方播种，对种子的生长至关重要。园丁需要综合考虑植物特性、季节和空间等因素，以便做出选择。

室外播种受到严格的季节限制，因为大多数种子只有在土壤温度超过5℃时才能发芽。如果遇到晚霜，幼苗可能会冻死。种子在室外发芽和生长需要更长的时间，而且室外存在诸多潜在危险，如被鸟类、老鼠、蛞蝓或蜗牛吃掉（见第194～195页），受到恶劣的天气条件影响等。不过对许多耐寒蔬菜、一年生花卉，以及处于

种植年份

每粒种子对环境的需求都不一样（见第68～69页），每个花园都是独一无二的。在北半球气候比较凉爽的时候，有遮盖物的土壤温度比没有遮盖物的高得多，有利于种子发芽。

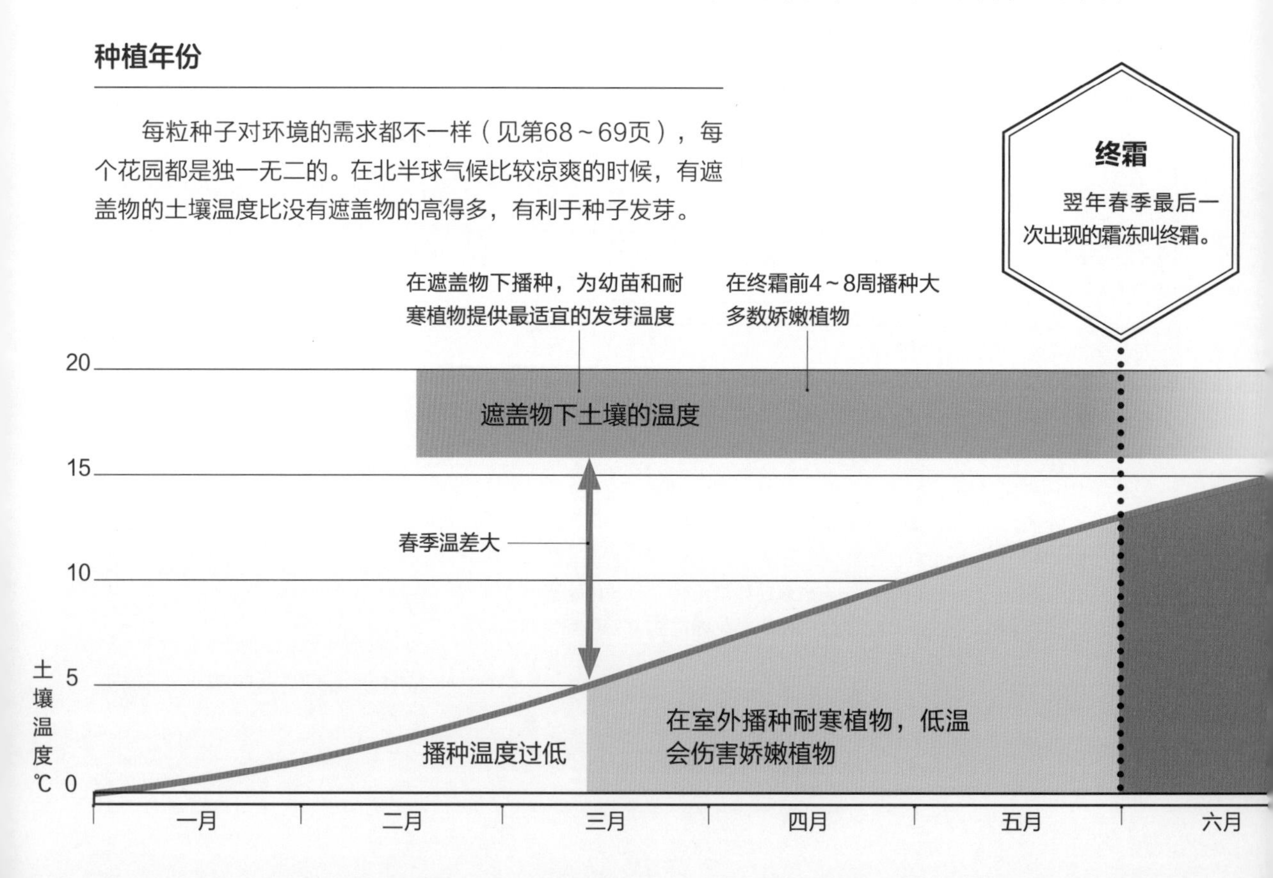

气候温暖地区的娇嫩植物来说，在室外播种既方便又快捷，这些植物通常也不需要堆肥或遮盖物。另外，胡萝卜、欧防风和其他有主根的植物最好直接播种，因为它们的根在移栽的过程中很容易受损。

遮盖

将种子放入装有多用途堆肥或特殊种子堆肥（见第41页）的育苗盘或育苗盆中，然后盖上盖子，这样种子在室外土壤温度过低的时候也可以萌发。这种做法可以使植物的生长期延长，使娇嫩的一年生植物有更多的时间开花或结果。要刺激黄瓜和番茄等喜热的娇嫩植物的种子发芽，温度至少要达到16℃，也就是说在春末夜里温度低甚至霜冻仍可能来袭的地区，最好在有遮盖物的地方播种上述植物。不过，即使是耐寒植物，通常在20℃左右的温度下也会长得更好。你会发现，在室内温暖的窗台上、育苗盘里或温室的加热垫上进行春播，比在室外播种效果更好。这种有遮盖物的环境还能使幼苗免受害虫、恶劣天气和杂草竞争的影响。不过，在遮盖物下生长的幼苗需要经过一定的历练（见第78～79页）才能移栽到露地环境中。

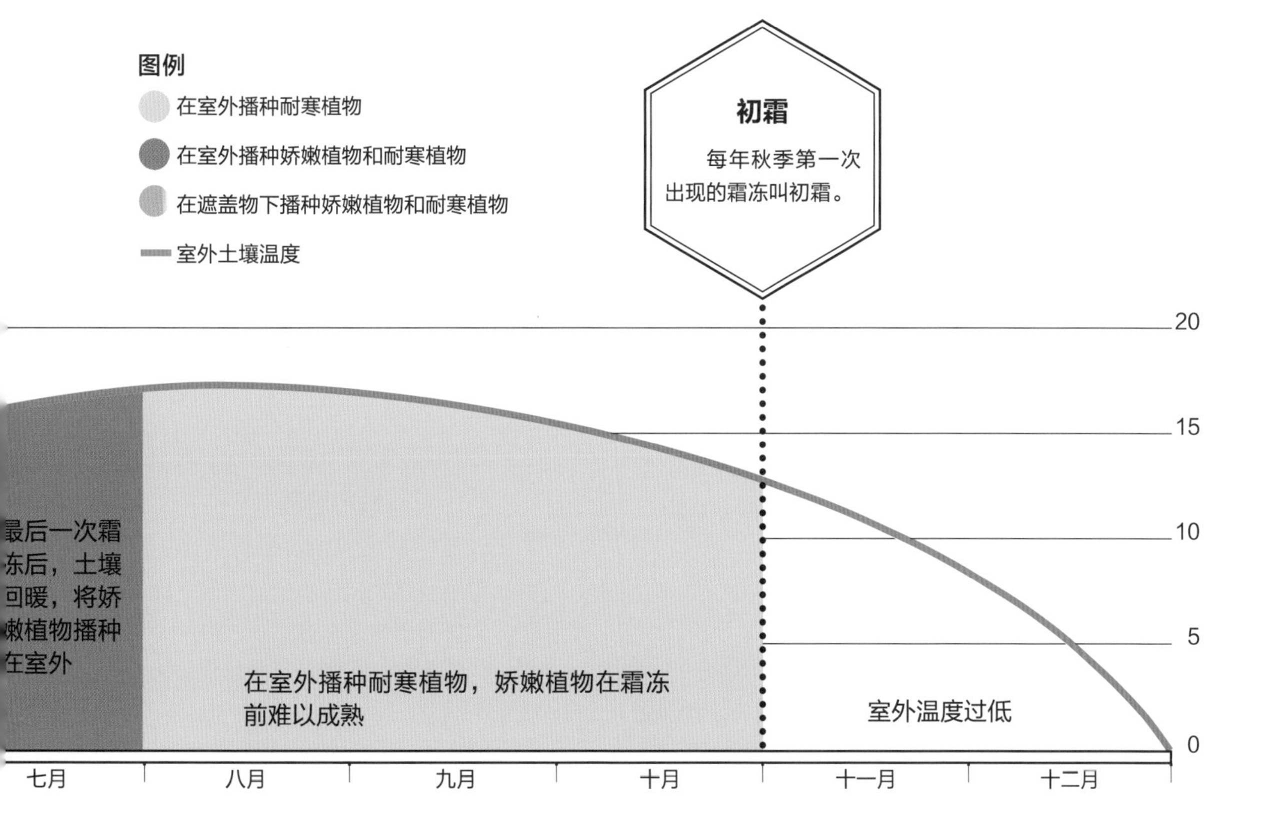

如何让幼苗茁壮成长?

幼苗很娇嫩，而种子中储存的营养物质有限。无论幼苗是在露地环境中还是在遮盖物下，你都需要密切关注它们的生长状况，以满足它们的需要，使它们茁壮成长。

植物之间的“生存斗争”很早就开始了。长在一起的幼苗会争夺水分、养分和光照。如果放任不管，它们就容易变得又高又瘦弱。可以采取不同的方法来避免这种情况发生，其中一种基本而有效的方法就是播种得稀疏一点，使种子和种子之间至少保持0.5厘米的距离，这样幼苗就不会挤在一起，也不容易患上被称为“猝倒病”的真菌疾病。

疏剪

将一年生或多年生植物的枝条从分枝点基部剪除的做法称为疏剪。通过疏去膛内过密枝条，使枝条均匀分布，为枝叶创造良好的通风透光条件，减少病虫害，使枝叶生长健壮。为了“成就大义”，有一些健康的枝条也会被剪掉。

疏苗或上盆

如果育苗盘中的幼苗生长得过于密集，可以及时拔除一部分幼苗，使苗间空气流通、日照充足。这一过程称为疏苗。还可以把多余的幼苗从育苗盘移植到一个个花盆中，这一过程称为上盆。

换盆

当幼苗生长迅速，花盆很快就容不下了时，需要将其移入更大的花盆中，以免幼苗因空间不足而难以汲取足够的养分和水分。科学研究表明，根系越能自由生长，植物就能长得越好。实际上，只要花盆有足够大的排水孔，就能有效避免底部积水问题，因此大花盆会导致植物根系腐烂的说法完全是错误的。在空间有限的情况下，应逐渐增大花盆尺寸，并多次换盆。换盆还能增加叶和茎的生长空间，防止它们枯萎。

移栽

只要天气和土壤足够温暖，且幼苗已经过锻炼（见第78～79页），就可以将其移栽到露地环境中。许多幼苗播种4～6周后就可以移栽，也可以等幼苗再长一段时间再移栽。移栽时，在将要种植的土壤中挖一个花盆大小的坑，然后将幼苗从原花盆中拔出，将根部放入坑中，轻轻地将周围的土壤压实，然后浇透水，这样可以帮助幼苗生根。可以栽种得稍深一些，这样幼苗的长势会更好。

选择容器

开放式育种盘可以很好地利用空间，但需要在幼苗还小的时候就将其换到较大的容器中。单盆比较占空间，但可以单独育苗，移栽时对植物根部的伤害相对较小。

容器育苗

许多幼苗都可以在育苗盘中起苗，但在移栽前需要上盆或疏苗。

研究表明，花盆的大小增加一倍，根和芽的数量平均可增加43%

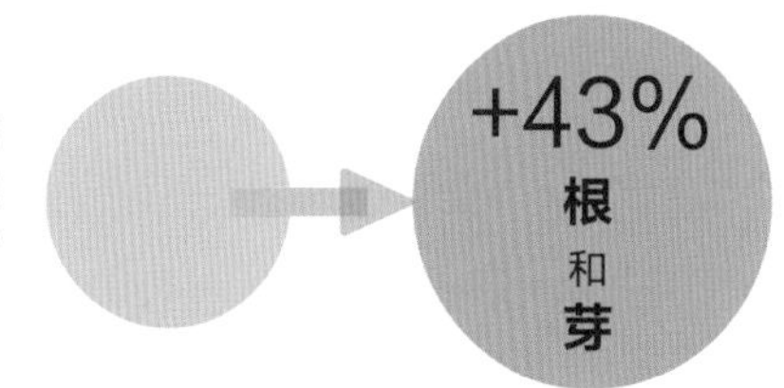

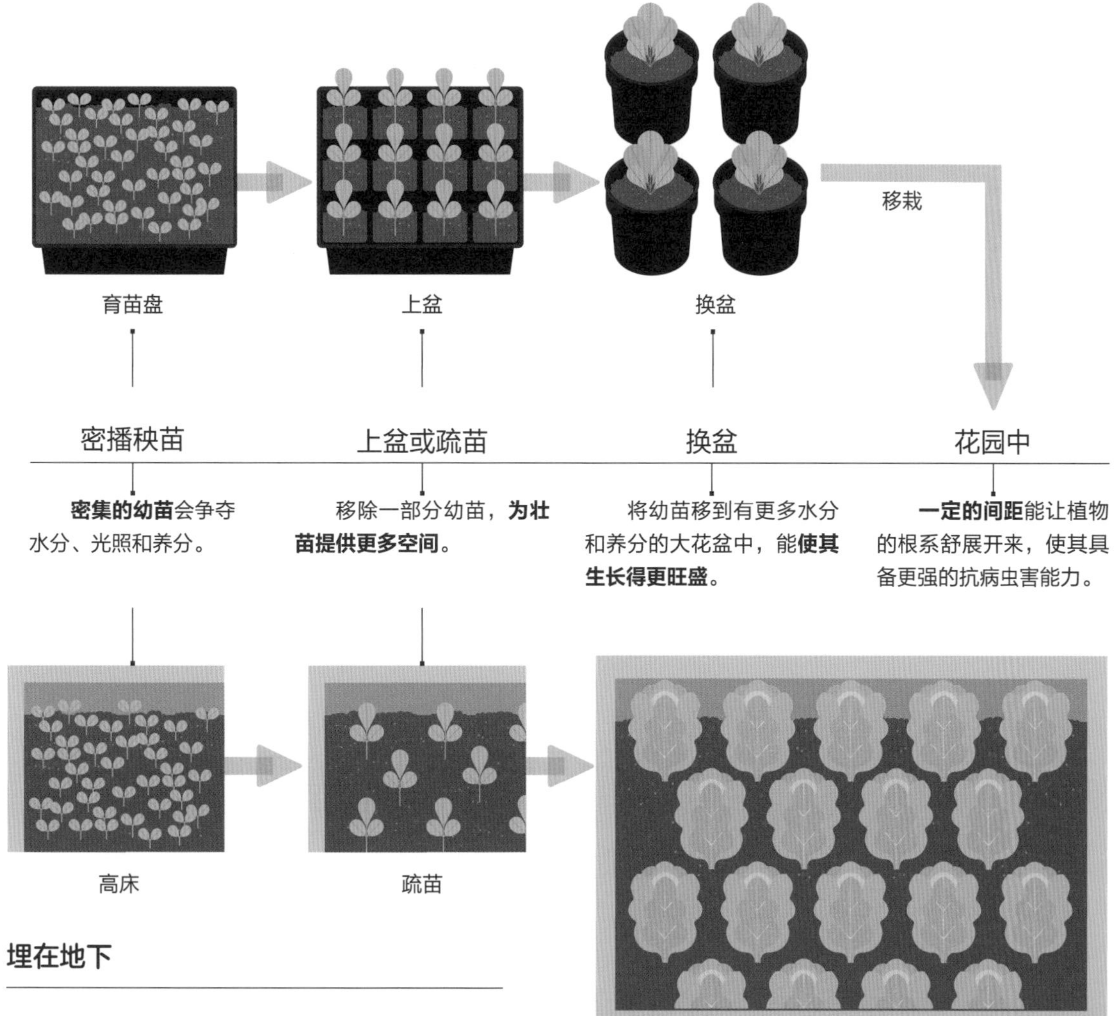

埋在地下

在室外播种时要深播，以确保有足够的种子发芽。如果有足够多的种子发芽，则要注意调整它们的间距。

什么是“炼苗”？

如果不事先做一些准备就将在室内培育的幼苗移栽到室外，有可能导致幼苗死亡。这种让幼苗逐步适应室外生活的做法被称为“炼苗”。

我们人类换一个地方生活时，身体可能需要一定的时间才能适应陌生的环境，尤其是当新环境跟原来的环境差别很大时。植物也是如此：在温室或窗台上生长的幼苗，需要经过一定的准备才能适应室外生活。

防晒

由于玻璃能过滤掉一定的紫外线，因此即使是在明亮的窗台上生长的幼苗，也没有完全见识过阳光的威力（见第92～93页）。叶片需要逐渐适应曝晒，来产生能有效抵御紫外线侵袭的化学物质——类黄酮。缺乏这种物质保护的叶片更容易受到紫外线的冲击，导致“晒伤”。被高温灼伤的植物叶缘会变褐，有时叶脉间会变黄或变黑。

经得住风吹雨打

同样，在保护地的遮盖物下发芽的幼苗也很难立刻构建一层厚厚的蜡质保护层或坚固的纤维素支架来稳定茎。寒冷和大风会给幼苗带来突然的冲击，使其受损甚至死亡。炼苗可以让幼苗为生活在无情的

炼苗

为露地栽培培育的幼苗，炼苗结束时应昼夜均撤去遮盖物，使幼苗达到完全适应露地环境的要求，但应注意预防夜间低温霜害；为设施栽培培育的秧苗，炼苗结束时应能适应定植设施内的小气候条件。

遮盖物

在温暖的窗台上，幼苗不会经历寒冷的夜晚、大风，以及强烈阳光的洗礼。炼苗可以使幼苗适应不良的环境条件。

第1周－打开冷棚

将幼苗移入带玻璃盖的冷棚中，白天打开冷棚，让空气流通，晚上关闭冷棚，以便保暖。

露地环境做好准备，让它们逐渐适应来自自然的各种“物理攻击”。可以在移至露地环境前5～7天，每天对它们进行1～2次、每次10秒的轻微晃动，让它们为暴露在风中做好准备。这样可以拉伸幼苗的细胞壁，刺激幼苗体内的植物激素大量分泌，减缓向上生长的速度，将能量和养分用于加强茎的坚韧性。商业种植者可使用风扇或机器人来达到同样的效果。

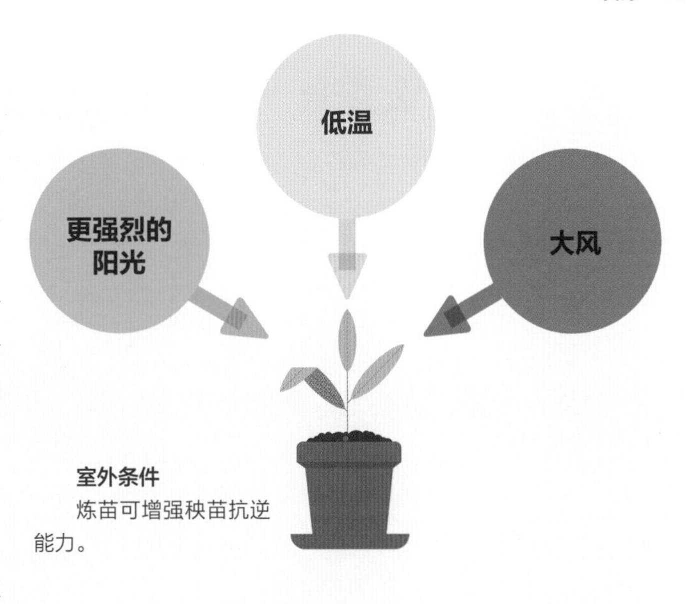

室外条件
炼苗可增强秧苗抗逆能力。

循序渐进

炼苗不存在放之四海而皆准的规则。总之，如果要把幼苗带到露地环境，要注意不要让幼苗因遭受霜冻而死亡（见第110～111页）。从苗圃购买的幼苗如果在露地环境生活过，可以立即种植，其他幼苗最好先经过炼苗。

接触形态建成是指植物通过改变其生长模式来响应机械刺激的现象。

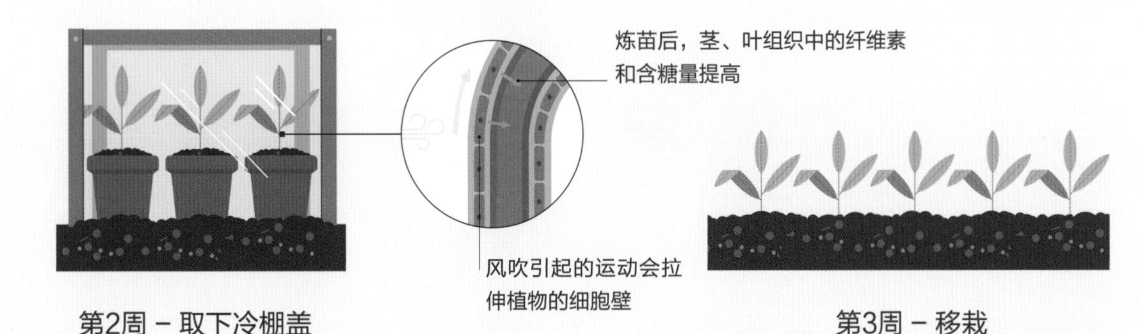

第2周 - 取下冷棚盖

随着幼苗越来越适应冷棚中的环境，可以将玻璃盖完全拿开，让幼苗接触更多的光照、寒冷和风。

第3周 - 移栽

经过炼苗后，幼苗可以移栽到露地环境，这样它受到不良条件冲击的可能性会大大降低。不过，如果天气预报说有霜冻，可能仍然需要给幼苗盖上遮盖物。

什么是子一代种子？我应该购买吗？

由子一代（简称F_1）种子长成的植物有可能同时具有抗虫、花大等优良性状。有些园丁担心这些性状来源于转基因育种，然而这其实是大量传统人工杂交育种的结果。

在自然界中，同一物种的单株植物通过传粉（如风媒、虫媒等）随机结合，从而产生后代，其后代是母本（种子孕育者）和父本（花粉提供者）的基因混合体。这就意味着，如果你从花园里采集种子并种植，可能得到与其母本或父本性状不同的植物（见第168～169页）。这种未经控制的杂交被称为“天然授粉”。为了保持天然授粉种的纯度，育种者要确保种植区域没有相关种的植物的花粉进入，并清除任何有异常特征的植株。有些植物的花可以用自己的花粉对同一个体的雌蕊进行授粉（即“自花授粉”），这意味着繁殖出的后代通常非常相似。

杂交

除了天然授粉，植物还可以被人工授粉。人工授粉是用人工方法把植物花粉传送到柱头上以实现坐果、提高坐果率的技术措施，这是有目的地选择亲本进行植物杂交育种的必要手段。由两个不同基因型的纯合亲本杂交所产生的第一代杂合体通常表示为F_1。遗传结构不同的两个群体杂交所产生的F_1在生产生活繁殖适应性等方

授粉

当花粉从雄花转移到雌花上时，授粉就完成了。根据物种的不同，这一过程可能发生在单一植物上，也可能发生在两株植物之间。

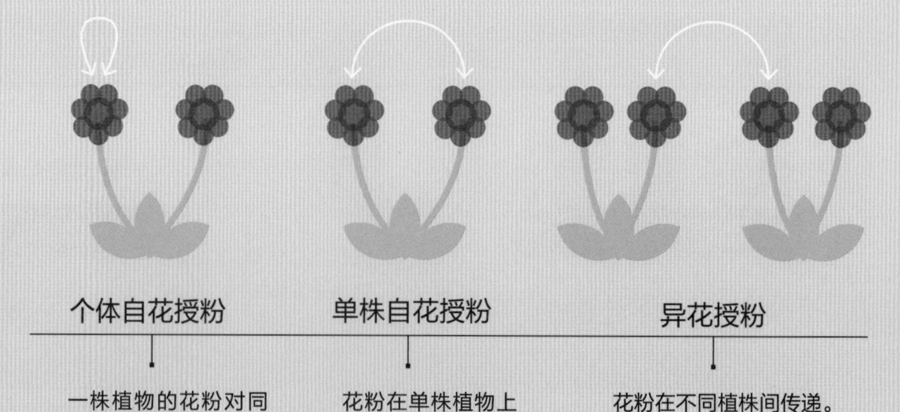

培育F_1种子

F_1种子的培育过程漫长而复杂，最终由两个不同基因型的纯合亲本杂交，产生第一代杂交合体。

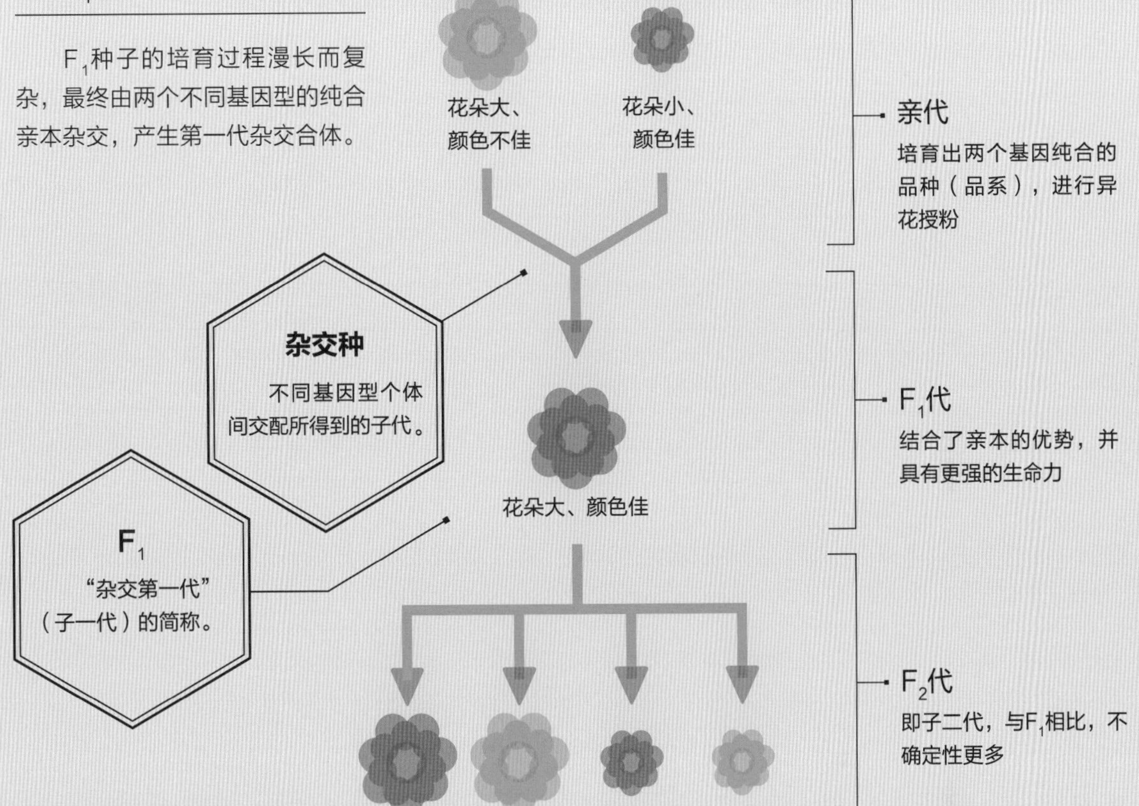

面可能优于双亲或超过两个亲本，这种现象被称为杂交优势。为了获得杂交优势，育种者会精心培育出两种纯合亲本，然后将它们进行人工授粉，以产生种子。比如，他们可能会先培育出一种花朵特别大但颜色不好看的万寿菊，再培育出一种花朵颜色好看但较小的万寿菊。然后，将两种万寿菊通过人工授粉进行杂交，就能培育出F_1种子，得到花朵大、颜色好看、植株间差异小的万寿菊。以上流程需要耗费大量的时间和精力，因此F_1种子价格通常比较高，但F_1种子发芽时间齐整，具有优良的性状且外观性状统一。不过，杂交优势往往只限于子一代，因为子二代将出现基因重组现象。

什么是嫁接植物？我应该购买吗？

把其他人的四肢装到自己的身上，这听起来像科幻小说里的情节，但植物嫁接已有几千年的历史。将植物的枝或芽接于另一株植物体的根、苗干或树干上，使两者的形成层愈合生长，形成一个新植株的技术被称为“嫁接”，这项技术广泛用于控制植物的大小、抗病性等。

适合嫁接的植物有常见的果树和一些园林植物。

如何进行嫁接？

嫁接苗由砧木和接穗两部分组成。生有根系（或用来生长根系），用来承接接穗的部分称为砧木；用于嫁接在砧木上的独立的芽或带芽枝段，用来形成苗木枝干的部分称为接穗。嫁接成功的关键在于将接穗和砧木的形成层（在维管植物中，一种平周分裂的侧生分生组织）紧密地结合在一起。嫁接的原理是利用植物具有受伤后愈伤的机能，使韧皮部、木质部相连，从而形成一个新个体。

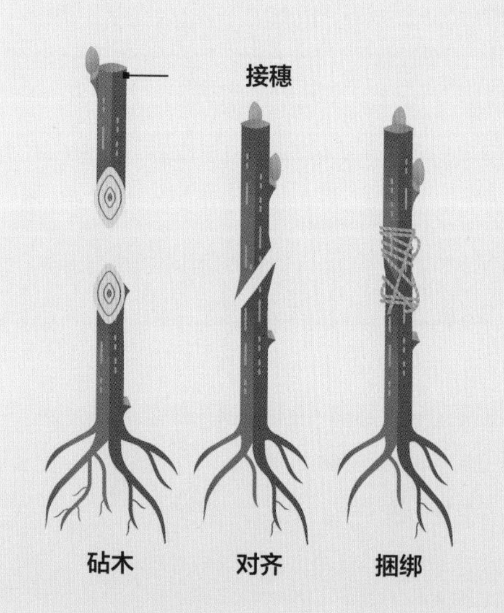

砧木和接穗的结合 两者的形成层必须紧密地结合在一起并固定好。

嫁接

嫁接后，砧木和接穗的形成层会形成愈伤组织细胞，这些细胞会弥合缝隙，使砧木和接穗结合在一起。

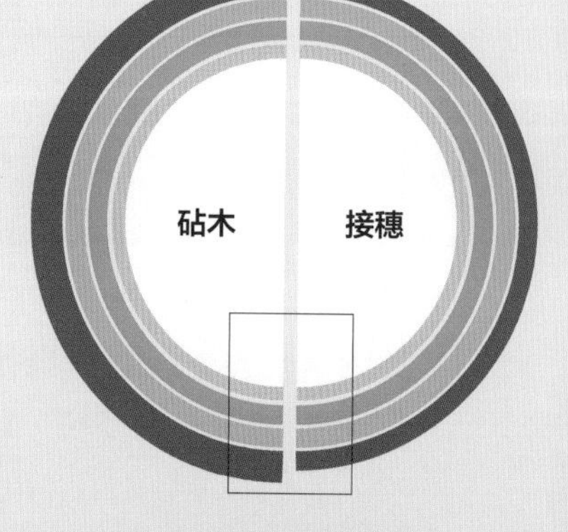

图例
- 树皮
- 韧皮部
- 形成层
- 木质部
- 髓

将砧木和接穗对齐

需要**仔细对齐**两部分，以便形成层细胞发挥作用。

嫁接的优势

嫁接后，接穗仍是一株基因独立的植物，可以长出自己的叶、花和果实。砧木为接穗提供水分和养分，以及控制生长的激素，还能提高接穗的抗病性和抗旱能力。果农利用这一点，培育出了可以控制果树最终大小的砧木。苹果的砧木有M27“极矮砧”和M25“极壮砧”两种，前者培育出的果树矮小、生长势弱，需要良好的土壤和永久性树桩来支撑其生长，后者培育出的果树则相对较大，可能不适合大多数花园。与扦插（取植物的部分营养器官插入土壤或某种基质，包括水中，在适宜环境条件下培育成苗的技术）一样，嫁接也属于“无性繁殖”（见第128～129页）。但与扦插不同的是，嫁接植物的根系已经形成，因此嫁接植物生长速度更快。嫁接需要投入技术和时间，因此嫁接植物的价格通常较高，但如果能培育出长寿的乔木或灌木，这种投资还是值得的。

砧芽

砧芽是在嫁接的接穗和砧木完全成活后，于接合处附近从砧木上生长出的芽。这些从嫁接点下方长出的茁壮新芽可能会抢占接穗的养分，导致接穗死亡，因此看到这些新芽时，应将其除去。

黄瓜、番茄等蔬菜可以根据生长速度或抗病性来选择砧木。一般只有在采用传统方式种植的植物出现问题时，才会考虑高价购买嫁接植物。

注意事项

通常可以通过树皮上的环形或斜切疤痕，或者砧木和接穗之间树皮颜色或质地的细微差别来发现嫁接的痕迹。不同植物对嫁接高度的要求不同，选择合适的高度对嫁接植物的生长、抗逆性等有重要意义。

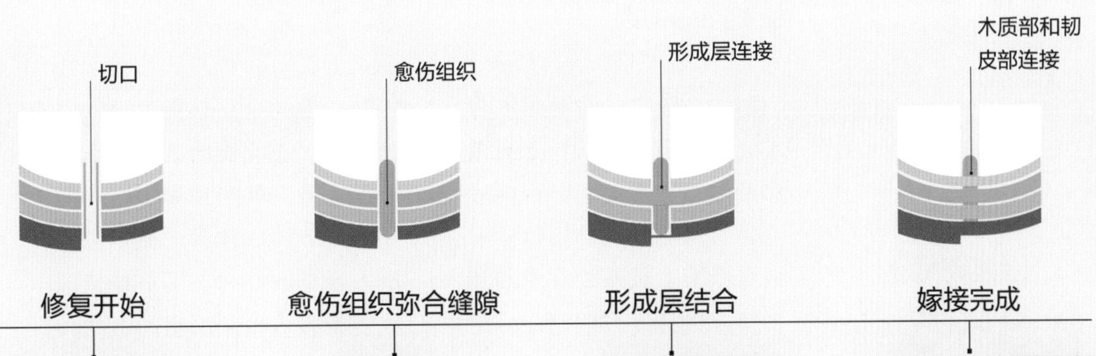

植物之间应该留出多少间距？

对人来说，在上下班高峰时挤地铁是一件很糟糕的事，而对于一株不能移动的植物来说，与周围的植物离得太近可能会让它只能勉强存活。因此，种植间距是一个值得园丁认真考虑的问题。

根系与树冠同宽

根系延伸的范围是树冠的3~5倍

植物的大小和强弱与其根系息息相关。根系是植物获取水分和土壤养分的通道，如果根系的生长受到限制，植物的生长就会受阻，这在盆栽植物身上表现得尤为明显。在根系可以自由生长的地方，植物的生长会受到土壤中养分和水分的限制。一块土地中所有植物的根系都会争夺土壤中的水分和养分，如果竞争过于激烈，植物的生长就会受到限制。因此，要想让植物充分生长，保持适当的株距至关重要。

植物能长多粗？

在花园里，乔木是最“贪婪”的植物，因此乔木与乔木、乔木与其他植物之间最好保持适当的距离。只有能适应干燥、阴凉环境的植物才能种在乔木下。长寿的乔木和灌木之间应保持更大的间距，这样它们就可以自由生长，而无须通过修剪来限制其大小。宽敞的间距也有助于木质攀缘植物生长，这样它们的根系可以舒展开来。一年生植物和许多多年生草本植物通常可以种得稍近一些（即密植）。当植物过分拥挤时，可以将其移走并进行分株（见第174~175页）。密植还有助于覆盖土壤和抑制杂草的生长。

满足你的需求

植物种植间距没有绝对的标准，通常认为株距越近，植株就越小。此外，土壤质量、植物类别等也会对植物种植间距有很大影响。如果能保持土壤健康，适当多播种一些蔬菜也未尝不可。将三四粒种子播种在一起，这样就能种出一簇稍小但形态完美的植株。高床可以提升空间利用率，因为高床上可以种满作物，而不必留出人行走的空间。网格种植形式能更有效地利用空间，尤其是当植物以三角形而不是正方形排列时（见右图）。

种植模式

图例

种植时的尺寸

成大后的尺寸

精心安排植物的种植间距不仅有助于植物的生长，还能让花园容纳更多的植物，最大限度地发挥花园的潜力。这在种植蔬菜时尤为重要。

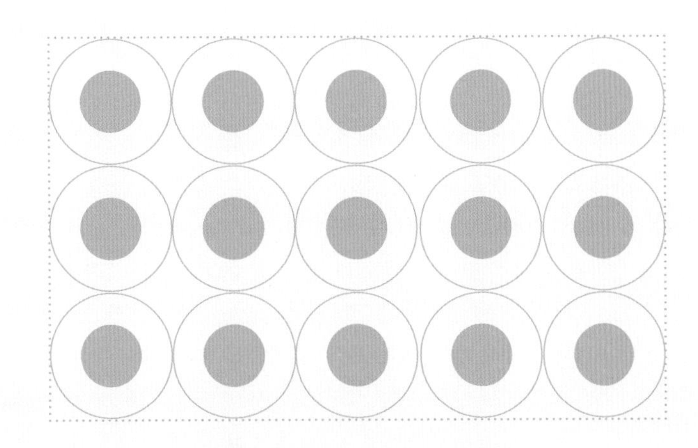

方格形式
以方格的形式种植可以使植物排列整齐，间距也比较好把握，但行间的空间很难充分利用

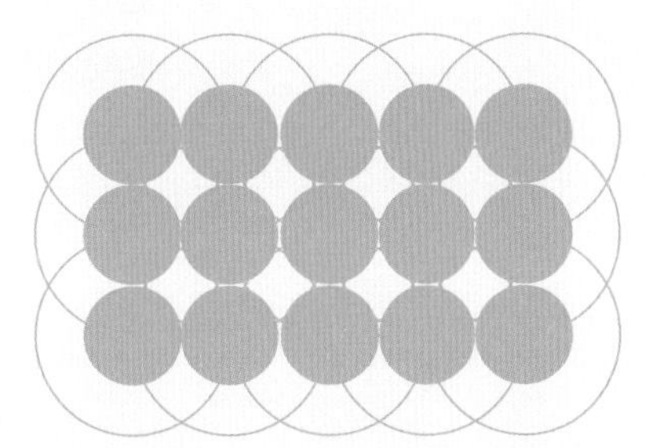

密植
种植距离太近会导致植物生长空间小。为了让植物更好地生长，需要移走一些植物

三角形形式
以三角形网格的形式种植是一种高效的方法，这样能提高土地的利用率

混栽是否对植物更好?

为了促进植物的生长，有些人会把不同植物种在一起。很多人觉得这种做法只是人的一厢情愿，但科学家发现，有些植物种在一起确实有助于彼此的生长。

豆科植物能与根瘤菌共生形成根瘤，并固定空气中的氮。其中一些氮会渗入土壤，滋养附近的微生物和植物，并在这些微生物和植物死亡和腐烂后返回土壤。研究表明，在四季豆旁边生长的马铃薯能够生长得更大，在豌豆旁边生长的莴苣也是如此。可以在种植间隙播种豆科覆盖作物，以增加土壤养分并抑制杂草生长。

吸引和驱赶

混栽还有助于减少病虫害的发生。例如，莳萝、茴香和其他一些伞形科植物有许多细小的花头，这些花头可以吸引蚜虫和它们的天敌，如食蚜蝇。当这些植物被种于地块边缘时，它们会像一个个陷阱，把害虫从地块上的其他植物那里引开。万寿菊、鼠尾草和其他一些草本植物的强烈气味可以迷惑甚至驱赶害虫。英国和非洲的科学家已经找到了一些混栽组合，形成“驱-诱结合”系统，减少害虫对经济作物的危害（见下文）。因此，不妨探索一下适合你的花园的植物搭配。巧妙的植物搭配还能吸引传粉昆虫，从而促进水果作物的生长。例如，可以用金鱼草吸引熊蜂。

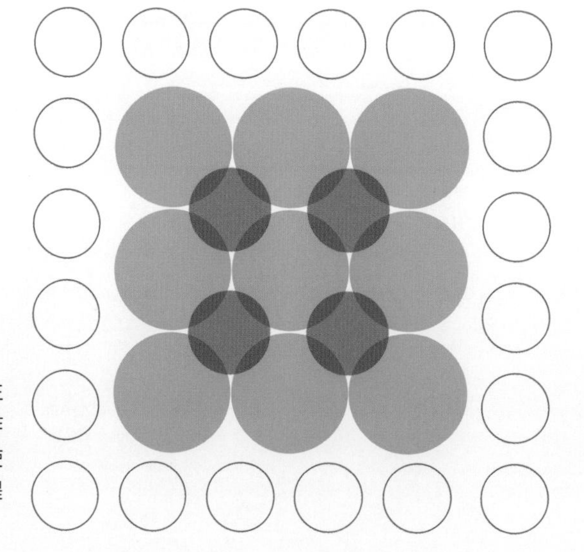

“驱-诱结合”系统将主要作物、引诱作物与驱避作物混合种植来防治害虫，使非洲一些国家玉米的产量提高了约80%。

图例

- 主要作物
- 引诱作物
- 驱避作物

是否应该轮作?

“轮作”的历史可追溯到2000多年前。然而，许多现代人可能还是不知道为什么要轮作。总的来说，简单的轮作很可能有益于植物的健康。

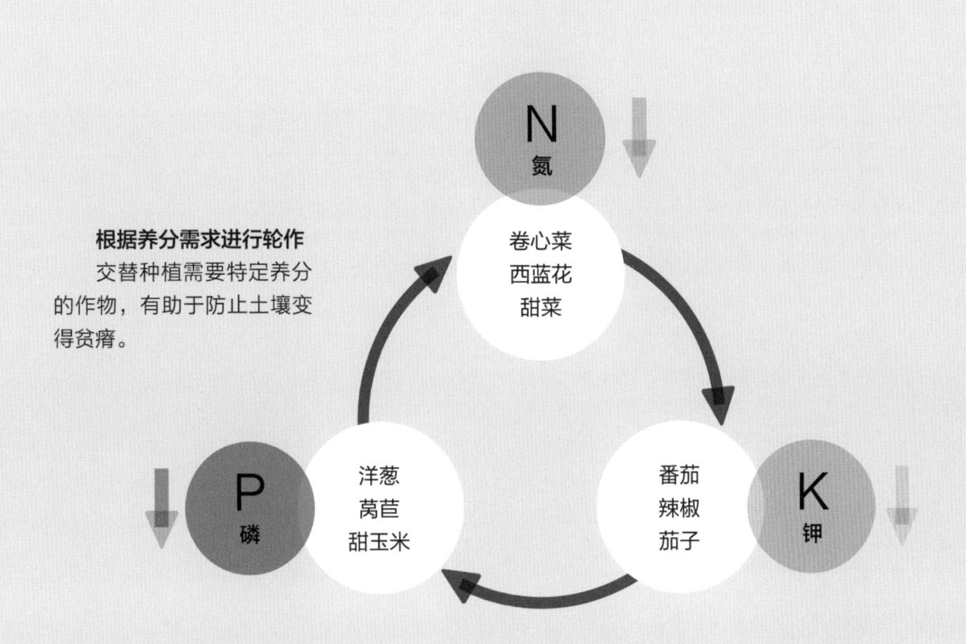

根据养分需求进行轮作
交替种植需要特定养分的作物，有助于防止土壤变得贫瘠。

植物需要从土壤中获取生长所需的养分，但不同植物对养分的需求不同。例如，除豆科植物（见第86页）外，其他植物都需要土壤中的氮，马铃薯需要钾，而莴苣则需要大量的磷来提供叶生长所需的能量。因此，适时更换某个地块种植的植物，以避免土壤中的某种养分不足对植物的生长大有益处。如今，许多农民采用科学的方法，将谷类作物与固氮植物交替种植，这样做可以补充土壤中的氮。

避免病虫害

轮作的另一个优点是可以避免部分病虫害的发生，如根肿病、洋葱白腐病和马铃薯孢囊线虫，这些病虫害能够潜伏在土壤中或植物凋零物中，如果种植了另一种易感作物，它们就会在第二年甚至几年后再次侵袭。这种情况属于再植病害的一种。避免这种情况出现的办法是避免在同一地块连续多年种植同种或亲缘关系相近的作物。

鳞茎、球茎、块茎和根茎有什么区别?

鳞茎是植物进化出的几种不同类型的营养器官之一，是植物的“地下油箱”。它们蕴含着大量能量，使植物能够度过休眠期，并在条件有利时快速生长和开花。

地下芽植物亦称“隐芽植物”，是芽位于表土之下或水池底泥中的植物。为适应恶劣的生存环境，地下芽植物地上部分完全凋萎，更新芽可以埋在表土以下或位于水体中以度过生长中的不利时期。根据芽的着生器官不同，地下芽植物可分为根茎地下芽植物、块茎地下芽植物、鳞茎地下芽植物等7个类型。而园丁们常提到的鳞茎、球茎、块茎、根茎都属于地下变态茎。变态茎是由于功能改变引起其形态和结构都发生变化的茎。

根

生长在地面以下，具有吸收、固着、输导、贮藏等功能的营养器官。

根茎

于地下生长，具明显的节和节间、顶芽、腋芽及退化的鳞片叶。

真假鳞茎

不同类型的茎的内部结构和生长方式可能截然不同。学会区分它们有助于更好地养护植物。

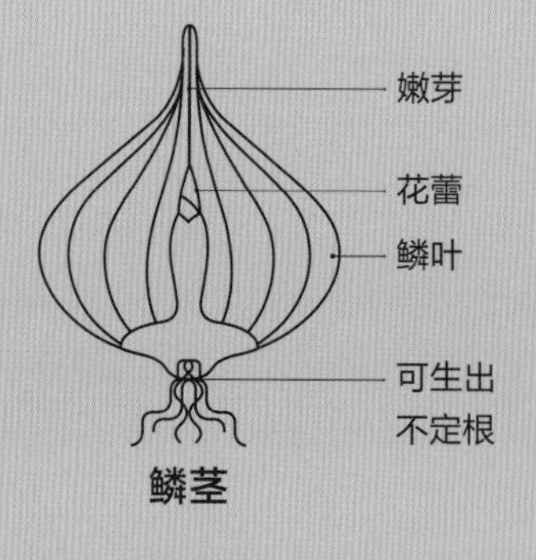

鳞茎

鳞茎是由许多肥厚的肉质鳞叶包围的扁平或圆盘状的地下茎，洋葱、百合的地下茎都属于鳞茎。如果你切过洋葱，你就会知道它的外部生有一层薄膜，里面是一层一层的薄片。这些薄片被称为鳞叶，这是一种特化的肥厚多汁的鳞片状叶，它们包在芽外面，起保护作用。在土壤下，鳞茎静静地等待时机，等到环境条件适宜时，其中心的花蕾就会向上萌发，根从扁平的基部钻出。在鳞叶中的能量的推动下，植物生出鲜艳的花朵和茂盛的叶片，这些叶片像太阳能板一样吸收阳光，为下一个生长季储备能量。

球茎

球茎是一种肉质实心的球形、扁球形或长圆形地下变态茎，具明显的节和节间及较大顶芽，茎表面被鞘状苞片，芽位于苞片内，如荸荠。由于球茎和鳞茎的种植和养护方式差不多，园丁和零售商经常把它们放在一起。

块茎

块茎是由地下茎顶端膨大形成的球形肉质茎，内部贮藏了丰富的营养物质。其表面有许多芽眼，一般呈螺旋状排列，芽眼内有芽。芽可在生长季萌发新枝，因此，块茎可供繁殖之用，如马铃薯的块茎。而块根则是适应于植株贮藏养料和越冬的变态根。甘薯、大丽花等有块根。

根茎

根茎是多年生植物的根状地下茎。相比于鳞茎，姜、美人蕉和竹子的根茎更能应对极端温度和干旱。它们的那些看起来很粗糙的“根”实际上是粗壮的茎，茎向两侧伸展并储存能量。这些茎会向上长出嫩枝，形成看起来像新植物的部分，但这些部分仍然附着在母株上。

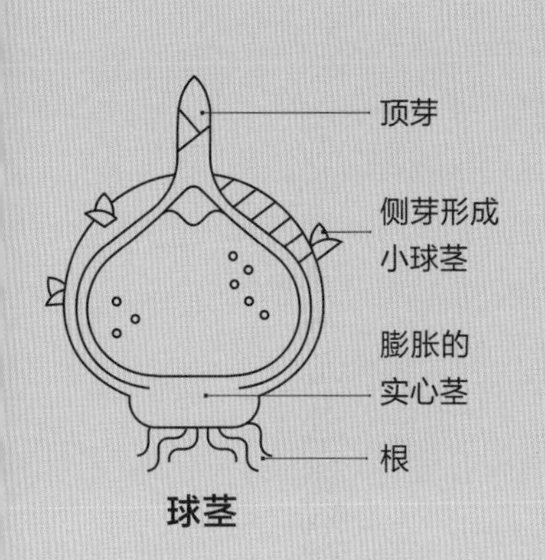

球茎

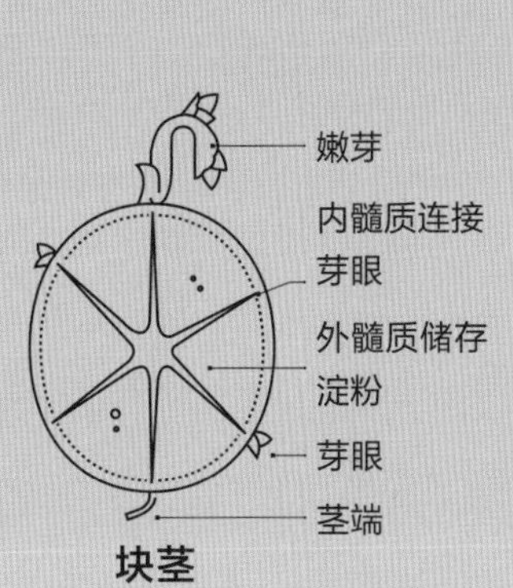

块茎

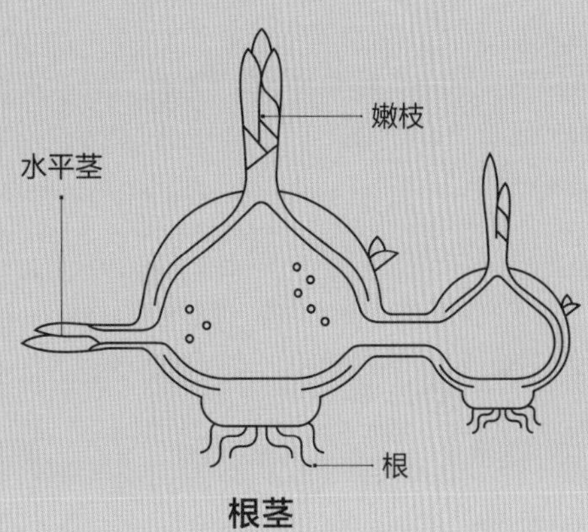

根茎

鳞茎应该埋多深？

种植鳞茎的“正确”深度是多少？针对这个问题，可能很多园艺书或园艺网站会给出不一样的建议。其实，不一定非要用卷尺来测量，很多经验丰富的园丁都有自己的独特方法来确定最佳的鳞茎种植深度。

一般来说，大多数鳞茎、球茎、块茎和根茎最好种在深度为其高度2～3倍的坑里。不过也有例外：科学研究表明，郁金香的种植深度最深可达20厘米，这样花开得更好；德国鸢尾（*Iris germanica*）最好种得浅一些，这样它们的顶端能露出土壤，接受阳光照射，从而促进开花。精准、严谨地种植可能会收获好的结果，但并不是说一定要这样做，因为有些植物的根是收缩根。收缩根是指一些草本双子叶植物具有收缩功能的根。收缩根能将更新芽拉近地面，如蒲公英属植物；或将鳞茎与球茎缩回土壤中，如唐菖蒲。

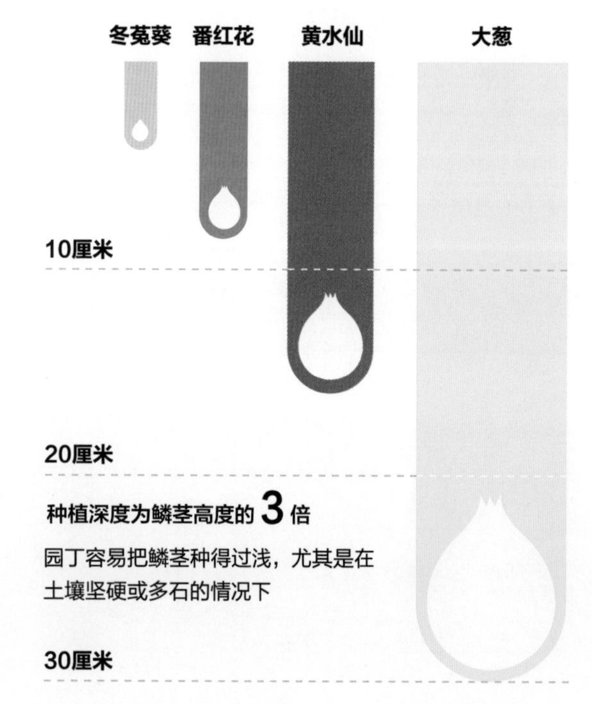

哪边朝上？

许多鳞茎顶部是尖的，花蕾就是从那里冒出来的，而底部则是木质的、扁平的或圆球状的，根就是从那里长出来的。如果这些特征都很明显，那么就按顶部朝上的方式种植。如果这些特征不明显，就不必担心种植的方向是否正确了。就像种子一样，就算把大多数鳞茎倒着种，也不会有问题——它们的根总是向下生长，而嫩芽也能感知到“下”和“上”。你可以自己试一试：在秋天种植一批水仙，种植时让其中一半尖头朝下，另一半尖头朝上。当它们开花时，你不太可能看出它们的区别，除了尖头朝下种的水仙可能会稍矮一些。有收缩根的植物也会利用其可收缩的根，在数月内让自己直立起来。

鳞茎是如何生长的？

在鳞茎的每个细胞中都有一个生物钟，它利用来自地面等的信号来感受季节的变化，使鳞茎能够确定开花时间，从而最大限度地提高繁殖成功率。

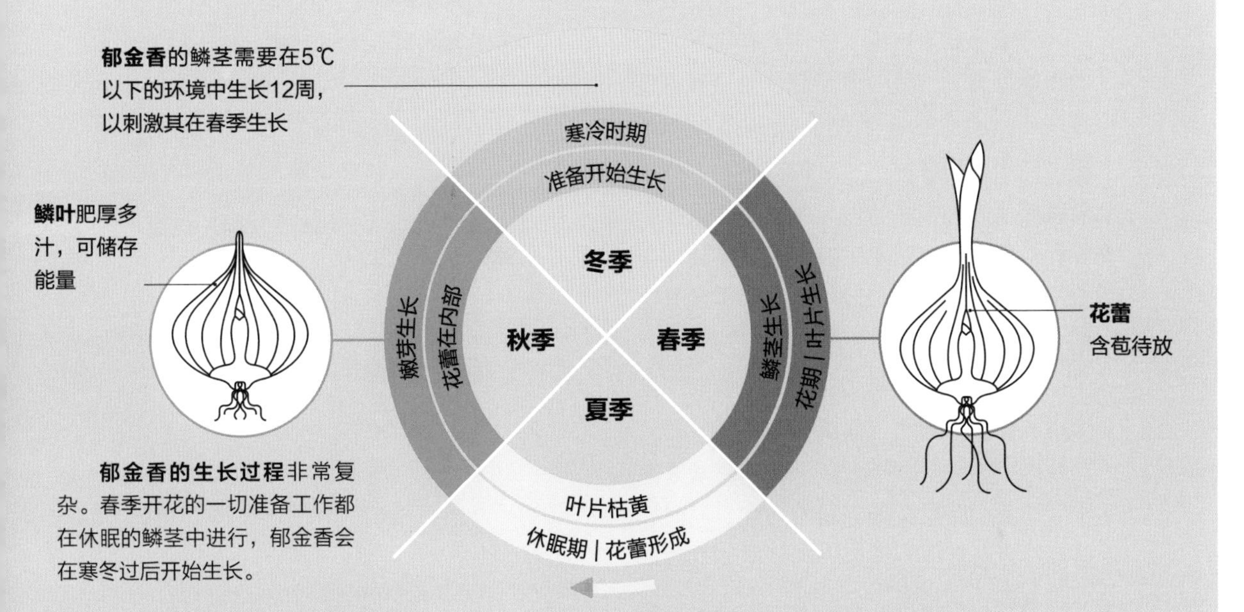

鳞茎中的生物钟会根据土壤温度和光线，发出一系列化学信号。植物会进化出一套生长和休息的模式，以反映天然栖息地的生长条件。春季开花的球根花卉通常生长在夏季干燥的环境中，它们在春季迅速生长和繁殖，然后躲入地下，等待夏季的过去。

春化现象

春化现象是指一、二年生种子作物在苗期需要经受一段低温时期，才能开花结实的现象。尽管在秋冬季节，鳞茎表面上处于休眠状态，但许多鳞茎会在这一时期利用其能量储备长出嫩芽和花蕾。掌握了春化现象的原理意味着，在冬季温暖的地区或反季节，将那些需要低温才能开花结果的鳞茎植物放在冰箱里冷藏8～15个星期，就能诱使它们开花。不过，并不是每种鳞茎植物都需要低温，比如朱顶红属，朱顶红属植物喜欢温暖湿润的环境，冬季所处环境温度不得低于5℃。

如何确定室内植物的最佳摆放位置？

没有植物是为了在现代建筑中生存而进化的，不过了解植物的特点有助于我们为植物选择一个合适的生长环境。有些植物适应性很强，而有些植物如果没有理想的环境，就无法茁壮成长。

室内植物来自世界各地。在决定它们的摆放位置时，要考虑湿度、光照和温度等是否与它们的天然栖息地的条件相匹配。许多植物原产于亚热带森林，那里的温度和湿度都很高，但光照水平有差异，森林中地面的光照水平很低，而高处光照水平高。来自干旱地区的植物喜欢低湿度、烈日和季节性降雨。在地中海型气候中生长的植物需要阳光充足、温度和湿度随季节变化的环境。盆栽杜鹃花和其他一些室内植物来自温带地区，它们喜欢光照水平稍低、相对凉爽湿润的环境。同时，还要考虑植物会长到多大，是需要支撑的攀缘植物，还是适合放在架子上或高架花盆中的缠绕茎植物。

正确对待光

人类从食物中获取能量，而绿色植物通过叶绿素捕获阳光，利用光提供的能量在叶绿体中合成淀粉等有机物。再干净、再透明的窗玻璃也会阻挡部分紫外线。自然光的强度和持续时间随季节变化而变化，在秋冬季节，许多植物需要移到靠近窗户的地方，以获得足够的光照，但在日照时间较长、光线较强的时候，许多植物

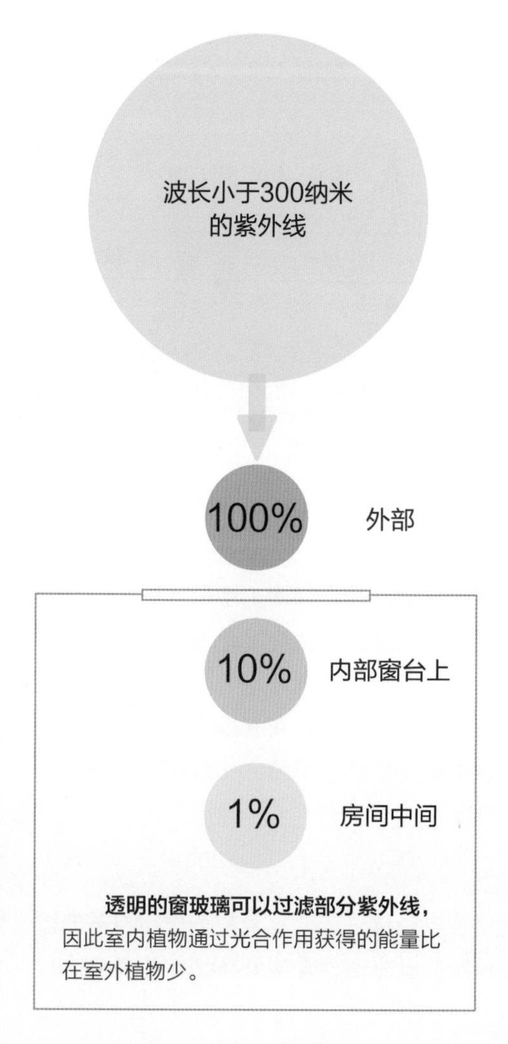

透明的窗玻璃可以过滤部分紫外线，因此室内植物通过光合作用获得的能量比在室外植物少。

需要移到远离窗户的地方。朝北的窗户附近的光照比朝南的窗户附近少。大多数室内植物适合放在光照充足的窗台上，或放在离明亮的朝南窗户约50厘米远的桌子、架子或高台上。多肉植物和许多来自地中海地区的植物适合放在阳光能直射到的地方。喜阴植物适合放置在离窗户有一定距离的地方，像浴室和厨房这样潮湿的房间就很适合它们的生长（见第112～113页）。

提供额外的光照

在光照不足的地方可以使用人造光源来帮助植物生长。有些灯泡看起来很亮，但实际上它们发出的光强度不够。有些节能的LED（发光二极管）植物生长灯可以模拟阳光的强度，并发出植物生长所需的各种颜色的光。植物的叶片会反射绿色，植物会吸收高能量的蓝光和紫光（以及不可见的紫外线）来促进叶片生长，吸收低能量的橙光和红光来促进开花。

温度

室内气温的可调节性意味着室内植物不像室外植物那样易受极端温度影响，但在夏季，室内的温度（尤其是窗户附近的温度）会飙升，因此夏季，除了仙人掌和多肉植物外，其他植物最好放置在室内相对凉爽的地方。秋冬季节也要注意，因为喜热植物在温度低于18℃时就可能遭受伤害（见第110～111页），所以秋冬时如果将植物放在通风的地方或是窗帘后面（见第155页），它们就非常容易遭到冷害的侵袭。

气温每升高
10℃，
植物的水分损失就会增加一倍

气温达到或超过
46℃
时，植物就有可能
死亡

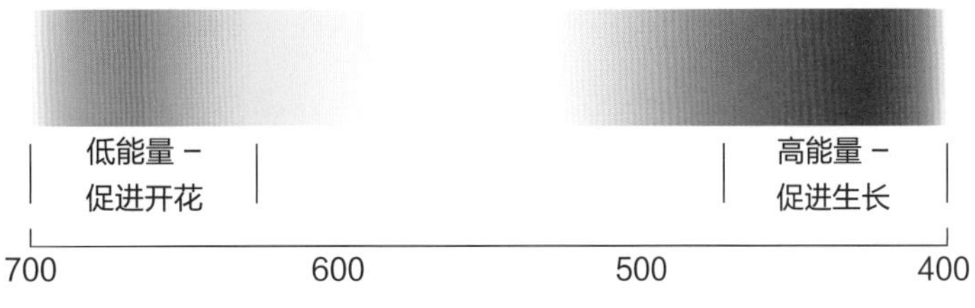

阳光为生长提供能量

植物利用高能量的蓝光和紫光促进叶片生长，利用低能量的橙光和红光促进开花。绿光被反射出来，所以我们看到的叶片是绿色的。

生长

所有的根都一样吗？

植物的根系约占其总重量的三分之一，它不仅负责将植物固定在地面上，还负责汲取养分、寻找水分，并与土壤中的众多生物相互作用。根系的类型有很多，它们各自发挥着各自的作用。

根是植物的营养器官，对植物的生长至关重要，需要用心呵护。位于胚的下胚轴基部未发育的根称为胚根（见第68～69页），将来会发育成主根。根系是一株植物全部根的总称。根系分为主根系（直根系）和须根系两类。

主根系和须根系

主根系是有明显的主根和侧根区分的根系。裸子植物和大多数双子叶植物的根系为主根系。挖出药用蒲公英时，你会发现有一条长长的根将它深深地“拴”在土壤中，它就是植物的主根。由主根内部中柱鞘部位发生的根称为侧根。侧根的生长方向往往与主根成一定的角度，可反复分枝。根主要起固着和吸收作用，同时还有输导和贮藏有机物质、繁殖等功能。肉质根（如萝卜、胡萝卜、甜菜的变态根）是常见的变态根之一，在肥大的主根中贮存着大量养料，可供植物越冬后和次年生长之用。无明显的主根和侧根区分的根系称为须根系。大多数单子叶植物的根系为须根系，如小麦、玉米。

根的外观各异，它们都具有吸收、固着等功能。

须根

由胚轴和茎基部节上长出的不定根称为须根。

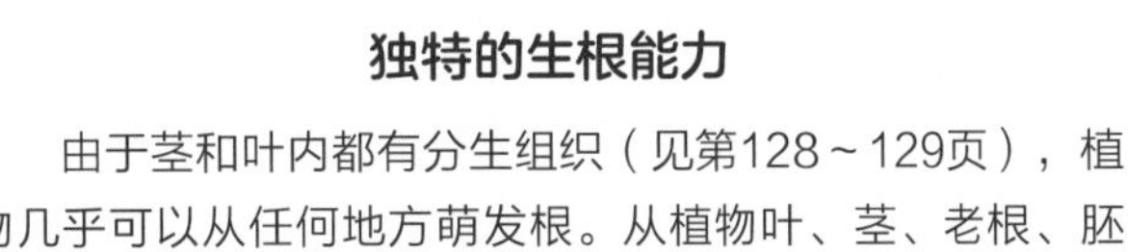

独特的生根能力

由于茎和叶内都有分生组织（见第128～129页），植物几乎可以从任何地方萌发根。从植物叶、茎、老根、胚轴或愈伤组织等非生根部位处长出的根称为“不定根”，它们可以为茎提供额外的支撑，或帮助植物在渍水土壤中生长。

探索、互动和吸收

事实上，除沙漠地区外，大多数植物的根系不会深入土壤深处。大部分养分、水分和有生命的微生物都在土壤的薄土层，因此这里也成为根系集中“觅食”的地方。根系网络由最细小的侧根牵头，它们的直径可能跟头发的差不多。在根分生组织区前端覆盖着一种套状保护结构，这种结构称为根冠，它可调控根的向地生长。在根的根毛区部分有一种由表皮细胞向外凸起形成的毛状体，称为根毛，它具有从土壤中吸收水分和无机盐的功能。这些结构都非常脆弱，很容易断裂。

根毛

根尖

根生长区

根冠

土壤中，以植物的根系为中心聚集了大量的细菌、真菌等微生物，以及蚯蚓、线虫等土壤生物，形成了一个特殊的生物群落。这个由植物根系与土壤微生物之间相互作用形成的独特圈带被称为根际。根际中包含由根系分泌的蛋白质和糖类等物质。

主根

种子萌发时，由胚根细胞分裂和伸长形成的垂直向地下生长的根。

可以随意移栽植物吗？

移栽对植物来说是一件很痛苦的事——这意味着它们的根要离开熟悉的环境，被种入陌生的土壤中。不过，只要小心谨慎，尽量减少对植物的折磨，大多数花园植物还是可以移栽的。

虽然在正确的地方种正确的植物（见第50～51页）有助于植物茁壮成长，但随着时间的推移，花园的环境可能发生变化，如阳光被遮挡，或者植物株距过近。在这种情况下，移栽可能对植物更好。多年生草本植物往往比灌木和乔木更适合移栽。实际上，许多草本植物最好定期移栽或分株，以保持其健康（见第174～175页）。

谨慎选择移栽时间

将植物从土壤中挖出无疑会对其造成一定的损伤。如果能选对时机，小心谨慎地操作，植物就更有可能平安无事，通过这一考验。

落叶乔木和灌木最好在秋末到冬末移栽，这样可以使水分损失降到最低，也意

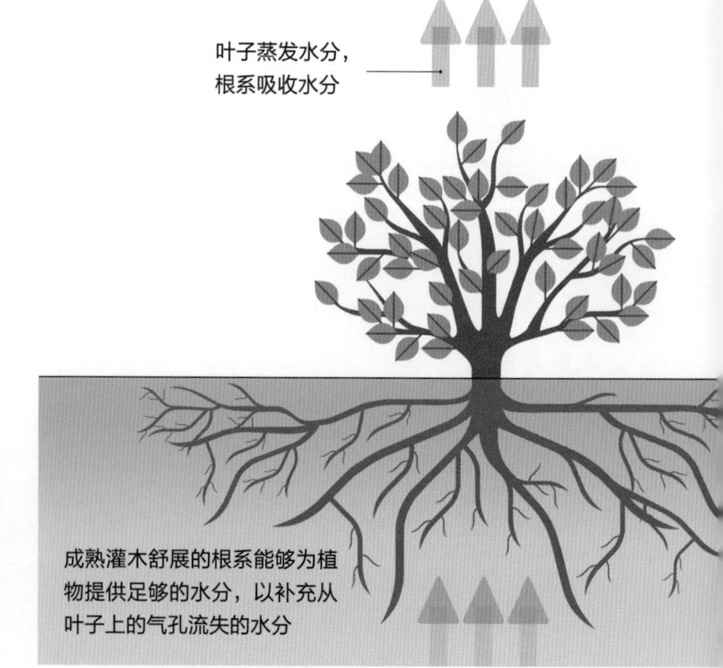

成熟灌木舒展的根系能够为植物提供足够的水分，以补充从叶子上的气孔流失的水分

移栽的影响

通常情况下，植物近一半的根在移栽时会被切断，幸存的根也会失去许多重要的根毛（见第97页），这会影响植物的水分和养分供给。水分会持续通过叶子蒸发（见第14页），而养分则是受损的根进行自我修复所必需的。因此，落叶灌木在落叶和休眠期移植更有可能存活下来。

味着能量可以安全地储存在树干和树枝中（见第160～161页）。一般此时还会修剪树枝，以便那些根系较小的植物在春季能更轻松地满足生长需要。不过，虽然移除受损的枝条是明智之举，但修剪过度会使糖分和营养物质偏离需要修复和生长的根。

科学表明，多年生草本植物和常绿植物如果在土壤温度高于6℃、湿润，而叶子生长尚未达到高峰期时移植，就能更快地恢复生长。如果你的花园冬季气候温和、夏季炎热，那么最佳移植期就是秋季（至少在初霜前5个星期）；如果冬季潮湿、寒冷，则最好等到春季土壤变暖后再移栽。

有助于移栽成功的技巧

在移栽前一天给植物浇透水，移栽后至少3个月内定期浇水。那些主根（见第96～97页）较大的植物，比如刺芹属（*Eryngium*）、锦葵属（*Malva*）和许多针叶树，很难成功移植。大多数植物的根都是向四周伸展的，因此在移栽时应当以植物为中心向四周挖掘，使根部的土壤呈大大的球形，以尽可能多地保留根。挖出后，迅速将其移栽到一个深度不超过现有根球高度的坑里，因为坑过深会大大增加植物感染真菌的风险。

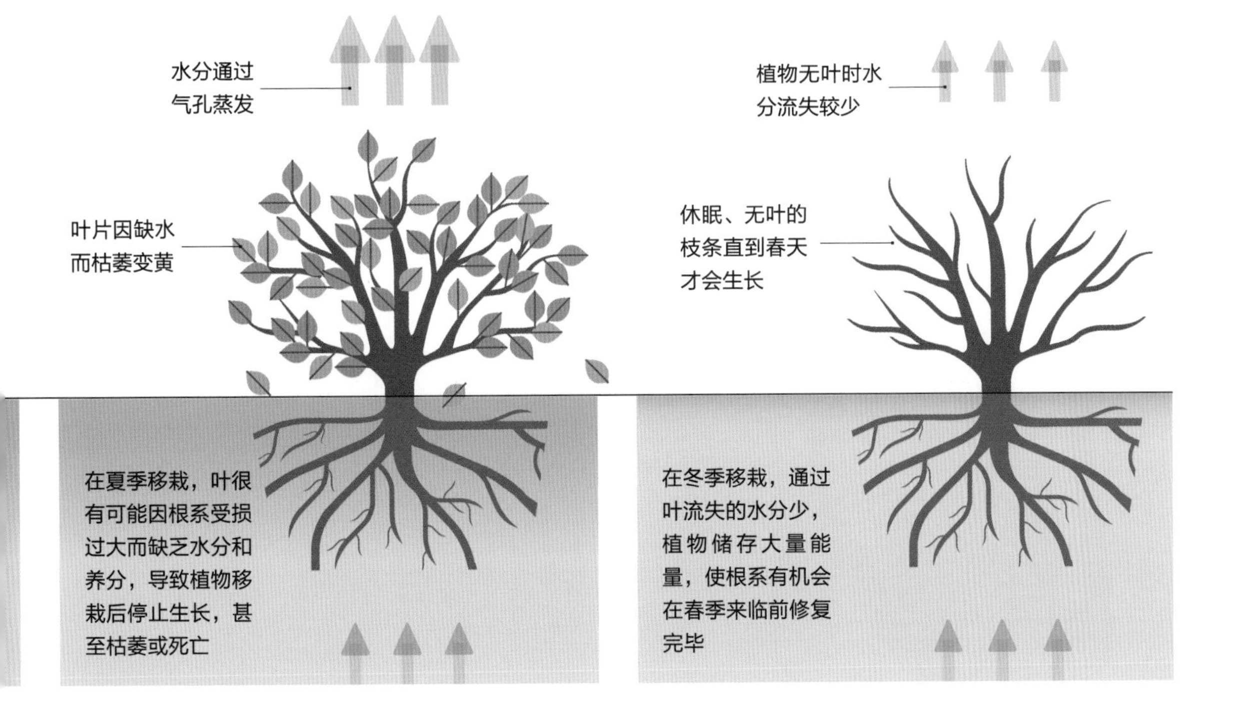

所有植物都是从土壤中汲取养分的吗？

为了应对贫瘠的土壤甚至是没有土壤的生存环境，一些植物进化出了不同寻常的方法来从环境中汲取养分。

猪笼草

猪笼草利用蜜汁吸引小虫，利用囊体捕虫。

虽然“植物吃动物”听起来有些不可思议，但是，确实有一些植物可以利用身体捕捉并消化动物（比如昆虫）。科学家将肉食性植物的DNA同其他植物进行对比之后发现，肉食性植物至少独立进化了6次。肉食性植物能够高效地引诱、捕食和消化猎物，如捕蝇草和猪笼草。

寄生植物和附生植物

寄生或半寄生于其他生物体（寄主）上或体内，从寄主获取营养的植物被称为寄生植物。寄生植物（如菟丝子、桑寄生）将自己的根部转化为吸根（又称为“寄生根”），钻入寄主植物的组织中，汲取其宝贵的水分和养分。有“死亡之花”别称的水晶兰（*Monotropa uniflora*）靠吸收腐叶中的营养生存。还有一些植物仅依附于其他植物体体表或物体表面，彼此间没有营养的传递，如蕨类、兰科的许多种。以陆地附生植物为例，它们不和土壤接触，其根部附着在其他植物（尤其是树）的枝干上，利用雨露、空气中的水汽及有限的腐殖质（腐烂的枯枝残叶或动物排泄物等）生存。所以，这类植物通常生长缓慢也就不足为奇了。

“陷阱”

小虫吸蜜时落入囊内，即被消化吸收。

什么是水培?

水培是指在含有全部或部分营养元素的溶液中栽培植物的方法。这种方法为集约化耕作方式提供了一种可行的替代方案。水培系统在家中就可轻松搭建。

对植物来说，土壤可以为植物提供适宜的生长环境，满足植物生长的需要。但土壤并不是植物生长的唯一选择，例如，大薸（*Pistia stratiotes*）为水生漂浮草本植物，根悬垂生长在水面以下，适宜在平静的淡水池塘、沟渠中生长。事实上，如果水中有足够的养分（见第114～115页）、氧气和合适的酸碱度，很多植物的根都能在水中生长。水培并不是一个新的想法，德国的萨克斯在19世纪60年代前后首创营养液配方并成功培养植物，奠定了现代水培技术的基础。

简单的系统

最简单的水培是将植物放在连接了滴灌系统的容器中，容器中装有无土基质。该系统会为植物输送营养液，而基质之间的空隙可以让氧气到达植物的根系。荷兰桶系统就是以这种方式运作的，该系统适用于多种植物。在水中种植植物还有许多方法，比如以1～2厘米的浅层流动营养液来种植作物的营养液膜技术；在5～6厘米深的营养液液层中放置一块上铺无纺布的泡沫板，让根系生长在湿润的无纺布上的浮板毛管水培技术。

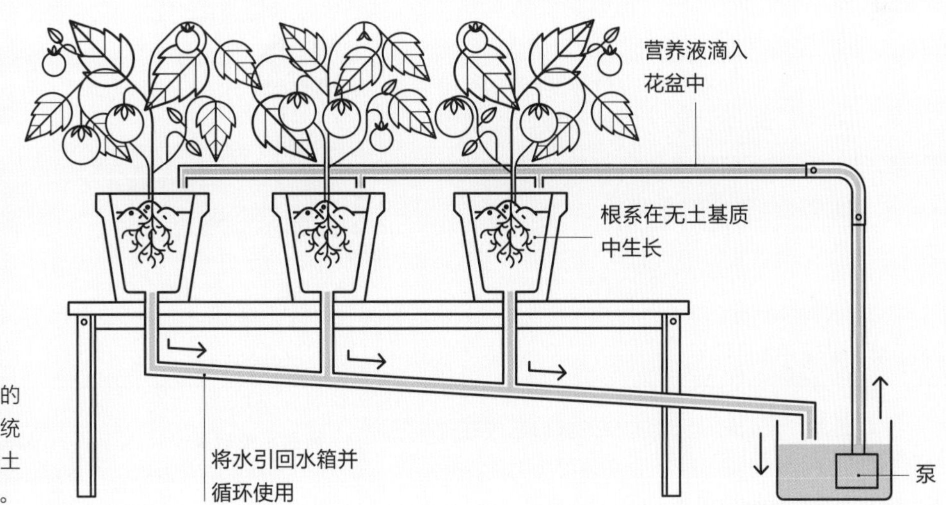

荷兰桶系统

这是一种简单的装置，通过滴灌系统将营养液输送给无土基质容器中的植物。

如何保持盆栽植物的健康？

植物的根喜欢在土壤中生长，在那里，它们可以在有益细菌和真菌的帮助下寻找水分和养分，而生活在容器中的植物的根无法做到这一点，所以盆栽植物的需求要由园丁来满足。

要保持植物健康，首先要选择合适的容器和堆肥，然后定期施肥、浇水和移栽。

容器的选择

不管是靴子、浴缸还是水桶，只要在容器的底部开一个排水孔，让水分可以顺利排出，植物就可以在各种容器中生长。不过，施用堆肥后，容器的排水速度会变慢（见右图），所以即使是专门的花盆也可能需要额外的排水孔。虽然大花盆通常很重，移动起来有点困难，但小花盆中的土很容易变干，需要更频繁地浇水。有研究表明，容器越大，植物（同一种）长得就越大。目前科学家尚未知道植物的根系是如何“感知”花盆的大小，并限制地上部分的生长的。容器的材质也会影响植物的生长。陶土材质的容器能吸收堆肥中的水分，因此相比于塑料容器，使用陶土容器时需要更频繁地浇水。

堆肥

不含泥炭的多用途堆肥适合大多数一年生植物，但与许多适用于盆栽的堆肥（见第41页）一样，随着堆肥中有机物的降解，堆肥会逐渐变得紧实，使根系难以吸收水分和养分。对于喜酸植物来说，可使用酸性堆肥（即pH为4～5的堆肥）（见第32～33页）。将花盆中的土壤装至盆沿下约4厘米处，这样浇水后水会积聚在土壤

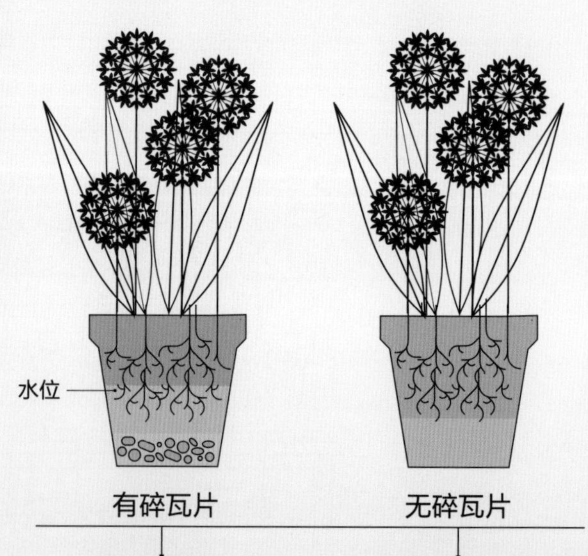

导致水位较高，从而减少根系健康生长的空间。

较低的水位可提高土壤的透水性，有助于维持根系健康。

碎瓦片和碎石的“神话”

一直以来，人们都认为将碎瓦片或碎石放在花盆底部有助于排水。但实际上，在表面张力的作用下，这样做会导致水位更高。

表面并浸入堆肥中，而不会从盆沿处流下来。

浇水、施肥和移栽

要经常检查堆肥的湿度，并做好定期给植物浇水的准备（夏季可能每天都需要浇水）。浇水时应当浇透，即看到水从容器底部流出。大多数植物可以每2～3个星期补充一次液体肥料，肥料的种类和用量应根据植物的具体情况而定。

最好在植物生长速度变慢或叶片变黄之前将其移栽到更大的容器中。对于无法移栽的大型植物，应每年去除土壤表层约10厘米的土壤，并定期施用新鲜堆肥。

“上层滞水”

堆肥中水分过多，易导致上层土壤湿度过高，从而形成滞水现象。这容易导致根系缺氧。

形状影响湿度

即使是排水条件非常好的花盆，其底部也会积水。花盆的形状会影响根系健康生长的空间和水分的供应。

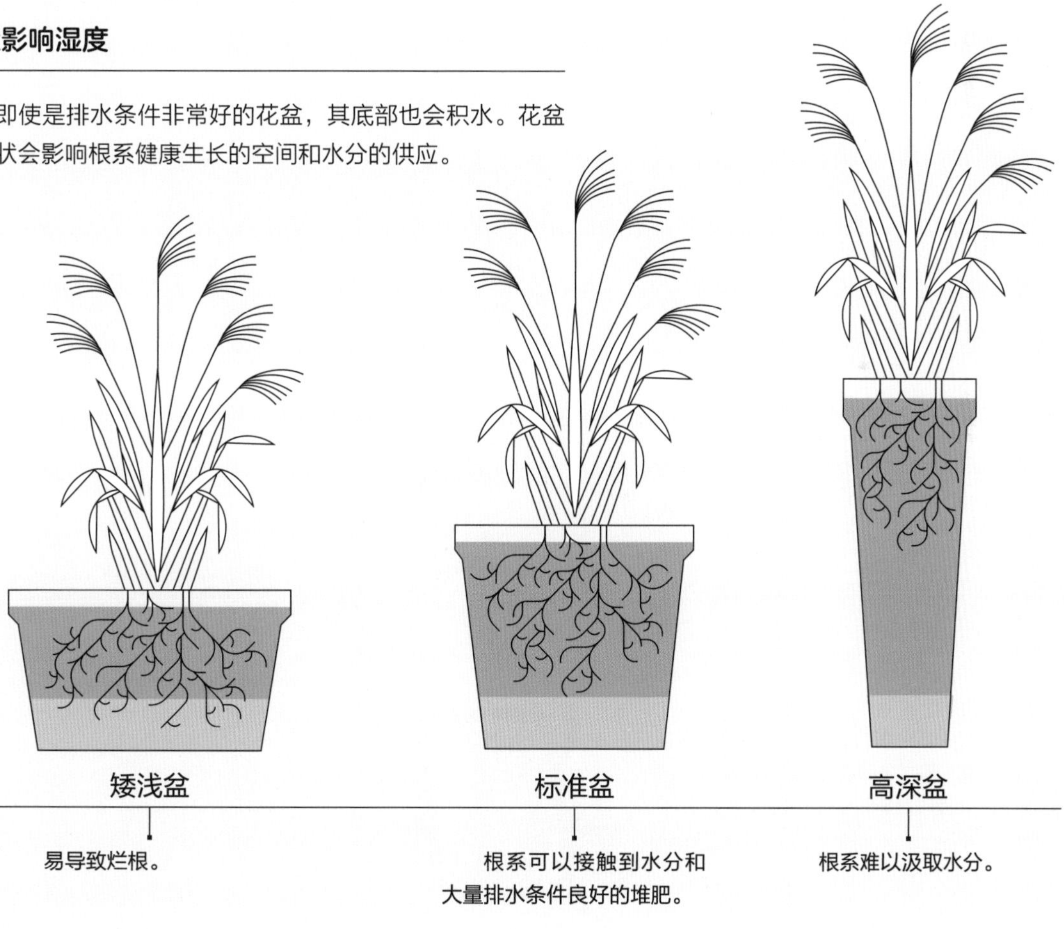

矮浅盆

易导致烂根。

标准盆

根系可以接触到水分和大量排水条件良好的堆肥。

高深盆

根系难以汲取水分。

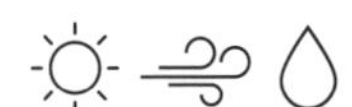

在高温、多风、干燥的天气，水分蒸发的速度快。定期浇水能维持细胞活力，防止植物枯萎

在高温、潮湿、多云的空气，水分蒸发的速度没有那么快，植物对浇水的需求小

在多云的天气，水分蒸发慢，植物对水分的需求较小，浇水需求小

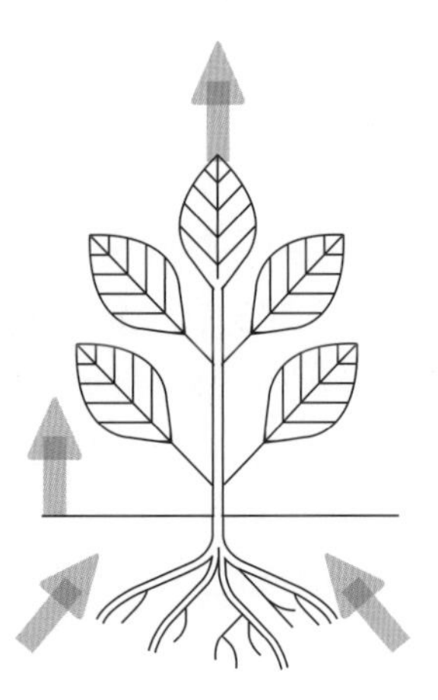

浇水量随天气而变

温度、湿度和风都会影响水分从叶蒸发的速度，根对水分的需求量，从而影响浇水频率。

膨胀

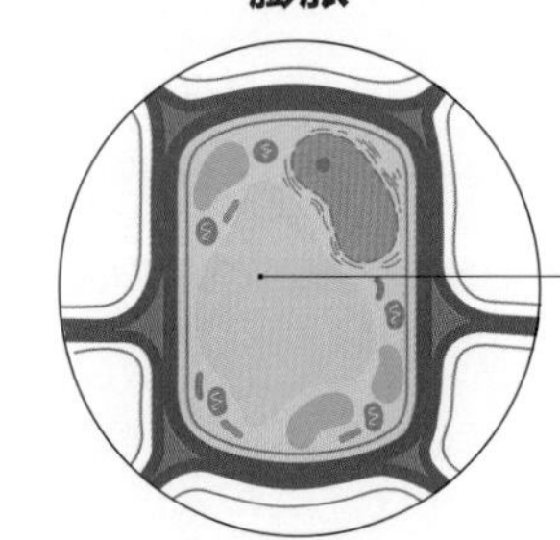

富含水分的液泡

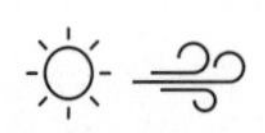

在高温、多风的天气，水分从叶和土壤中蒸发的速度快。细胞缺水时会失去活力且萎缩，植物易枯萎

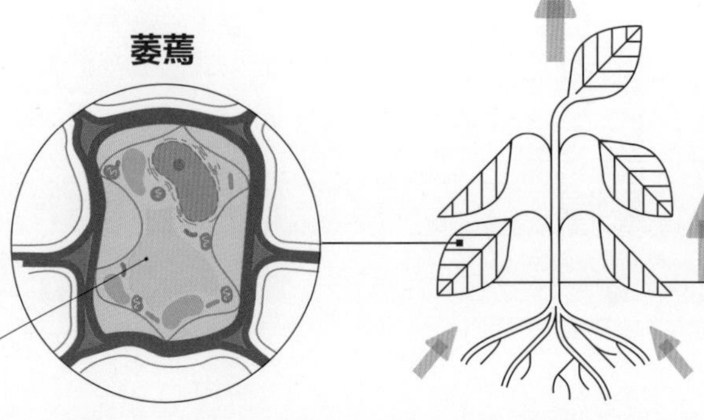

水分流失，液泡萎蔫

应该多久给植物浇一次水?

我们常常错误地判断植物对水的需求量，要么因为疏忽而使其脱水，要么因过度浇水导致其根部腐烂。植物无法张口说话，无法告诉我们自己什么时候渴了，什么时候不渴，但它们会发出信号。我们可以通过识别这些信号来为植物提供适量的水分。

植物既会吸收水分，也会流失水分。水从土壤进入植物的根，沿导管向上运输。蒸腾是植物吸收水分和运输水分的主要动力。蒸腾使植物把大量的水分释放出去，这样在植物体中就会产生一种向上的拉力，促使根不断地从土壤中吸收水分。根吸收水分的速度与温度、湿度和风有关。

植物的需水量不同

如今，提示浇水时间到了的应用程序被广泛推广，但它们不能解决所有问题。每种植物的需水量不同，且同一植物的需水量也会随着环境的变化而变化。幼苗由于体积小，很容易脱水，因此及时浇水对幼苗来说至关重要。为了获得好收成，蔬菜也要保持充足的水分。盆栽植物比地栽植物需要更多的水，夏季应每日确认土壤湿度。多年生植物只要种在合适的地方，一般就不需要频繁浇水（见第50～51页）。各种植物的内在适应性对其需水量也有很大影响（见第108～109页）。叶片多、大而薄的植物失水快，需水量大；而叶片小而厚、表面有蜡质层或绒毛的植物则能够较好地适应干燥的环境。

土壤影响浇水

土壤的类型和状况同样会影响植物的需水量。黏土保水性好（见第30～31页），含有大量有机物或蛭石（一种海绵状矿物）的盆栽堆肥也是如此，而砂土相对来说保水性较差。不过，除非土壤结构良好，否则植物很难充分吸收水分——微小的根毛只能从细小的土壤孔隙中吸收水分（见第34～35页）。经常覆盖有机物、翻土次数少的土壤会有大小各异的孔隙，这些孔隙可以保存水分，供植物吸收。覆盖物还能大大减少土壤中水分的蒸发量，有助于降低浇水频率。

满足每种植物的需求

鉴于以上这些因素，制订精确的浇水规则毫无意义。唯一的黄金法则就是在植物“口渴”时浇水，因此要密切关注植物和土壤的状态。具体方法是，将手指插入土壤2～5厘米深处，如果感觉干燥，就说明该浇水了。叶片枯萎可能意味着植物缺水，不过这也可能是根系受损或生病的迹象。

如何给植物浇水最好？

即使是经验丰富的园丁也容易对浇水量感到困惑，这在一定程度上是因为园丁不是给植物浇水，而是给土壤浇水。了解土壤和植物是如何吸收水分的，有助于更有效地浇水，让植物快乐生长。

根系能够为植物提供支撑，而最纤细的根尖——那些覆盖着细小根毛的部分，是植物吸收水分和养分的主力军（见第96～97页）。水到达这些纤细根尖的速度各异，在砂土中，水只需20分钟就能下渗1厘米，而在黏土中，这一过程可能需要2小时。

让植物寻找水分

当阳光炙烤着土壤时，土壤表层几毫米中的水分会迅速蒸发，使土壤看起来很干燥，但实际上此时下层的土壤可能仍比较湿润。随着水分蒸发得越来越多，位于较浅位置的根开始缺水，这会促使植物向下派生新根来寻找水分。当土壤中的水分分布不均时，根会趋向较湿润的地方生长，这种特性被称为向水性。

接着，如果土壤持续干燥，位于土壤更深处的根也容易缺水，植物就会采取一系列措施来减缓水分的流失。接下来植物会表现出缺水的迹象，包括枯萎、叶片色泽暗淡和生长停滞。

如何浇水

当土壤表层2～5厘米处干燥时就可以给成熟的植物浇水了。给幼苗浇水时，这个数据要减半。浇水时，水要浸透土壤，使土壤深处的根能够吸收水分。频繁地少量浇水容易让根停留在土壤表层。

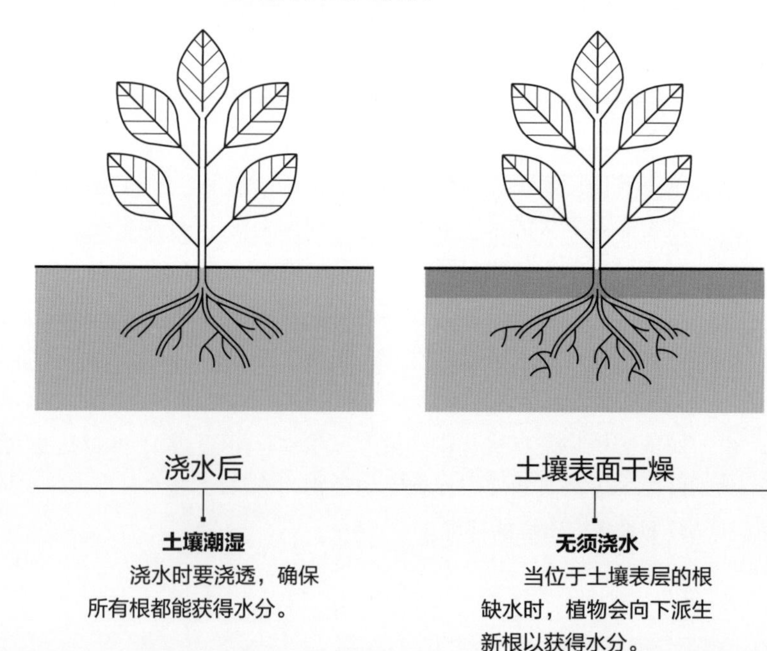

安全、可持续地浇水

使用滴灌系统的喷头或浇水器上的玫瑰状喷头浇水可以防止土壤被冲走，这种浇水方式对幼苗来说也很温和。喷洒时要直接对准土壤。还要避免在正午阳光猛烈时浇水，因为此时水分蒸发速度快，向土壤深处渗透的水分就少。

我们生活在一个大部分面积被水覆盖的星球上，但其中能够被人类利用的水资源极其有限，且大部分被固定在两极冰盖、高山冰川和地下。所以，频繁使用水管或浇水器浇水会浪费这一宝贵资源。植物不需要干净的饮用水，最好尽可能用水桶收集雨水来供花园使用，或者重复利用洗碗或洗澡时产生的“废水”，只要这些水不含强力洗涤剂或漂白剂，它们对植物来说就是安全的。

有些人认为不能用自来水浇水，因为某些地区自来水中的微量氟化物会伤害植物。实际上，植物需要一些氟化物，尽管氟化物过量确实有害，但目前没有证据表明自来水中的氟化物会给大多数植物带来危害。

总体上来说，自来水偏向中性，而雨水通常呈弱酸性（见第32～33页）。在硬水地区，自来水中含有一些钙。当然，这些差异不太可能影响在露天土壤中生长的植物，不过喜酸的盆栽植物最好用雨水浇灌。一些研究表明，用室温自来水浇水可能会加快部分植物的生长，尤其是处于热带地区的室内植物。

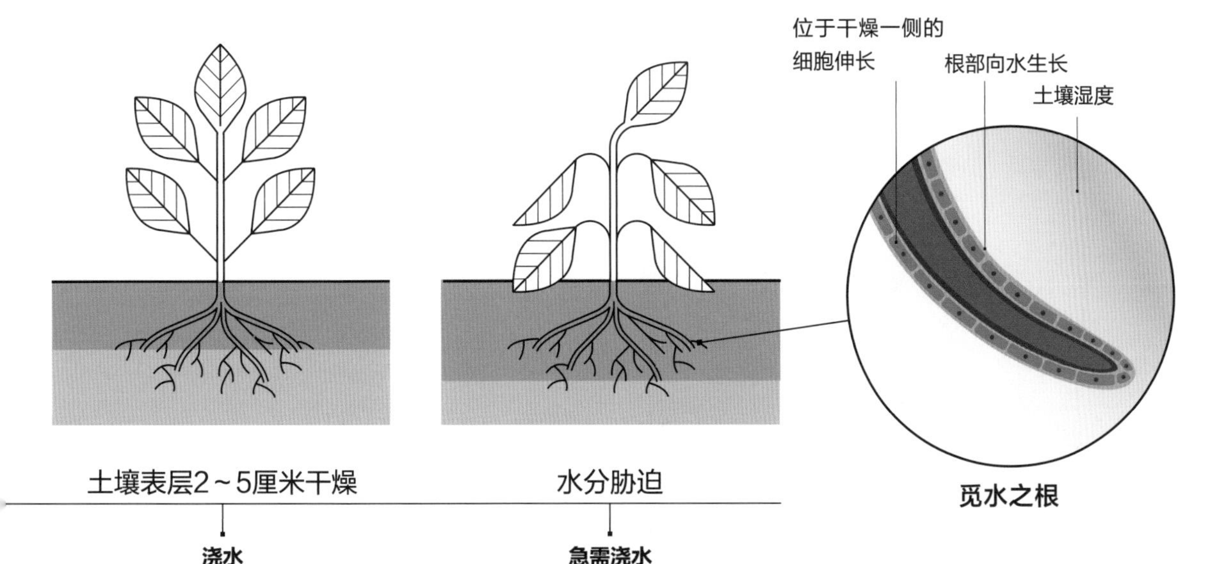

浇水

将手指伸入土壤2～5厘米深，如果觉得干燥，就该给成熟植物浇水了。

急需浇水

叶片暗淡或萎蔫表示再不浇水，植物生长会受到影响。

向水性是指植物根对水刺激的生长反应特性。

植物如何应对潮湿的环境?

植物体的全部或大部分在水中生长的植物被称为水生植物。不过，大多数植物很难在渍水土壤中长期生存。

很多被水淹没的根几乎无法从水中吸收氧气。一旦没有氧气可供呼吸，乳酸、过氧化氢和其他有毒的化学物质就会堆积起来。不过，有些植物能很好地应对非常潮湿甚至是泥泞的环境，比如山茱萸属（*Cornus*）、蚊子草属（*Filipendula*）植物，这是因为它们采取了一些巧妙的应对措施来扭转根的困境。

让根呼吸

不定根（见第96~97页）可能会在水面上发芽，来替代在水下难以生存的根。为了应对水涝、缺氧的生长环境，植物会进化出一种称为通气组织的薄壁组织。通气组织是具有大量发达的细胞间隙互相贯通形成的连续气腔或气道的薄壁组织。通气组织不仅为植物提供体内的氧气运输通路，还能减少耗氧细胞的数目。根的通气组织与根际的气体交换不仅表现在植物向根际释放氧，从而缓解根际还原性物质对植物的毒害，起到脱毒作用，还表现在通过通气组织排泄一些对植物体有害的代谢废气，如甲烷、二氧化碳和氮气等。

报春花在潮湿的土壤中茁壮生长。

植物如何应对干旱?

在气候变暖的世界里，最能适应高温干燥环境的植物才能长久地生存下去。习惯了在干旱地区生活的植物能够在干旱少雨的环境中生存下来，因此它们是干燥的花园的理想选择。

一旦根系察觉到土壤过于干燥，植物体内就会产生一种名为“脱落酸”的植物激素。脱落酸能够促进叶片的衰老、脱落以及果实的成熟，抑制细胞分裂和伸长，从而抑制整株植物的生长，减少在逆境环境中植物的水分和能量消耗。为了度过干旱和低温等逆境因素以保证物种延续，脱落酸还能够促进种子以及营养器官的休眠。在干旱环境中，为了减少水分流失，脱落酸通过关闭气孔和增厚表皮将植物“封闭”。脱落酸还能增强植物的渗透调节能力，从而降低植物组织的水势，增强它们的保水能力。

毛状体能在叶片表面吸附水分，帮助减缓水分流失。

减少水分流失以适应环境

许多植物长出了气孔较少的叶片或针状叶，以减少水分的流失。仙人掌甚至把叶片变成了刺，把宝贵的水分储存在身体中。叶片上厚厚的蜡质层是防止水分流失的另一个有效屏障。

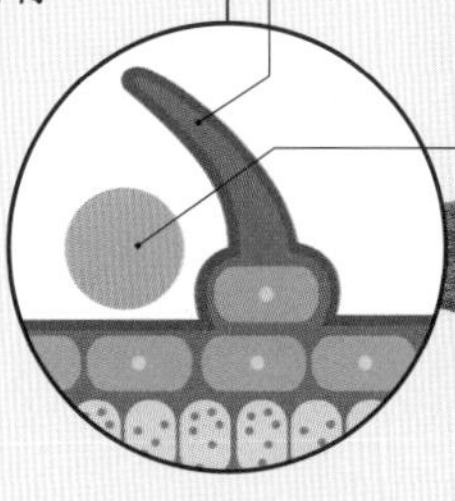

植物表皮细胞上的突起称为毛状体

水被吸附，有助于减缓水分流失

银旋花叶片细长，上面覆盖着丝状银毛，能很好地适应干旱环境。

为什么冰冻会造成如此大的危害？

水是生命之源，是所有生物赖以生存的物质（很多植物的水分含量达80%以上）。然而，当液态水凝固成冰时，生命所需的化学反应会停止，水也就从生命之源变成了“致命杀手”。

零度以下的气温会对植物造成两种伤害，即“霜害”和“冻害”。霜害是指气温或地表温度下降到0℃，由于霜的出现而使植物受害。易受霜害的植物称为霜冻敏感植物，此种植物比冷敏感植物更能忍受低温，但是，一旦组织内部形成冰晶，植物就开始受害。冻害是指植物受0℃以下低温环境影响，因部分器官或整个植株体温下降到其生存所能忍耐的下限温度而造成的灾害。

耐寒适应性

植物进化出了各种巧妙的方法来在冰天雪地中生存下来。植物耐受或抵御低于其正常生活适温下限温度的能力被称为耐寒性（见第72～73页）。很多娇嫩的植物无法抵御零度以下的低温，需要保护才有希望熬到春天（见第152～153页）。半耐寒

山茶

在早春开花，花瓣在清晨阳光的照射下迅速变暖，这会伤害花瓣。

脆弱的新芽

春季生长的幼芽很容易受到低温的伤害，因为此时柔软的芽尖尚未成熟，具有保护性的糖分尚未积聚。

植物可以承受轻微霜害。耐寒植物的抗低温能力更强，它们通过将储存的淀粉转化为糖（见第154页），并产生抗冻蛋白来阻止细胞间的水分结冰，以抵御低温的侵袭。耐寒植物还会合成脱水诱导蛋白，防止自己在霜冻来临时干枯。与柔软的草本植物相比，木本植物更具优势，因为它们坚韧的树皮能像房屋的木墙一样保护植物。实验表明，一些木本植物在休眠期甚至可以承受低至-196℃的温度。新长出的嫩芽和春天的花朵比较娇弱，没有这样的自我保护能力，因此很容易受到晚春霜冻的损害，表现为花瓣、叶片边缘或嫩芽顶端变成褐色。

低温干燥

许多常绿植物能很好地适应低温环境，但很难抵御冬季天气过于干燥带来的影响。落叶植物在冬季会进入休眠状态，而常绿植物则不同，它们会继续缓慢生长，从土壤中汲取水分和养分。然而，当土壤冻结时，水分供应就会停止。与此同时，水分仍会通过叶片蒸发（见第14页），因此此时植物上部会变得相当干燥，危险也在步步逼近。再加上冷空气湿度低，冬季的寒风很容易使植物变得更加脆弱。冬春日灼属于冬季冻害的一种，其发生的主要原因是植物向阳面昼夜温差大，植物组织细胞状态在结冻与活跃两种状态下频繁交替。降低植物向阳面的昼夜温差，使其免受伤害（见第152～153页），并在秋季为其充分浇水，有助于防止冬季日灼。具有“垫状”形态的植物通常来自生长环境恶劣的高山栖息地，紧贴地面使它们可以抵御寒风，有的植物甚至能在-15℃的低温环境中存活。

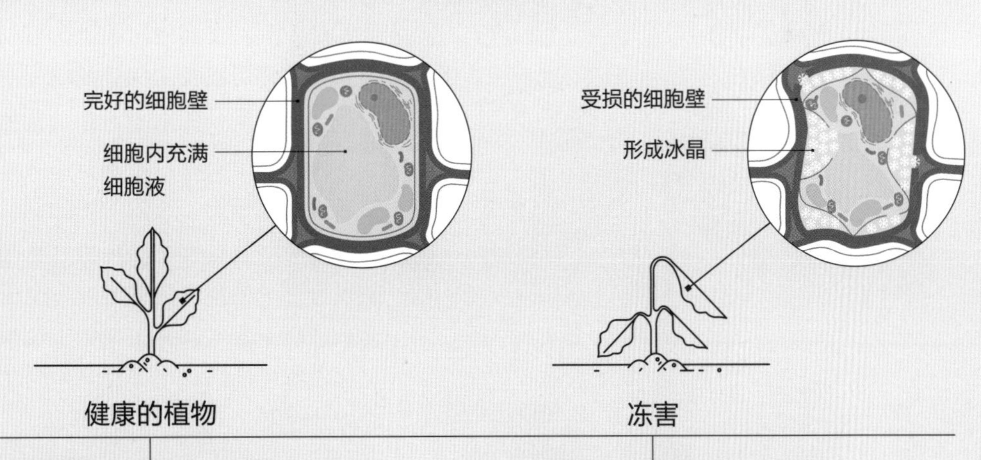

气温高于冰点时，植物细胞内充满细胞液，细胞保持膨胀状态，植物保持直立，这为生命过程的正常进行创造了环境。

霜冻来临时，不完全耐寒的植物细胞内会形成冰晶。不断膨胀的冰晶会刺破细胞壁和细胞膜，导致细胞液流出，使植物组织皱缩。

提高植物周围空气湿度的最佳方法是什么？

许多人喜爱的室内植物来自亚热带地区，那里的空气湿度往往较高，而室内空气往往相对干燥。因此，它们在室内可能难以生存，需要得到一些帮助才能茁壮成长。

很多地区室内的空气湿度大部分时间在40%左右，这种环境比许多室内植物在大自然中的家干燥得多，这会导致它们容易脱水。空气干燥给植物带来的影响包括叶尖变褐、叶缘变黄、落叶和枯萎。

为什么室内的空气如此干燥？

中央供暖会导致室内空气湿度下降。随着温度的增高，空气中可以容纳的水蒸气会增多，也就是说，在水蒸气同样多的情况下，温度升高，相对湿度就会降低。冬季，室外的冷空气会带走室内的水蒸气，空气会变得更加干燥。不过，室内湿度过高也会让人感到不舒服，还可能导致水滴从墙壁和窗户上流下来。幸运的是，对植物来说，空气湿度不用很高，50%左右的湿度就适宜大多数室内植物生长。

最有效的方法

很多方法可以增加植物周围空气的湿度，大家可以谨慎选择。让大多数室内植物快乐生长的最简单方法就是将它们安置在浴室中。浴室的空气湿度一般比其他房间高，如果开着淋浴头，湿度可能会上升至90%以上。在其他房间里，可以使用加湿器，这样可以让房间里的空气湿度保持在适合植物生长的水平。在盆栽植物上扣一个罐子或透明容器，或者在有盖的玻璃器皿中种植植物，可以为植物创造一个密闭的环境。在这样的环境中，从叶上蒸发的水分可以使空气湿度增加。由于水蒸气会在玻璃上凝结，并渗透到土壤中，因此一些在这样的环境中生长的植物甚至不需要额外浇水。

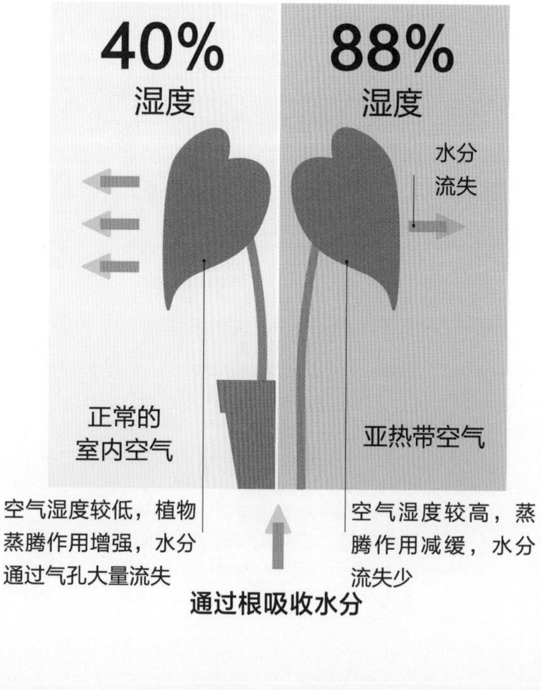

空气湿度影响水分流失的速度 空气湿度对植物水分流失的影响主要体现在它对蒸腾作用的调节上。

蝴蝶兰：蝴蝶兰原产于亚洲和澳大利亚温暖湿润的森林中，适合在潮湿的环境中生长。

喷雾

在干燥的环境中向植物喷洒细小的水滴对增加空气湿度作用不大。

可能有帮助的技巧

植物通过根吸收土壤中的水分，这些水分中的一部分会从叶片表面的气孔蒸发（见第14页）。将植物聚集在一起有助于捕捉这些水分，使其周围形成一个“空气泡”。为了提高湿度，很多园丁常常用喷壶向植物喷水，不过这种做法效果很短暂。在干燥的冬季，水滴可能只能停留10~15分钟，这意味着需要每小时向植物喷洒一次水才能取得持续的效果。

一个常见的误区

经常有人将鹅卵石铺在花盆的托盘上，理由是，这样做可以减缓水分从托盘中蒸发的速度，从而更持久地增加植物周围空气的湿度。实际上，这样做用处不大。蒸发出来的水分会向各个方向扩散，这意味着植物根和叶周围的湿度基本上没有变化。

哪些养分是植物健康生长所必需的?

植物通过根从土壤中吸收一系列养分，每种养分对植物的健康和茁壮成长都至关重要。了解不同养分的作用和重要性将有助于植物快乐生长，并有助于园丁及时发现植物的健康问题。

17世纪中叶以前，人们一直认为植物是“吃”土壤的。直到科学家海尔蒙特发现一株盆栽柳树在5年内重量增加了74.5千克，而土壤只减少了57克，人们才意识到事实并非如此。植物之所以会出现这种看似奇迹的变化，是因为它们能将光能转变为化学能，再利用自然界的二氧化碳和水，制造各种有机物。但是，和人类一样，植物需要的不仅仅是光能，如果没有一系列生命所必需的营养物质，植物就会营养不良。这些营养物质存在于土壤中，植物利用根吸收它们。

氮

蛋白质是构成植物细胞的基本物质之一，而氮（N）是蛋白质的组成元素之一，因此氮对于植物的生长和健康至关重要。氮是叶绿素的重要组成部分，如果缺乏氮，叶绿素的合成就会受到影响，出现叶片失绿的症状（称为“缺绿症”）。虽然空气中有78%是氮气，但植物并不能直接利用空气中的氮气。土壤中大部分可利用的氮是由微生物从有机物中回收的（见第36～37页）。豌豆等豆科植物与固氮细菌（根瘤菌）建立了伙伴关系，这些细菌生活在植物根部的肿块（又称为根瘤）中，以提供氮来换取糖分。

磷和钾

其他主要营养素，如磷（P）和钾（K），来自组成颗粒状矿物质的岩石（见第30～31页），钙（Ca）、硫（S）和镁（Mg）也来自岩石。植物很难获取磷，需要土壤食物网中的帮手帮忙才能完成一系列繁重的任务。根部周围的菌根真菌（见第36～37页）会将土壤中的磷传递到植物的根部。如果缺乏磷，幼苗的生长就会受阻，老苗也会停止开花结果。钾对保持植物的健康生长至关重要。在砂土和白垩质土壤中，钾的含量通常比较高。

微量元素

在植物生长的过程中，它们对铁（Fe）、锰（Mn）、硼（B）、铜（Cu）、锌（Zn）、钼（Mo）和氯（Cl）等的需求量不高，但缺乏这些元素也会导致一些问题。植物生长不良、叶片变黄或出现其他变色现象都可能说明上述元素供应不足。

植物养分

各种养分对植物的生长和健康至关重要。

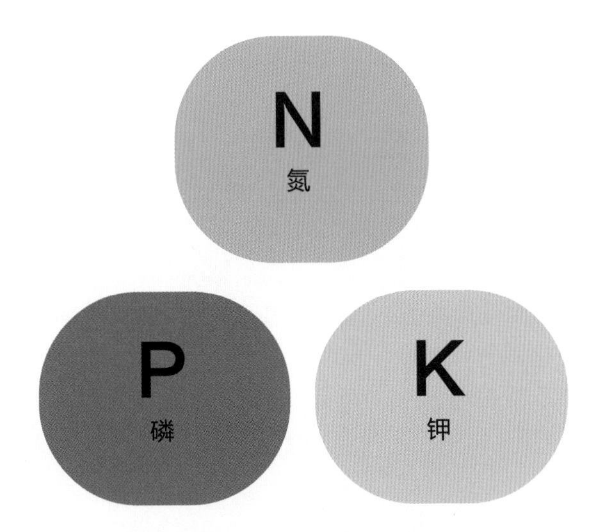

氮是植物生长的基础，磷能提高植物对水分和养分的吸收能力，钾能改善果实品质

Ca
钙
Mg
镁
S
硫

根的生长依赖于钙，镁是叶绿素的组成部分，而能量的生产需要硫

铁 锰 锌 铜 钼 硼 氯

上面这些元素与植物生长、能量生产、酶和激素的生成，以及氮的转化密切相关

给植物提供养分的最佳方式是什么？

植物利用阳光、空气和水制造食物，但想要健康生长，植物还需要土壤提供一系列生命所必需的养分。园丁需要为自家花园或花盆中的土壤补充这些营养物质。

园林植物肥料制造产业市值之高可能超过你的想象，不过在自然界中，植物之所以能茁壮成长，是因为能量可以被循环利用。一种生物的粪便可能会成为另一种生物的早餐；某种生物的尸体可能会成为无数生物的盛宴。植物赖以生存的所有来自土壤的养分，包括氮、磷、钾和钙等，都能够以根系可以吸收的形式得到补充。

为土壤而非植物施肥

给土壤施肥并支持这一天然的养分循环系统，比直接给植物施肥更好。可以在每年的秋末或春季，在土壤表面覆盖一层腐熟的堆肥。堆肥可以是自制的（见第180～183页），也可以是市面上售卖的用绿色垃圾、蘑菇渣或其他有机原料制成的。不需要把堆肥埋进土壤里，铺在土壤表面同样可以为土壤食物网提供养分。在秋末给土壤铺上堆肥还可以使土壤在冬季免受侵蚀。研究表明，翻土会破坏土壤中复杂的生物网络，很多生物原本会慢慢地将土壤覆盖物变成植物的养分，而且这些养分是以不易被雨水冲走的形式存在的（见第34～35页）。腐烂的落叶可为土壤补充氮和磷。

为土壤施肥的好处

土壤食物网中的生物能够分解有机物，固定氮及其他营养元素，改善土壤结构。

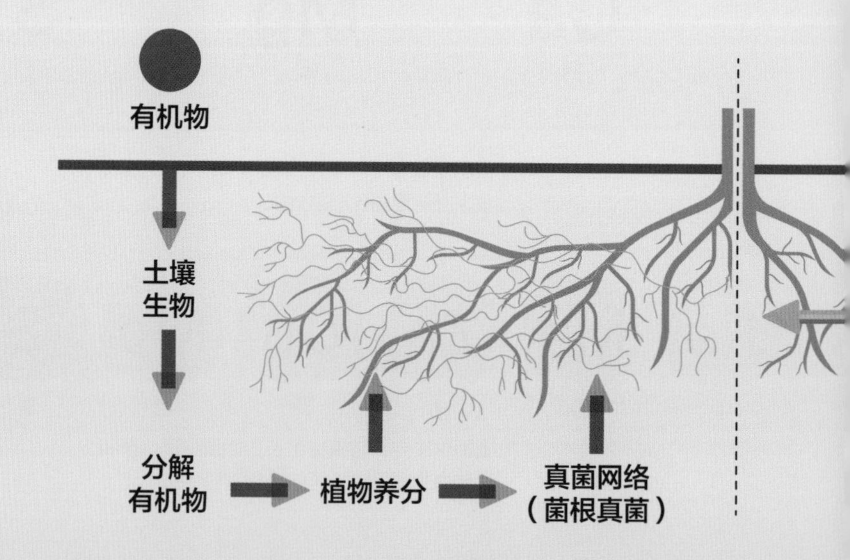

谨慎使用肥料

肥料中所含的浓缩的养分无疑能促进植物生长，但它们只能产生短暂的影响。而且，施肥需要预测植物的需求并判断肥料的用量，但经验再丰富的园丁也很难保证自己的预测一定是正确的。过量添加某种养分容易导致其他养分不足，且任何肥料的使用都有可能破坏脆弱的土壤食物网，比如伤害帮助根收集水分和养分的菌根真菌（见第36～37页）。合成肥料中的养分很容易溶解，因此容易很快被雨水冲走，污染水源（见第22～23页）。

生活在容器中的植物很容易“营养不良”，因此需要你来为它们添加堆肥，补充养分。新鲜的盆栽混合肥料通常能为植物提供满足4～6个星期生长需求的养分。定期施肥是必不可少的，不过施肥的频率会因花盆大小和不同植物的需求而有所不同。

肥料

氮、磷、钾这三种主要营养元素的含量通常在包装上以“氮磷钾配比”的形式标出。

以一袋100克的标有“7∶7∶7”字样的肥料为例，该字样表示三种营养素的含量均为7克。不过，由于固体矿物质并不纯净，植物实际上并不能完全获得7克的钾和磷。肥料可以是化学合成的，也可以是有机的。化学合成肥料中的养分具有很高的水溶性，植物可以立即利用，有机肥发挥作用需要更长的时间，但其中的养分在土壤中存留的时间更长，可供植物利用的时间也更长。

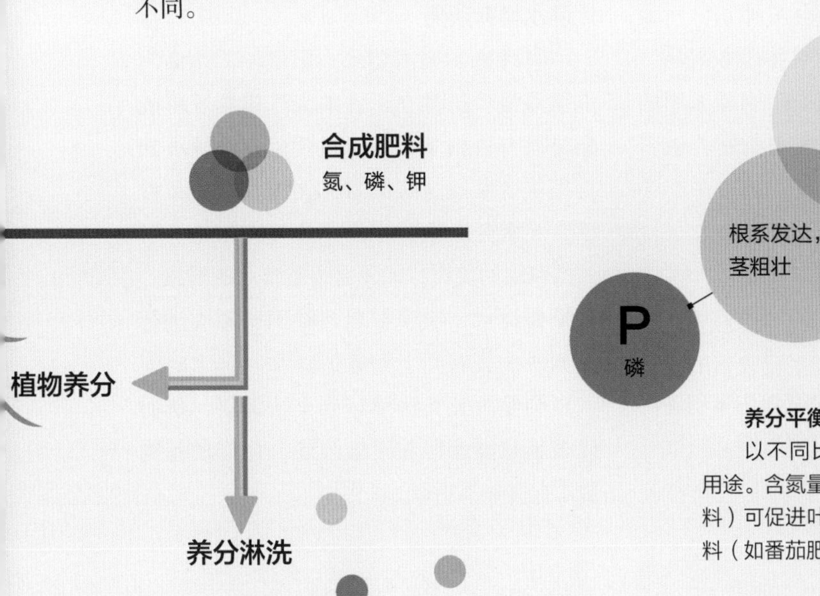

N
氮
绿叶生长
根系发达，
茎粗壮
开花、结果
和健康生长
P
磷
K
钾

养分平衡

以不同比例配置的肥料有不同的用途。含氮量高的肥料（如春季草坪肥料）可促进叶片生长，而钾含量高的肥料（如番茄肥料）则可促进开花结果。

草坪健康美观的秘诀是什么？

健康美观的草坪需要定期养护和关注，但这并不意味着要将环境问题搁置一旁。了解你的草坪是帮助它茁壮成长的第一步，这或许还能让你有更多时间放松地欣赏草坪。

每平方米的草坪上可能有10万片喜欢阳光的叶子，草坪健康的首要秘诀就是光照。禾本科植物的气孔具有较长的形态，这种形态使得它们能够更好地调节气孔的开闭，从而优化光合作用的效率。在光照不足的地方，应选择耐阴的禾本科植物。

稳定的养分供应

草坪的快速生长使其对氮有很大的需求，而氮是植物体内叶绿素和蛋白质的重要组成元素。为了满足草坪的这种需求，园丁常常给草坪施用速效高氮肥料。然而，肥料中大约一半的氮会被冲走，污染溪流和地下水。更为环保的替代方案是，每年春秋两季，在土壤上撒上约1厘米厚的细粒堆肥，这样可以为土壤食物网提供养分，改善土壤结构。在土壤上戳一个个小孔可以帮助水、空气和有机物进入土壤。具体做法是使用专用的通气器或园艺叉，每隔15厘米插出10~13厘米深的孔。这项工作可以每年进行一次（在施肥之前）。枯草层是由部分分解和未分解的草坪草组织积累在草坪土壤表面而形成的一层近土壤层。枯草层过厚会影响草坪的透气性和透水性，导致根系生长受限，甚至引发病虫害。通过适当的修剪和清理，去除过厚的枯草层，草坪可以保持良好的透气性和透水性。

草的高度

用作草坪草的草本植物一般地上部生长点低，这使得它们能耐受较低的修剪高度。不过，修剪得过低会伤害到这一生长点，并使草坪恢复得更慢。剪得稍高一些（4~5厘米），草的根就能扎得更深，夏天时也能更绿。

让浇水物有所值

草坪确实很需要水，但草坪的生命力也很顽强。虽然在干燥的天气里草坪可能会显得有些枯黄，但下过雨后，草坪可能会很快变绿。这意味着，在温带气候条件下，大多数时候园丁给草坪浇水只是为了保持草坪的美观，而不是为了草坪的健康。如果要浇水，应模拟自然降雨，每周进行一到两次长时间、彻底的浇水。浇水时间太短会使水分无法渗透到土壤深层，从而使根系只能停留在土壤浅层，最终使植物更容易干枯。

更健康、更具适应力的草坪

在草坪上铺上堆肥听起来辛苦，但这样做能让草坪更健康、更茂盛，无须化肥也能更长久地保持美观。

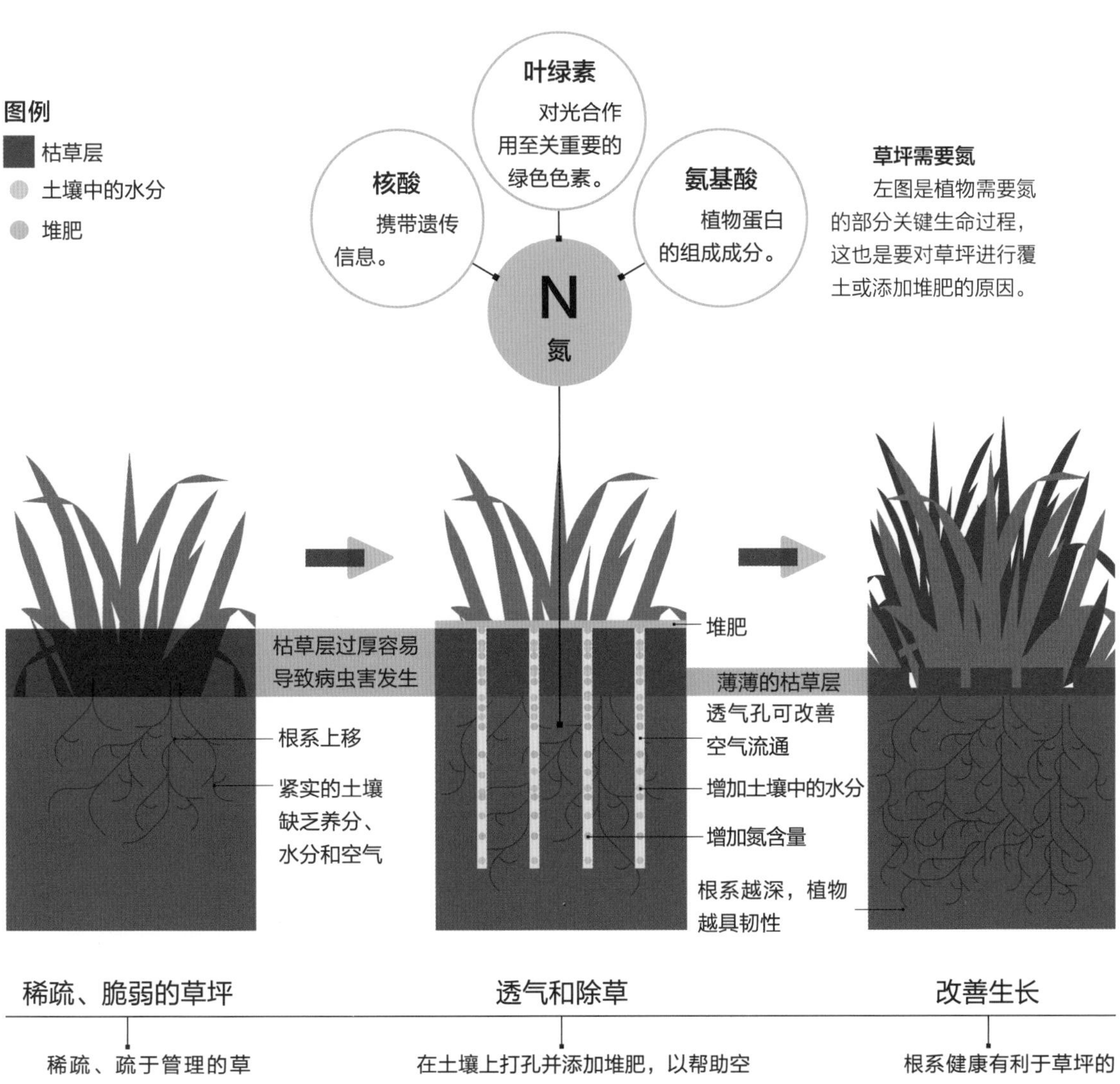

稀疏、疏于管理的草坪枯草层较厚，根系较浅，草坪在干旱时会发黄且容易生病。

在土壤上打孔并添加堆肥，以帮助空气和水分到达土壤深层，促进土壤微生物释放养分，这些微生物还能分解枯草。

根系健康有利于草坪的生长。在干旱的时候，根系能延伸到更深的地方以获取水分。

攀缘植物是什么样的?

攀缘植物的生长似乎与公平竞争的精神相悖。它们会努力让自己依靠支撑物去往更高的地方以获取阳光，然后“炫耀”自己的花朵和果实，来吸引传粉昆虫。这种生存之道之巧妙实在令人不可思议。

攀缘植物是指茎蔓细长、不能直立，但能攀附支撑物、缘之而上的植物。攀缘植物按攀缘习性可以分为若干种，其中缠绕类攀缘植物是指茎缠绕支撑物呈螺旋状向上生长的植物。顺时针缠绕（左旋性）的有牵牛类等，逆时针缠绕（右旋性）的有啤酒花等。在某些情况下，缠绕类植物外侧的生长速度可能比内侧快。

吸附、卷须和攀靠

除了缠绕类，攀缘植物还有吸附类、卷须或叶攀类、攀靠类等。吸附类攀缘植物的枝蔓借助黏性吸盘或吸附气生根而稳定于他物表面，支持植株向上生长。具吸盘的攀缘植物有爬山虎等，具气生根的攀缘植物有常春藤属等。常春藤的气生根会钻进细小的裂缝和缝隙中，然后延伸以填补空隙。常春藤的根毛顶端还长有微小的钩子，并能产生一种固体状的黏合物，使这种顽强的攀缘植物在死亡后仍能保持附着力。

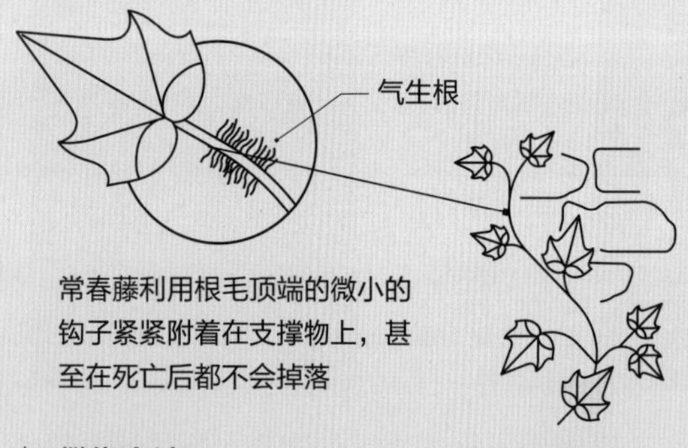

常春藤利用根毛顶端的微小的钩子紧紧附着在支撑物上，甚至在死亡后都不会掉落

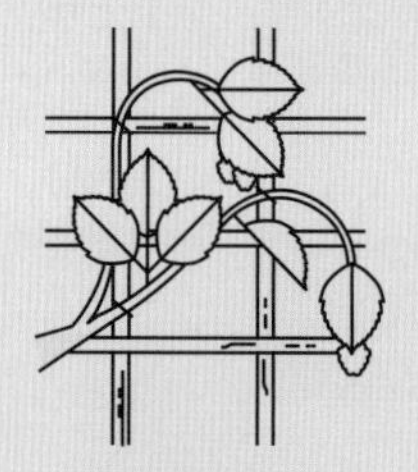

攀缘方法

花园植物利用各种方法“抓住”支撑物向上攀爬。不同方法决定了其所需的支撑物类型不同。

吸附类	卷须类	攀靠类	缠绕类
常春藤	香豌豆	木香花	牵牛花
爬山虎	葡萄属	蔷薇	啤酒花
凌霄花	尖叶藤	藤本月季	紫藤
			金银花

卷须或叶攀类攀缘植物借助卷须、叶柄等卷攀他物而使植株向上生长。卷须多由腋生茎、叶生或气生根变态而成，长而卷曲，单条或分叉。茎变态而成茎卷须，如葡萄属植物；叶变态而成叶卷须，如尖叶藤、香豌豆等；靠叶柄攀附他物向上生长的有铁线莲等。攀靠类攀缘植物借助藤蔓上的钩刺攀附，或以蔓条架靠他物向上生长。

忍冬是一种生命力旺盛的攀缘植物，它会紧紧缠绕在灌木或乔木的木质茎上，以获得光照。

哪些植物需要支撑?

虽然有些植物的攀爬能力比壁虎还强，但也有许多植物需要帮助才能保持直立。了解哪些植物需要支撑以及它们什么时候需要支撑，有助于防止植物受损，使植物展现最佳状态。

向日葵和大丽花等高大艳丽且具有柔软茎的一年生和多年生植物可能需要支撑物，以防它们在大风或夏季暴雨来临时倾倒。如果它们是在遮盖物下长大的，且被移栽到露地环境后茎没有变硬（见第78～79页），就更应当注意。可以将它们的茎松松地绑在一根直立的藤条或杆子上，然后将支撑物牢牢地插入土壤中。这种看似简单的做法能收获很好的效果。

保持多年生植物直立

有一些花朵较大的多年生草本植物（如重瓣牡丹）在潮湿的环境中茎容易折断或弯曲，最好给它们提供支撑物。春天时，用结实的铁丝做一个网格架，让高大的一年生草本植物的茎穿过网格架生长，

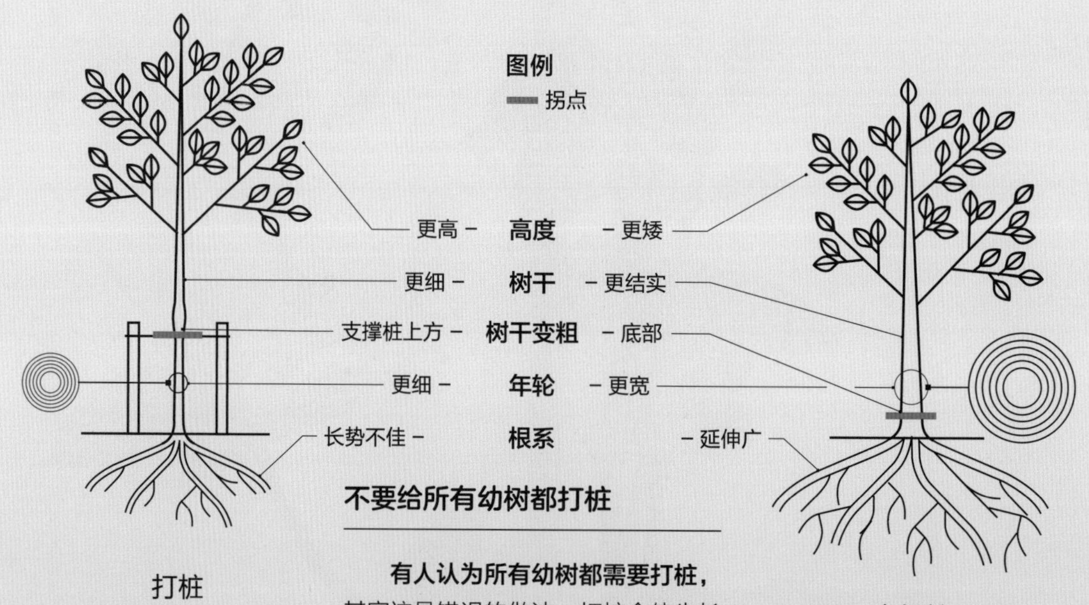

打桩

移除木桩后，树木很有可能**折断或倒下。**

未打桩

没有支撑的树木往往**更矮、更粗壮**，树干基部较宽，以抵御强风。

不要给所有幼树都打桩

有人认为所有幼树都需要打桩，其实这是错误的做法。打桩会使生长中的树干无法变得更粗壮，还可能妨碍强大根系的形成。

选择支撑物

想要为植物找到合适的支撑物，就应仔细考虑其生长习性和所处位置，并在种植前或春季来临前将支撑物安装到位。

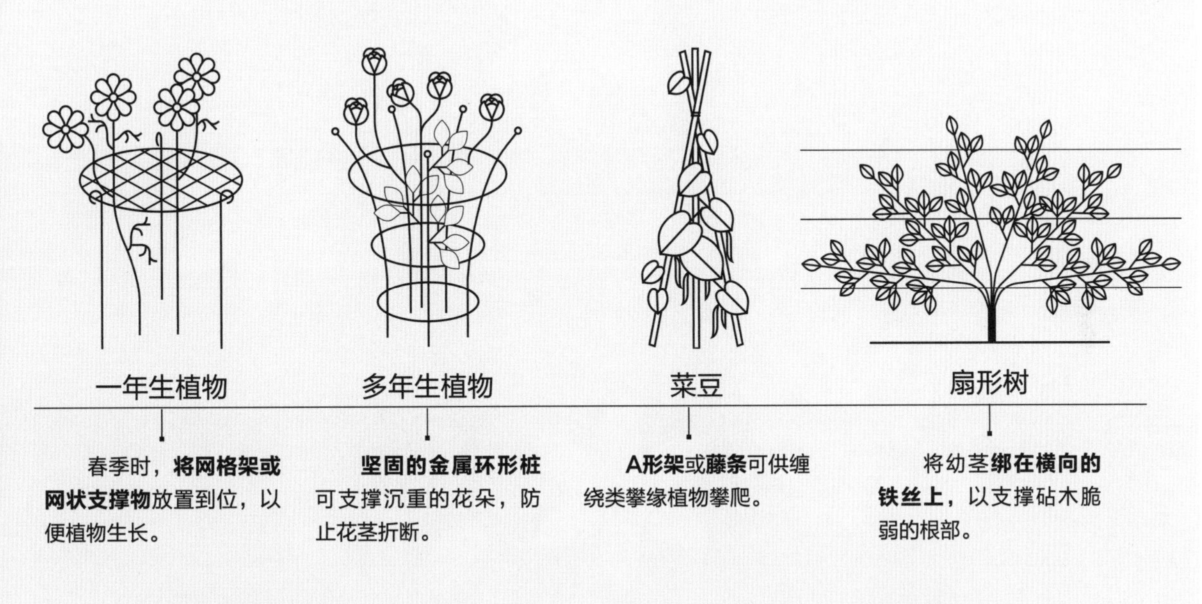

春季时，**将网格架或网状支撑物**放置到位，以便植物生长。

坚固的金属环形桩可支撑沉重的花朵，防止花茎折断。

A形架或**藤条**可供缠绕类攀缘植物攀爬。

将幼茎**绑在横向的铁丝上**，以支撑砧木脆弱的根部。

这有助于植物在强风中保持直立。景天和紫菀等多年生植物的茎会形成丛状，可以用金属环形桩将植物支撑起来，以防植物倾倒。

帮助攀缘植物生长

攀缘植物支撑物的选择取决于植物的攀缘习性（见第120～121页）。那些将主茎缠绕在支撑物上的植物，如金银花，最好用藤条等作为支撑物，让它们盘旋而上。对于有卷须的植物，可以将其缠绕在网格架或树枝上，就像铁线莲用叶柄来攀缘一样。藤本月季可以通过捆绑幼茎，将其固定到坚固的横向铁丝或棚架上。

蔬菜支撑物

许多蔬菜在没有支撑的情况下很难生长，尤其是当它们结出大量果实时。如今很多蔬菜品种能结出大量非常大的果实，这很容易导致它们“不堪重负”。番茄和黄瓜需要木桩、结实的藤条或铁丝来支撑，而果实更重的甜瓜可能需要用网格架固定住每个果实。

开花与结果

植物如何繁殖?

繁殖是生命的基本特征之一。绝大多数哺乳动物的胚胎在雌性体内发育，发育到一定阶段后从母体中产出。相比之下，植物的繁殖手段则多得多，它们的“性生活”可能比你想象中的要奇特和美妙。

绝大部分植物都是雌雄一体的，这意味着它们同时具有雌性和雄性的生殖器官。一朵花中既有雄蕊也有雌蕊的花称为两性花（也叫完全花）。大多数被子植物的花为两性花。有些植物单株上只具有雄蕊或雌蕊，这样的花称为单性花或不完全花。单性花可以通过授粉进行有性繁殖，也可以通过扦插、压条等进行无性繁殖。含有雄性生殖细胞的呈微小的圆形或橄榄球形的花粉粒被储存在鲜艳丰满的花药中，花药位于花丝的顶端。

授粉过程

由于植物无法自主移动，因此它们的交配并不始于拥抱。植物的精子（花粉）必须飞到未知的地方，要么随风飘荡，期望能偶然碰到雌蕊的黏性柱头，要么把动物当作“顺风车”。禾本科植物和一些树木选择了风媒这种广撒网的传粉方式，而其他植物则进化出了五颜六色的富含甜美花蜜的花朵，以吸引昆虫、鸟类甚至哺乳动物，期望自己的精子能在动物觅食时不经意地被运送到附近的花朵上。自交不亲和的两性花树种，或雌雄同株异花、雌雄异株的树种，需通过异花传粉才能正常结实的生物学现象，称为异花授粉。当花粉中的精子和胚珠中的卵细胞结合后，花朵的使命就完成了，花瓣也会枯萎掉落。随后，果实和种子开始形成。如果你对它们不感兴趣，可以选择剪掉花头来中止植物的发育，同时储存能量，促使新的花朵长成。

从花到种子

植物投入了大量的能量来确保花朵成功授粉并结出可生长的种子。右图展示了植物繁殖的基本原理。

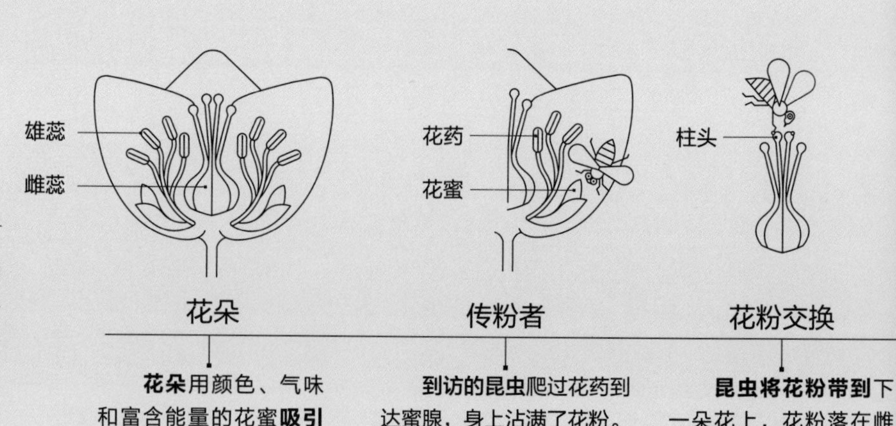

铁筷子属

具有雄蕊和雌蕊，昆虫来此采食珍贵花蜜。

自花授粉与人工授粉

自花授粉是指一株植物的花粉对同一个体的雌蕊进行授粉的现象。用人工方法把植物花粉传送到柱头上以提高结实率的措施称为人工授粉。在农业生产上，对自花不结实、雌雄同株而异花以及雌雄异株的作物，在缺乏授粉条件或花期气候恶劣、影响正常自然授粉的情况下，常需进行人工授粉，以提高结实率。

花粉中的精子到达子房并与胚珠中的卵细胞结合，完成受精。

种子开始生长，子房膨胀形成果实或种壳，花瓣脱落。

没有种子，植物如何繁殖?

经过数十年的研究，科学家们才成功克隆出一只动物，也就是多利羊，它几乎是其“母亲”百分之百的复制品，是无性繁殖的产物。不过，对于植物来说，无性繁殖十分普遍。

植物可以利用种子或孢子将其后代播撒到离自己很远的地方，不过这种策略无异于一场豪赌，因为不确定因素太多。为了生存，有些植物还进化出“自我复制”的能力，以防种子被吃掉或找不到肥沃的土壤。例如，当柳树的断枝落入河中时，它可能会顺流而下，在远处的河岸上生根发芽，长成一棵全新的树。这种现象被称为无性繁殖。花点时间了解一下植物这种独特能力背后的科学知识，就能利用这种能力，将一株植物变成更多的植物。

植物的分生组织

细胞是构成生物体最小的单位。具有自我更新能力和多向分化潜能的细胞被称为干细胞，它在特定条件下可分化成不同的功能细胞，形成多种组织或器官。植物干细胞位于特定的分生组织中，包括根尖分生组织、茎尖分生组织等。在分生组织中，干细胞聚集成团，能够长期维持细胞分裂能力。在适当的条件下，分生组织细胞会变成根或芽，甚至发育成新的植株，这也解释了为什么断枝能够长成新的柳树。

基因克隆

用匍匐茎培育的草莓植株与亲本植株具有相同的基因组。

无性繁殖

许多植物能像柳树一样进行无性繁殖。园艺爱好者常常利用植物的这种能力采用不同的方法使植物繁殖，最常见的是扦插。扦插是指取植物的部分营养器官插入土壤或某种基质（包括水）中，在适宜环境条件下培育成苗的技术，包括嫩枝扦插、硬枝扦插、根插、芽插等。有些植物（如草莓和吊兰）在进化过程中长出了特殊的长而光滑的茎，这种茎被称为匍匐茎。匍匐茎接触地面时，就可能萌发新根，长成新的植株。对于这类植物，园艺爱好者可以巧妙地将其匍匐茎铺在土壤表面，并固定在适当的位置，从而促进新植物生根发芽。我们甚至可以利用一种叫作“压条”的人工营养繁殖技术（见第178页），将母株枝条或茎蔓的一部分埋压土中或包埋于生根基质中，待其生根后再将其与母株分离。鳞茎和球茎（见第88～89页）在生长过程中会萌发出小的鳞茎或球茎，可以将其掰下并重新种植（见第179页）。块茎和根茎也会向侧面伸展其地下贮藏器官，并从芽眼中发出新芽。一株丛生植物可以被分成多株植物（见第174～175页）。

草莓的茎属于匍匐茎，它沿地面生长，每个节上都可生叶、芽和不定根，与整体分离后可长成新个体。

分生组织

分生组织是有持续或周期性地进行细胞分裂能力的植物细胞群。根据在植物中所处位置，可将分生组织分为顶端分生组织、居间分生组织、侧生分生组织等。

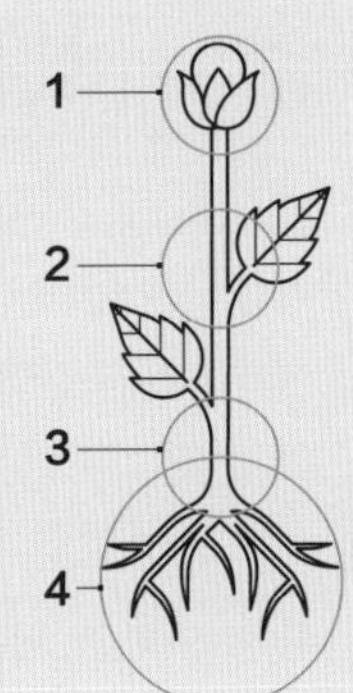

顶端分生组织

根和茎及其分枝顶端的分生组织

居间分生组织

由顶端分生组织衍生，并在发育过程中被成熟组织隔开，与顶端分开的分生组织

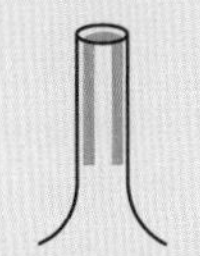

侧生分生组织

位于植物体轴侧面周围的分生组织

根尖分生组织

位于根前端，形成植物根系的分生组织

为什么花朵有不同的颜色?

光彩夺目的黄色向日葵，紫色的鸢尾，白色的马蹄莲……花朵的存在让人赏心悦目，而色彩则是它们向世界传递信息的一种方式。

数千年来，植物的花朵衍化出了各种颜色，以吸引蜜蜂、黄蜂、鸟类等传粉者，从而能在日益复杂多变的自然环境中更有效地繁衍后代。花朵为了吸引特定的传粉者而不断改进自己的色调：蜜蜂喜欢黄色和蓝色，蝴蝶喜欢红色和紫色，鸟类喜欢红色和橙色，黄蜂和苍蝇喜欢黄色，而部分飞蛾和蝙蝠则喜欢白色。

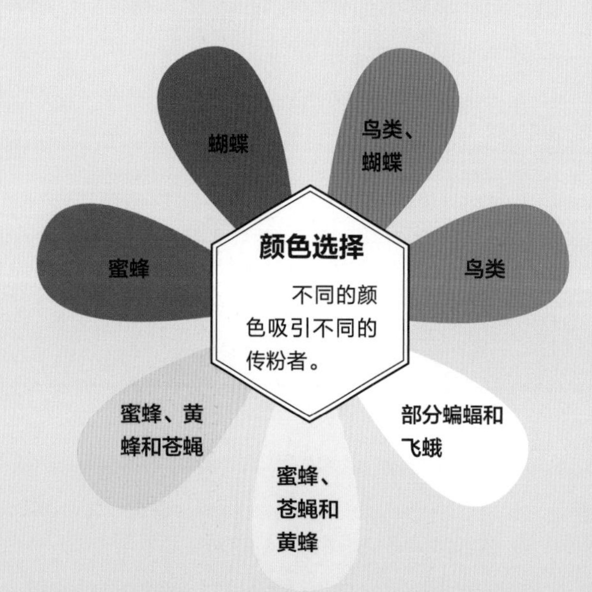

调色板 多姿多彩的花色主要是植物与传粉者长期共存、植物进行自我保护的自然选择结果。

传粉者的“着陆带”

蜜蜂能看见我们看不见的紫外线。和其他很多昆虫一样，蜜蜂也感知不到红色。在很多蜜蜂喜欢的黄色花朵中（如金光菊、药用蒲公英和向日葵），隐藏着我们看不见的“紫外线图案”，这些图案像靶心一样指引着蜜蜂找到花粉。花瓣表面上的小凸起排列成了各种图案，它们可以反射或吸收强烈的紫外线，这些隐藏的图案是蜜蜂、蝴蝶等传粉者的“秘密信号”。

不断变化的信息

许多植物甚至能够通过花朵颜色的变化与传粉者进行“实时交流”。例如，使君子（*Combretum indicum*）会在傍晚展开白色的花瓣，为夜蛾提供目标，然后在清晨披上粉红色或红色的外衣，来吸引蝴蝶和鸟类。马缨丹（*Lantana camara*）的花朵在授粉后颜色会变深，这是在向路过的昆虫发出信号，让它们去“光顾”颜色较浅、未经授粉的花朵。蓝羽扇豆和白羽扇豆同样也把花瓣当作“交通信号灯”，授粉后，它们花朵上部的一些花瓣会从白色的变成洋红色的，以避免不必要的造访。

人类视角

花瓣在人眼中呈现同一种颜色，因为人类无法看见紫外线。

蜜蜂的视角

花瓣通过吸收或反射紫外线来引导昆虫找到蜜源。

自我保护

植物有不同的花色也是为了保护自身。红、橙、黄光波长较长，被物体吸收后热效应较强。为了保护自身，在阳光充足的地方，花朵会反射红、橙、黄光，来避免灼伤。而在荫凉处和高山上，植物会反射蓝光、紫光，吸收红光、橙光、黄光来吸收热量，以维持正常的生理活动。

对于飞蛾和蜜蜂来说，**月见草**不是黄色的。在它们眼中，越靠近中心，其花瓣越暗，然后它们就可以绕过装满花粉的雄蕊，找到蜜腺。

哪些植物最适合传粉昆虫?

受到栖息地丧失、气候变化、污染增多、杀虫剂的使用增多、疾病和外来物种入侵的共同影响，如今，约三分之一的昆虫物种濒临灭绝。如果你的花园里种满了合适的花卉，就能为昆虫朋友开辟一条生路。

超过80%的开花植物依赖传粉者来完成传粉过程，即将花粉从雄蕊转移到雌性靶器官上（见第126～127页）。这些传粉者通常是小型的可以飞行的昆虫，如蜜蜂、苍蝇、黄蜂、甲虫、飞蛾和蝴蝶。其中最主要的是蜜蜂，它们为众多种类的植物传粉。当然，传粉者并非在无私奉献，它们会得到食物作为提供“传粉服务”的回报。它们可以吮吸由花朵基部的小蜜腺分泌的甜美花蜜，也可以食用富含蛋白质的花粉或为幼虫采集花粉。

单瓣花

仅具一层花瓣的花，其中富含花粉和花蜜，便于昆虫采食。

重瓣花

重瓣花由于花瓣密集排列，减少了昆虫直接接触花粉和蜜腺的机会。

重瓣花

重瓣花花瓣数目比一般的花多，增多的花瓣常由雄蕊等部分转变形成。瓣化是形成重瓣花的一种主要方式，它是指由雄蕊、雌蕊等组织变化形成花瓣的现象。

花朵形态

所有富含花蜜和花粉的花对饥饿的昆虫来说都很有吸引力，但头状花序之所以更受欢迎，是因为它们能够提供更多的食物。

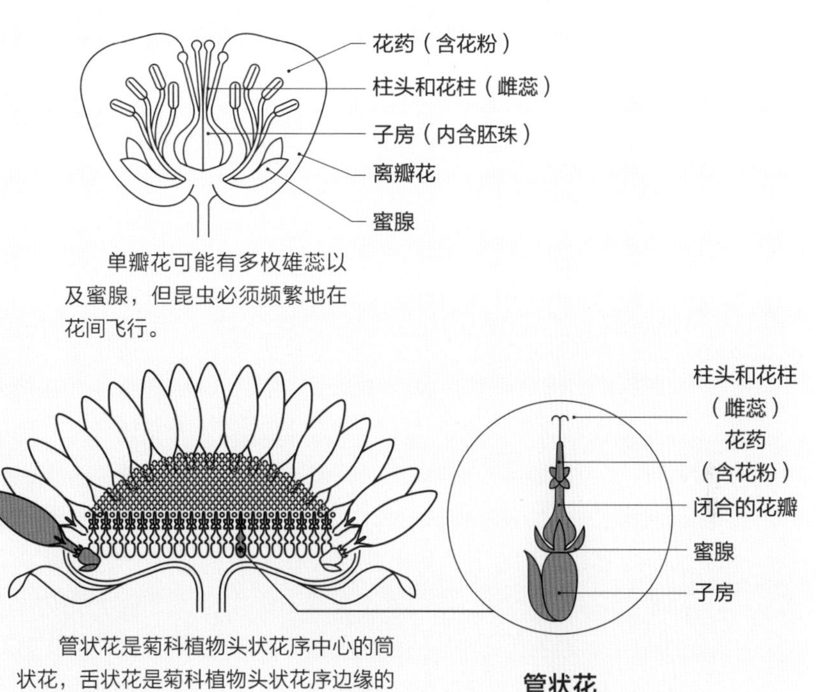

单瓣花可能有多枚雄蕊以及蜜腺，但昆虫必须频繁地在花间飞行。

舌状花

管状花是菊科植物头状花序中心的筒状花，舌状花是菊科植物头状花序边缘的舌状小花。

管状花

花的数量至关重要

并非所有开花植物都能满足传粉者的需求。通常，花的数量比花的大小更重要，那些能开出大量小花的植物可以最大限度地为传粉者提供食物。这些植物包括许多一年生、二年生和多年生草本植物。同时，开花的乔木、灌木和攀缘植物，还有那些作为树篱种植的植物，对传粉者来说也是重要的花蜜和花粉来源。一些通常被园艺爱好者视为“杂草”的植物（见第38～39页）也能为传粉者提供大量的食物，如药用蒲公英（*Taraxacum officinale*）、丝路蓟（*Cirsium arvense*）、玻璃苣（*Borago officinalis*）和入侵北美的黑矢车菊（*Centaurea nigra*）。有些花具有头序花序，这些充满花蜜和花粉的花头很受传粉者的欢迎，因为它们为传粉者提供了一个能够高效取食的场所，让传粉者无须在多个花朵之间来回穿梭，省去了许多麻烦。这类植物通常属于菊科。头状花序为菊科植物的一个重要共衍征。菊科植物的头状花序有两种，绝大部分种类全由管状花组成，或边缘花为舌状花，如菊花、紫菀、向日葵等，另外一种头状花序全由舌状花组成，如蒲公英。

如何促进室内植物开花?

植物开花时需要消耗大量养分，只有当它们身上那一套复杂的传感器和生物程序感知到条件恰到好处时，它们才会开花。要让室内植物绽放出绚丽多彩的花朵，就必须满足其所有需求。

健康的植物才有望开花。室内植物的一切需求都要靠园丁来满足，园丁必须为它们提供合适的光照、温度和湿度，将它们放置在远离穿堂风的地方（见第112～113页）。要保证水分供应充足，但不要过量浇水（见第104～107页）。在生长季节需要定期给它们施肥，如果容器太小，还需要给它们换个大一点的家（见第102～103页）。对于开过花的枯枝，应当剪去花头，以避免植物将能量和养分浪费在制造种子上（见第140页）。

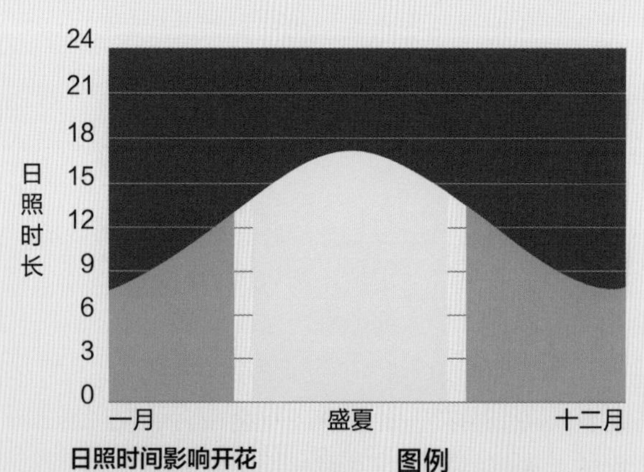

日照时间影响开花

光周期是产生生物钟的最主要因素，光周期现象和体内的生物钟共同确保植物在适宜的环境条件下生长和繁衍。

开花能力

成年期植物的顶端营养分生组织具有感应各种开花信号的能力，这种状态被称为花熟状态，也称成花感应态。植物的顶端营养分生组织转变为花序分生组织的过程被称为成花诱导。已知至少有6条信号途径能够被花熟状态的植物感应，促进顶端营养分生组织向花序分生组织转变，这6条信号途径分别是：光周期途径、赤霉素途径、自主途径、春化途径、年龄途径以及环境温度途径。

光周期

光周期指一天之中白天和黑夜的相对长度。光周期现象指生物体对日照长短的规律性变化做出的生理反应。植物通过光受体感知日照长短从而判断并响应一天乃至一年四季的变化，并设定自身的时间——生物钟。

短日照植物指在昼夜周期中，日照长度必须短于一定时数才能诱导其开花的植物。长日照植物指在昼夜周期中，日照长度长于一定时数，才能成花的植物。对这些植物延长光照可促进开花，相反，如延长黑暗则推迟开花或不能成花。日中性植物指对日照长度不敏感，只要其他条件满足，在任何长度的日照下均能开花的植物。

温度和浇水

环境温度途径通过调控*FT*基因的表达来促进开花。许多热带植物只有在持续温暖的环境中才能开花，而柑橘和栀子则需要在夜间温度约13℃的凉爽环境中才能开花。其他植物，比如许多仙人掌和多肉植物，在开花前需要经历一段不生长的冬季休眠期。蝴蝶兰属（*Phalaenopsis*）等植物的开花能力堪称一流，每年花期可达6～12个月之久。不过，如果浇水不当，它们就可能无法开花。无须使用所谓的“开花促进剂”，研究表明，这类产品不仅无用，还可能对开花造成不利影响。

子孙球属（*Rebutia*）植物在春夏两季很容易开出壮观的花朵。

应该种植切花吗?

人们常常借助花语来表达那些用言语无法表达的情感。然而，尽管鲜切花因其独特的魅力而备受喜爱，但鲜切花的商业化生产需要付出相当大的环境代价，这给园丁自己种植切花提供了巨大的动力。

生产完美花朵的追求催生了一个造成了巨大污染和资源消耗的产业。在全球范围内，人们为了生产完美无瑕的花朵，消耗了大量的水，使用了大量的化肥和杀虫剂，而大型温室所消耗的能源可能足以供应整座小城镇使用不短的时间。鲜切花还可能占用适合种植粮食作物的肥沃土地。

自己种植切花的好处

在自家花园里种植切花可谓一举两得：既能让人身心愉悦，又有助于减少进口花卉造成的污染。许多园艺植物的花朵都适合作为切花，只要稍加规划，便能在有限的空间内培育出四季常开的花卉。

适合作为切花的花卉

大多数一年生花卉生长迅速且价格低廉。像秋英属（*Cosmos*）、百日菊属（*Zinnia*）和万寿菊属（*Tagetes*）之类的植物，被采摘后会持续开出更多的花朵。向日葵属（*Helianthus*）和青葙属（*Celosia*）等植物最好在春季每隔两周播种一次，以供夏季采摘花朵之用。

多年生植物需要更多的生长空间，但可以年复一年地开花。木本灌木枝繁叶茂，花朵艳丽。不同的软茎（草本）多年生植物可以在不同的季节开出值得观赏的花朵，如冬季的铁筷子属、夏季的牡丹和秋季的紫菀属和联毛紫菀属。

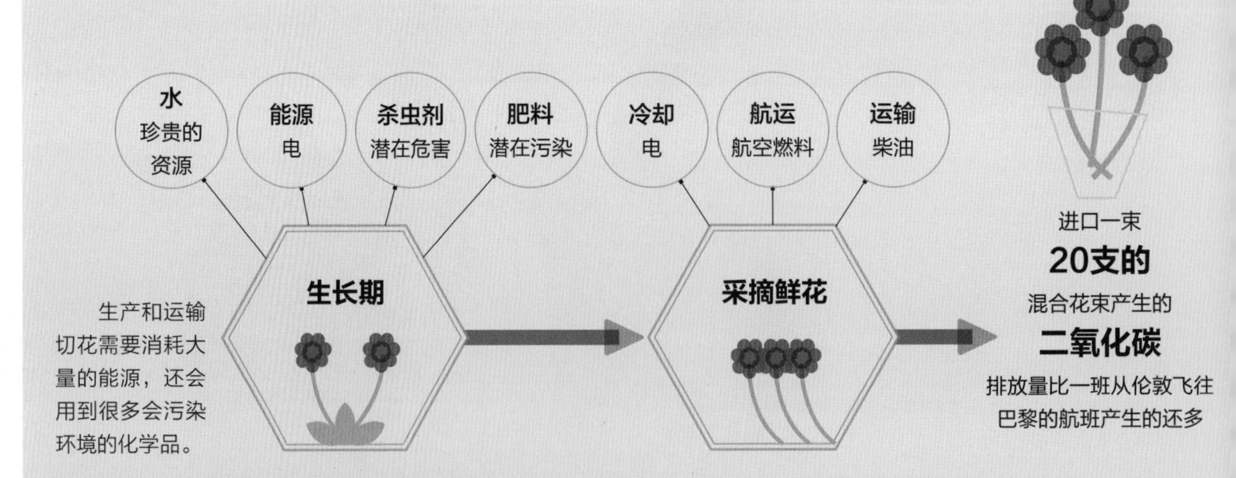

如何延长切花的寿命？

剪断茎，花就失去了植物提供的生命支持。但如果事先采取一些养护措施，切花还是有可能在数周内维持较好的状态的。

切花离开母体，失去源源不断的含糖液汁供应，很快便会枯萎。要想延缓这个过程，当务之急就是将切花放入水中。从切花被剪下的那一刻起，被剪断的茎就会吸入空气而非水分。如果茎中形成气泡（栓塞），所有向上流动的液体都会受阻，从而导致切花的生命周期大大缩短。

延迟花瓣脱落

在将切花放入水中之前，先将茎修剪掉几厘米。低温会延缓生化过程，因此应将切花放置在远离暖风和强光的地方以保持凉爽。同时，防止感染也可以延长切花的寿命。将切花放入前，务必彻底清洁花瓶，去除切花上所有可能低于水面的叶片和刺，因为这些部分携带着细菌和其他微生物，而它们能够在水中繁殖。可以向切花营养液中加入一滴漂白剂或其他消毒剂，以防止细菌感染。研究表明，向1升水中加入20克糖，形成的溶液可以作为大多数花卉的液汁替代品。

液汁

在水中添加简单的成分，使其类似于植物液汁，这样可以延长切花的寿命。

斜剪

以45度角修剪花茎，以增加剪口面积，这样可以帮助植物吸收水分。

保持清洁和充足的养分

去除花茎上的叶片并在水中添加消毒剂，以防止细菌感染。

什么是抽薹？如何预防？

植物生长发育的最终目的是繁殖，但如果过早开花抽薹，某些蔬菜的收成可能会减少。了解抽薹背后的原因将有助于园丁照顾自己的植物。

春末，随着白昼的延长，**菠菜**容易迅速抽薹，因此春播菠菜不宜种植得太晚。

一旦时机成熟，植物会倾其所有，将能量投入生殖器官、果实和种子的发育中。一旦植物开始抽薹或结籽，它们就会把能量输送到花蕾，这往往会使植物的可食用部分变得坚硬无味。这种情况可能发生得相当突然。

考虑成熟度和日照情况

蔬菜开花有两个主要诱因。首先达到成花感受态，即植物从幼年期进入成年期后，其茎端分生组织具备了感应成花信号刺激，进而启动花芽分化能力的状态。其次是夜间黑暗时长适宜。植物通过光受体感知外界光信号（见第134～135页）。

许多生长迅速的一年生蔬菜，如萝卜、菠菜和芝麻菜，只需几周就能开花，且通常是在日照时间变长的春末夏初（北半球为6月21日之前）开花。因此，这些植物在春末极易抽薹。有经验的园艺爱好者会选择在早春播种，以便在开花前收获，并在夏末再次播种，这样植物就能在日照时长缩短的情况下生长而不易抽薹。短日照植物常常在秋冬开花，此时日照量减少，但属于短日照植物的蔬菜相对较少。

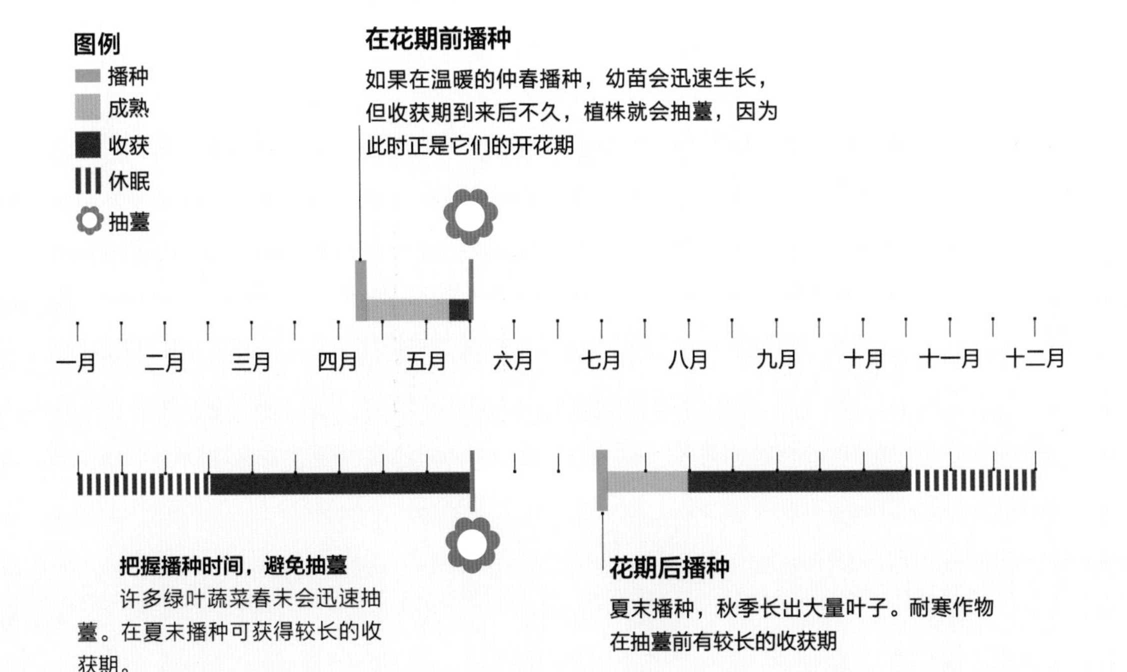

不要让植物感受到压力

进化教会了植物，在面临死亡的威胁时，迅速开花和产生种子是延续基因的最好方式。因此，恶劣的生长条件易引发抽薹。为防止植物抽薹，可以在植物周围覆盖一层堆肥，以保持土壤水分，为植物提供充足的养分，并帮助根系抵御气温波动。在炎热干燥的天气里要定期给植物浇水，以避免植物缺乏水分。此外，避免使用那些为促进开花而配制的肥料，这些肥料富含磷或钾，容易加速抽薹。

在适当的时间收获

许多蔬菜属于二年生植物，这意味着它们会在第一个生长季节储存养分，在第二个生长季节的春天开花，随后枯萎。欧防风、胡萝卜、韭菜和羽衣甘蓝等二年生蔬菜通常只有在经历了冬季的低温后才会开花，这个过程被称为春化，有时这些蔬菜还需要等到春季白昼变长后才会开花。春化是一个复杂的过程。春季要避免过早地在室外播种，也不要让幼苗暴露在寒冷的环境中，因为这容易导致它们在第一年就抽薹。最好在这些蔬菜的花期后播种它们的种子。为了在第一年的春季开花，它们可食用的叶片和根会积累糖和淀粉，正好方便人们在花期前收获。

玫瑰

剪去花头可促进新花的生长。

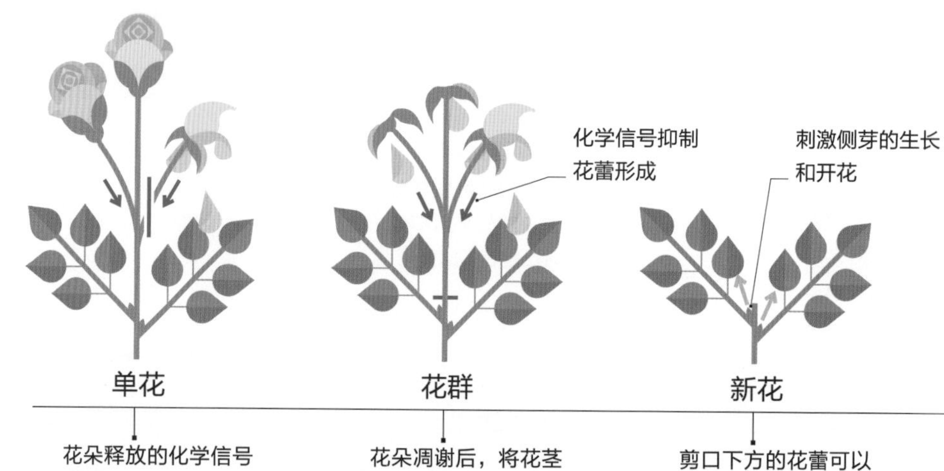

花朵释放的化学信号会抑制新的花蕾生长。

花朵凋谢后，将花茎剪至最近的叶上方，能消除花发出的化学信号。

剪口下方的花蕾可以自由地生长成新芽，继续下一轮的开花。

要不要摘花头?

每年夏天，很多园艺爱好者会挥舞着剪枝刀在花园中巡视，寻找凋谢的花朵并将其剪下（即“摘花头”）。虽然植物不喜欢失去潜在的种子，但摘花头可以让它们的花期更长。

摘花头主要是为了让植物开出更多的花。植物的目标是制造种子，因此在种子形成之前剪掉凋谢的花朵，可以使植物从创造新生命的负担中解脱出来，将资源再次分配到开花上。这种方法对许多夏季开花的一年生植物以及一些多年生植物和灌木来说很有效。

为什么及如何摘花头

为了避免开太多的花，每朵花都会发出化学信号来抑制新的花蕾形成。一朵花“功成身退”，新的花蕾就会发育起来。花朵的颜色开始褪去时，表明授粉已经完成，种子正在形成，这时就可以剪去花头。将花茎剪至离花头最近的叶的上方，留下一个短小平整的断枝，这样可以降低植株枯萎或感染的风险。对于低矮、花朵多的植物，用剪枝刀剪去花头更为方便。剪去花头的另一个作用是防止大量不必要的幼芽出现。针对繁殖力强的自播植物，剪去花头可以防止种子传播到附近的花园或野外。有些植物的种子头在冬季的花园中具有独特的观赏价值，野生动物也以此为食，应当避免剪去这些植物的花头，以便它们的种子头和果实能够自然而然地发育。

延长多年生植物的花期

摘掉已谢的花朵，以阻止种子形成并促进其继续开花。

为什么我的树隔一年才结一次果？

果树生产中有这样一种常见的现象：一年结果多，一年结果少或不结果，如此循环，这种现象被称为大小年现象，也叫隔年结果。只要对果树稍加养护，就能改变这种现象。

对大多数经济林来说，造成大小年的一个直接原因是大量结果抑制了花芽的形成。过去对这一现象的解释是果实的生长发育消耗了很多养分，以致没有足够的养分供花芽形成之用。大年消耗大量养分，影响当年新梢的生长和花芽分化，使下年成为小年。小年时，结果较少，有利花芽分化，使下年成为大年。随着对内源激素认识的不断深化，已有很多证据说明，正在发育的种子产生的抑制花芽孕育的激素主要是赤霉素，这种激素是导致大小年形成的原因之一。

控制作物生长

防止大小年最有效的措施是在大年花芽开始孕育之前进行疏花疏果。这一措施既可减少种子产生的抑制花芽孕育的物质，又可增大叶果比例（一植株上，每一个果实所占有的叶片数目或面积）。叶片除能制造果实生长和花芽形成所必需的营养物质外，还能产生花芽孕育所必需的某些激素，适当的叶果比例是形成足够花芽的重要条件。

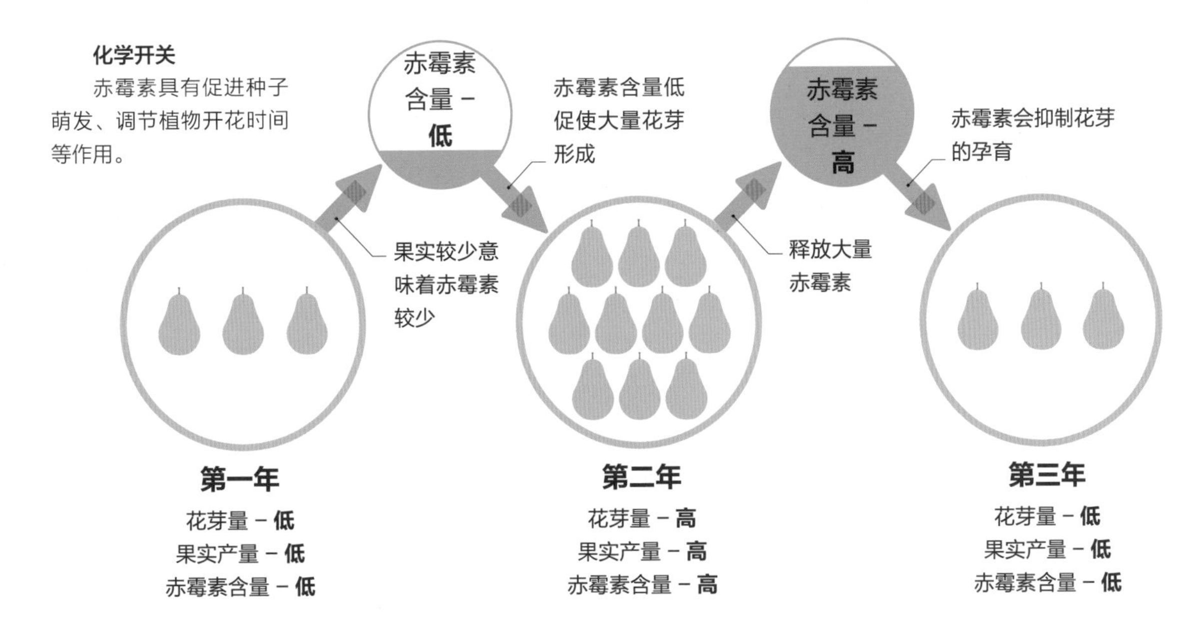

再生与更新

我的植物是死了还是只是在休眠?

每年，许多木本植物（乔木、灌木和一些攀缘植物）以及多年生草本植物都会进入冬眠状态。这就导致一个问题：初春时节，园丁很难判断它们是还处于休眠状态还是已经死去了。

动物冬眠是自然界应对严冬的一大妙招，许多植物也有类似的做法。后者会在秋冬季落叶，来减少能量的消耗。每年有一段时间（如秋冬季）叶片全部脱落的多年生木本植物被称为落叶植物。至于这些植物为何从一年中多次更换叶片（常绿植物就是如此）转变为一次性脱落全部的叶片，目前尚无人知晓，但是这种策略已经独立进化了多次，而且显然是有效的。

就像熊为了过冬而储存脂肪一样，落叶植物会在冬季来临之前把资源储存在安全的地方。草本植物会舍弃地上部分的叶和茎，将所有可储藏的资源都储存在根和地下茎中，它们这样做的底气是它们具有春天从基部隐藏的芽中再生的能力。木本植物将春季生长所需的能量储存在树干、

蕨类植物
新叶隐藏在老叶下面，静待温暖的天气到来。

休眠和生长的周期

植物内部的一系列生理过程控制着新芽的生长，只有通过特定的“检查”后，新芽才会破土而出。

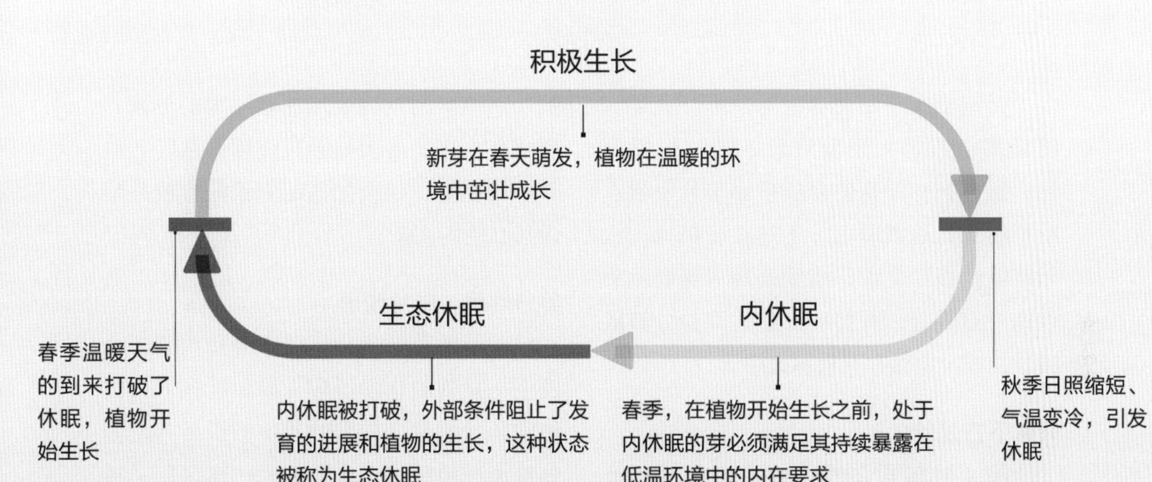

茎以及根部的坚韧组织中，并在春季重新开始生长。植物能否熬过冬天取决于该物种的耐寒性（见第72～73页）、健康状况以及冬天的长短和温度。

新的生长迹象

判断乔木、灌木或木质攀缘植物是否存活，可以观察其茎上是否有健康的芽苞鼓起，或刮掉茎的一点表皮，如果能看到绿色，就说明植物还活着。到了冬末，许多草本植物的茎和叶会变成褐色，早春时，在这些茎和叶的下面，很可能会有饱满的芽苞鼓起。冬天时，如果地面上的一切看起来都死气沉沉，而你又想知道这些植物在春天是否还有一线生机，就把其根部周围的土壤挖开一点。如果发现其根部有弹性且坚实，就表示植物还活着；如果根部呈黑褐色、潮湿、软，则说明根部已经腐烂，失去了生命力。

激活

植物芽休眠分为3种类型，即类休眠、内休眠和生态休眠。由植物内部的生理因素所控制的休眠为内休眠。处于内休眠的芽只有经过一定时间的低温积累才能解除这种状态。当连续低温时长达到特定的阈值（500小时以上）后，芽就会摆脱内休眠状态，进入生态休眠模式。只有当温度回升时，植物才会释放新芽，蓬勃生长。

为什么叶子会在秋天变色和掉落?

很多植物秋冬叶会全部掉落，这绝非偶然，而是一种经过数千年的磨炼才形成的生存策略。这种策略旨在储存宝贵的资源，以度过生长条件恶劣的冬季。

叶绿素在不断地合成与分解。春夏，叶绿素合成量大于分解量，叶片保持绿色；秋冬，叶绿素的合成量小于分解量，叶片脱绿，逐渐凋落。不过，在扔掉“太阳能电池板”之前，植物会竭尽所能地吸收每一点养分，并将叶片中的淀粉分解成糖分，安全地储存在根茎之中。

叶片下方是什么?

除了叶绿素之外，叶片中含量较低的“辅助”色素也有助于食物的生产。随着叶片的绿色逐渐褪去，类胡萝卜素的焦橙色或浅黄色就会显现出来。有些植物在凋落之际还会呈现猩红色或桑紫色，如糖槭（*Acer saccharum*）和狗木（*Cornus florida*）。科学家尚未明晰为何有些植物会在此时向叶片中注入这些被称为花青素的红色保护性化学物质。这些色素似乎会让那些想在秋季寻找食物的昆虫捕食者望而却步，同时还可以为老化叶片提供“防晒保护”。凉爽的夜晚会加速叶绿素的分解，而明亮干燥的晴天则会减缓糖分从叶片中降解的速度，还会加速花青素的生成并增强其红色的光泽。

养分耗尽，叶片脱落

除了颜色的变化，秋季叶片内部还会发生一系列的化学反应，导致叶柄基部的细胞开始收缩。随着叶片中的最后一丝养分被消耗殆尽，这个被称为“离区”（植物器官基部与母体分离发生脱落的区域）的区域会逐渐收紧，“掐断”叶柄基部，使叶片落下。落叶的机制似乎是植物在温带气候条件下进化得到的产物，因为在冬季，大叶片很容易受到风雪的摧残，尤其是考虑到在日照短暂的冬季，叶片也不会产生多少养分，所以放弃大叶片是更好的选择。此外，落叶还能防止宝贵的水分通过蒸腾从叶孔中流失（见第14页）。

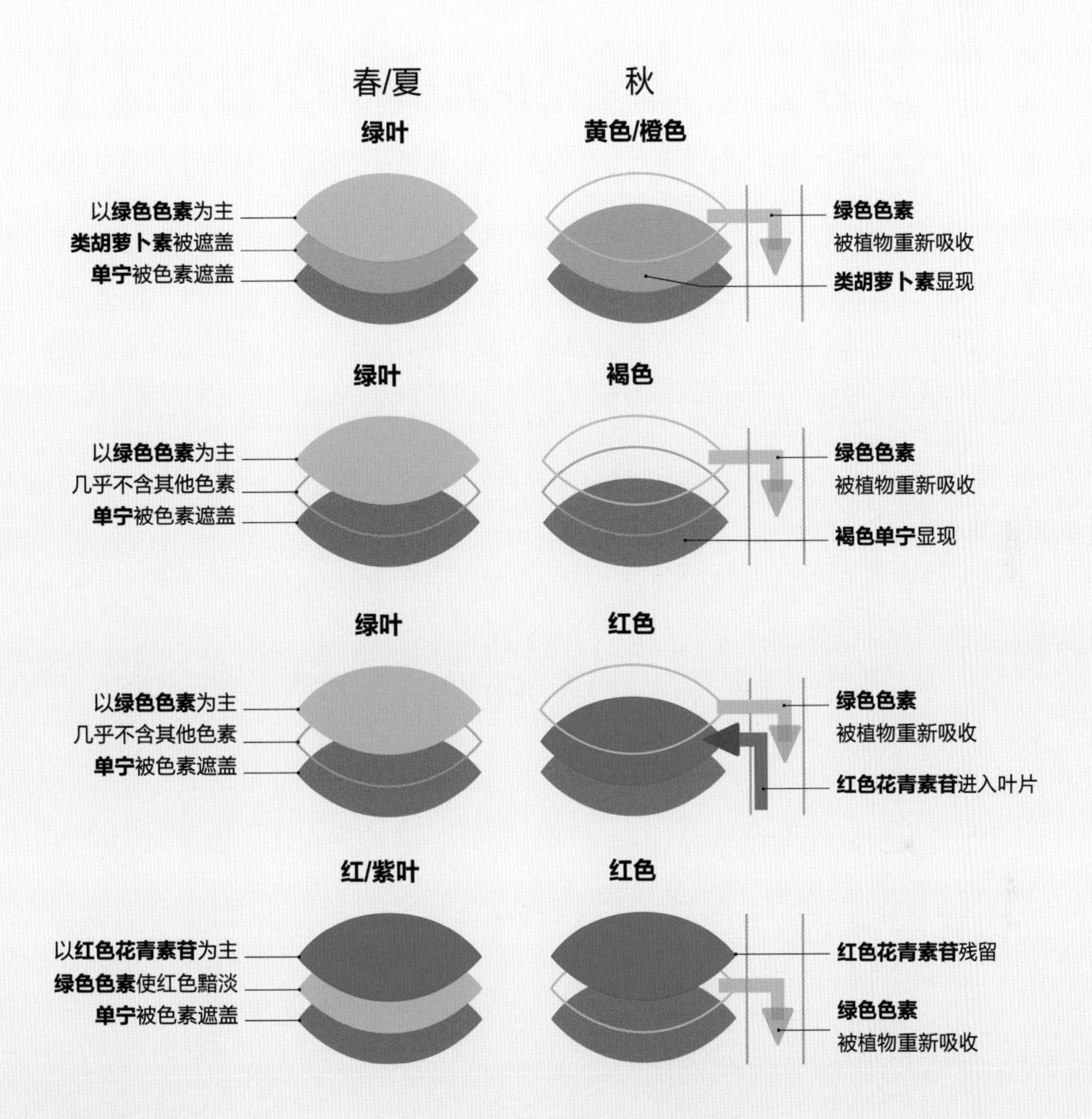

秋天树叶的颜色变化

随着天气转凉、昼长变短，植物叶片的颜色会发生变化。

表观遗传

落叶植物每年冬季进入休眠状态。植物会适应其所在地区的自然环境，并在基因的脱氧核糖核酸序列没有发生改变的情况下，使基因功能发生可遗传的变化，最终导致表型变化，这种现象称为表观遗传。

是否应该将鳞茎植物凋谢的叶片打结？

春季开花的鳞茎植物象征着冬去春来的希望与活力，但花期过去后，其叶片就会慢慢枯萎凋落。这对于那些喜欢整洁的园艺爱好者来说不是一件好事，但强行让花园保持整洁，往往并非明智之举。

长久以来，人们习惯于将叶片较大的鳞茎植物（如水仙花）凋落的叶片打结或编起来，有些园丁甚至会在叶片枯黄前就将其剪掉。不过，这样处理叶片会阻碍植物在花期后为鳞茎补充能量。

让叶片完成它们的工作

叶片又要保持绿色，又要忙着进行光合作用（见第62～63页），并将光合作用产生的糖分输送到鳞茎中储存起来。在这里，糖分通过化学反应转化为淀粉并被储存起来，以便在需要时再转化为糖分。鳞茎内储存的淀粉越多，来年春天植物就会生长得越茂盛。将叶片打结会减少叶片与阳光接触的面积，从而降低它们制造糖分的能力。更为不妥的是，在叶片完成养分供给前就将其剪掉。如果让叶片自然枯萎，或在开花后至少保留6个星期，那么该植物大概率可以持续开花多年。此外，在种子形成之前剪掉凋谢的花朵，也有利于更多的糖分进入鳞茎。

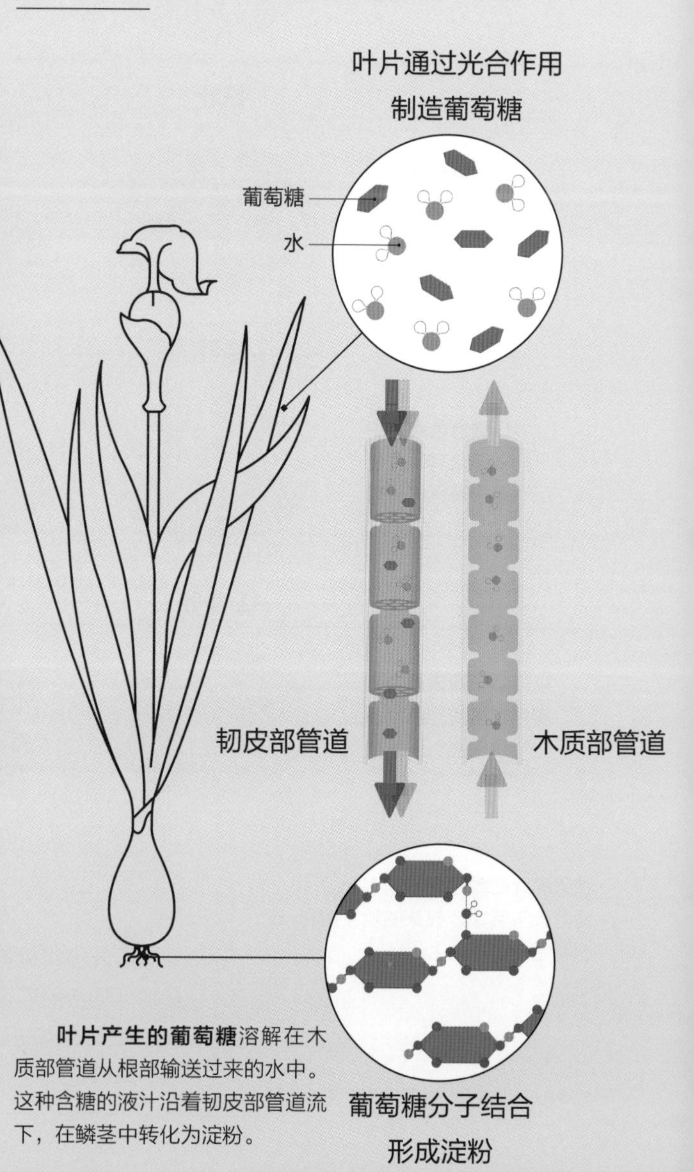

叶片产生的葡萄糖溶解在木质部管道从根部输送过来的水中。这种含糖的液汁沿着韧皮部管道流下，在鳞茎中转化为淀粉。

应该在球根花卉开花后将其挖出储存吗?

许多多年生草本花卉进化出了地下器官（根和地下茎，见第88～89页），以便在极端的生长条件下生存，它们被称为球根花卉。那么，为什么有些园艺爱好者会在球根花卉开花后将其挖出，并放进纸袋或纸箱中储存呢?

新购入的球根花卉一般充满活力，做好了开花的准备。一旦种下，它们往往可以茁壮生长。不过，如果它们不适合花园中的气候条件，难以好好生长的话，最好将它们挖出来。

保护娇嫩的球根花卉

以大丽花为例，这种植物原产于墨西哥山区，与唐菖蒲和美人蕉等其他具有地下器官的不耐寒植物（见第72～73页）一样，无法适应潮湿、零度以下的环境。处于这种环境时，它们可能会遭受冻害或腐烂。因此，在冬季寒冷的地区，最好是在秋季将其挖出并清洁干净，待其干燥后，再存放在阴凉无霜的环境中。

模拟舒适的环境

郁金香产于亚洲、欧洲和北非，适合生长于冬季温暖湿润、夏季干燥凉爽的地区。可以在其叶片枯萎、鳞茎内充满淀粉时将郁金香挖出，然后用网或纸袋将它贮藏在18～20℃的干燥场所，以度过休眠期，待秋季再重新种植。

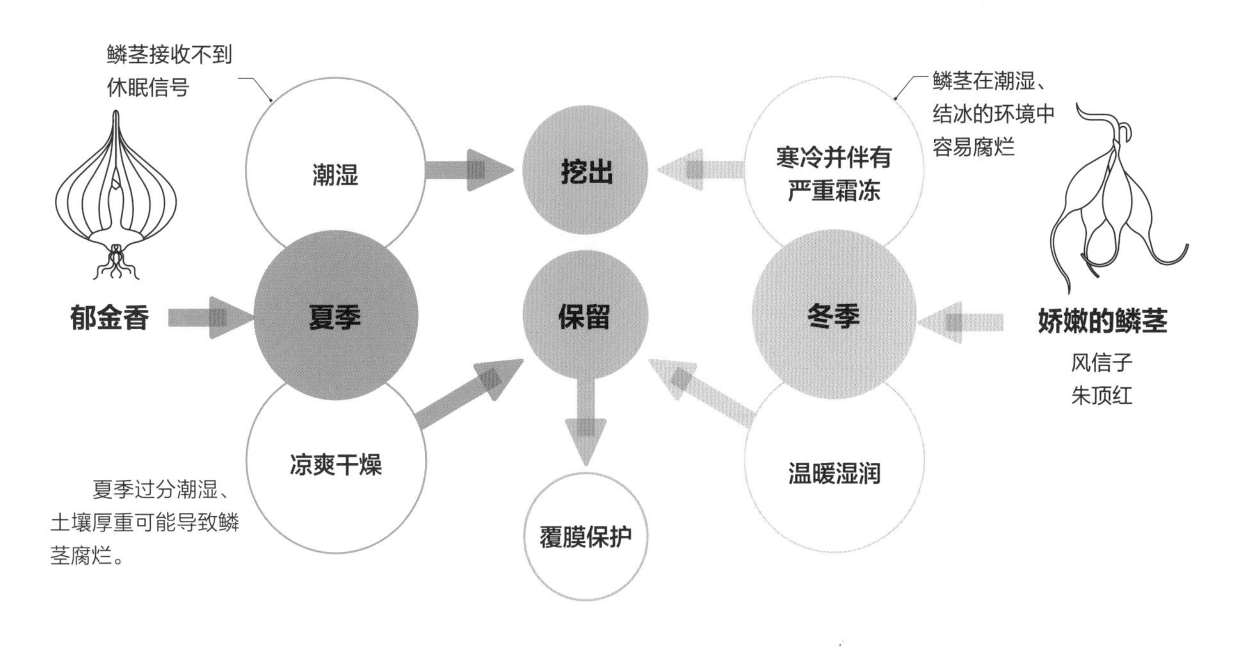

冬季如何养护花园？

冬季的花园看似一片荒芜，落叶乔木和灌木只剩下光秃秃的枝干，昔日那些盛放的花朵也早已不见踪影。其实，这里依然蕴藏生机，园丁仍可以做很多事情来呵护这里。

随着日照减少、气温下降，植物所有的生命过程都会减缓，比如根系生长变得缓慢，光合作用（见第62～63页）减少。当土壤温度低于10℃时，土壤食物网（见第36～37页）中微生物的活性也会降低。

播种、种植和修剪，等待春天的到来

虽然冬季植物的生长会减缓，但此时仍可种植需要低温生长环境的种子或鳞茎植物（见第68～69页和第91页）。落叶乔木和灌木最好在秋末或冬季种植，以便其根系有充足的时间扎根，这样到了春天，根毛（见第97页）就能吸收足够的养分和水分，以便迅速生长。休眠期（见第144～145页）也是修剪许多木本植物的理想时期（见第160～161页）。对于不耐寒的植物（见第72～73页），秋季时在其基部覆盖一层厚厚的堆肥有助于帮助它们安全度过一年中最寒冷的时光（见第152～153页）。

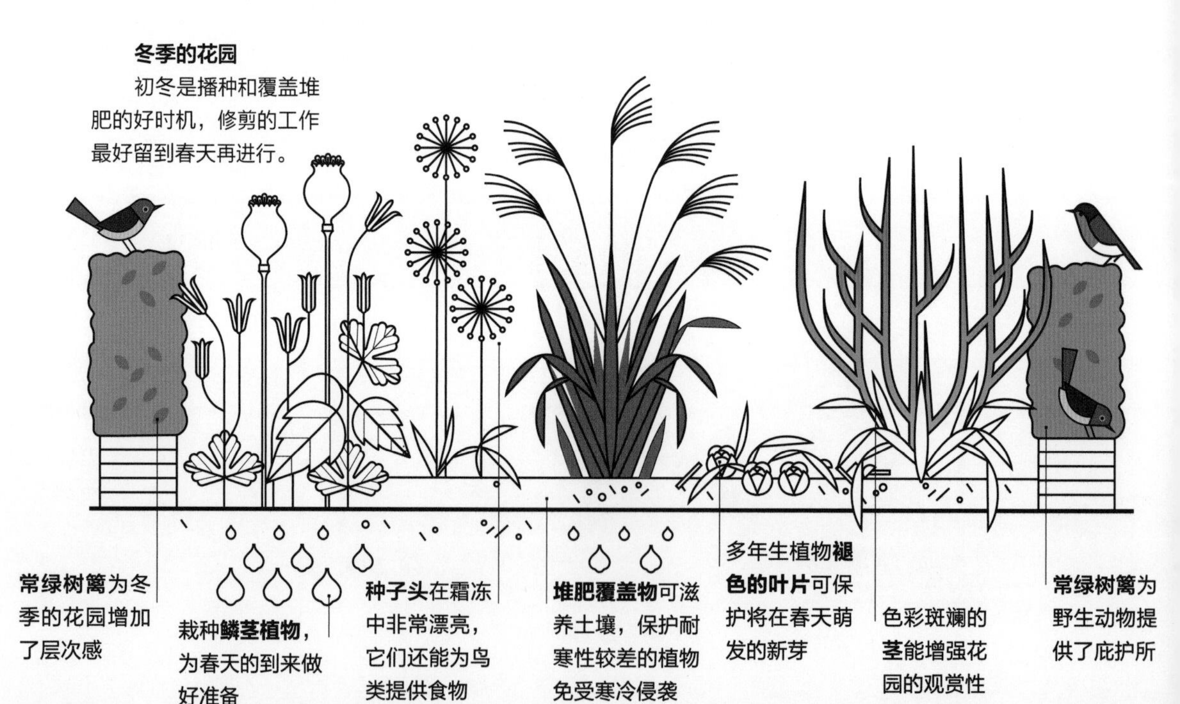

冬季的花园

初冬是播种和覆盖堆肥的好时机，修剪的工作最好留到春天再进行。

别急着清理

许多园艺书籍和网站会告诉园丁，冬季是清理枯死植物“残骸”和翻耕裸露土块给土壤“通气”的好时机。然而，科学研究表明，虽然这些工作可能会给园丁带来满足感，但也会让花园变得光秃秃的，这对土壤、植物和花园中的野生动物并无帮助。对很多园丁来说，剪掉多年生草本植物的枯萎部分，使其基本只剩下休眠基部，是冬季的一项传统工作，他们觉得这样可以保持地块整洁，也可以防止种子掉落或发芽。但是，如果一味追求整洁，就可能除去那些能在最寒冷的几个月里为花园增加趣味性的花头或种头，并使花园里的鸟类、昆虫失去栖息地和食物来源。因此，最好留到春天再修剪。保留植物上一季的茎叶还能保护它们的芽和根，并有助于覆盖土壤，使其免受冬季恶劣天气的伤害。

落叶也应被视为生命循环的一部分。如果将落叶留在土壤上或树篱基部，它们分解后就能为土壤补充养分，并为土壤食物网提供能量。还可以将它们加入堆肥中或单独堆成“腐叶土”（见第182 ~ 183页）。

滋养土壤

冬天翻土对园丁来说可能是一种不错的锻炼方式，但每向下挖一铲，都会切断不少菌丝，并破坏线虫钻出的小隧道，而这些小隧道有助于水和空气的流通。挖起和翻动土壤，会让原本埋藏在地下的食碳细菌暴露在空气中，促使它们开始分解土壤中的有机物，并释放出大量的二氧化碳。总之，园丁可能觉得翻土是在给土壤“通气”，但实际上这种行为会破坏土壤结构，导致养分流失。

开花

起绒草的种头可结出多达2000粒种子。

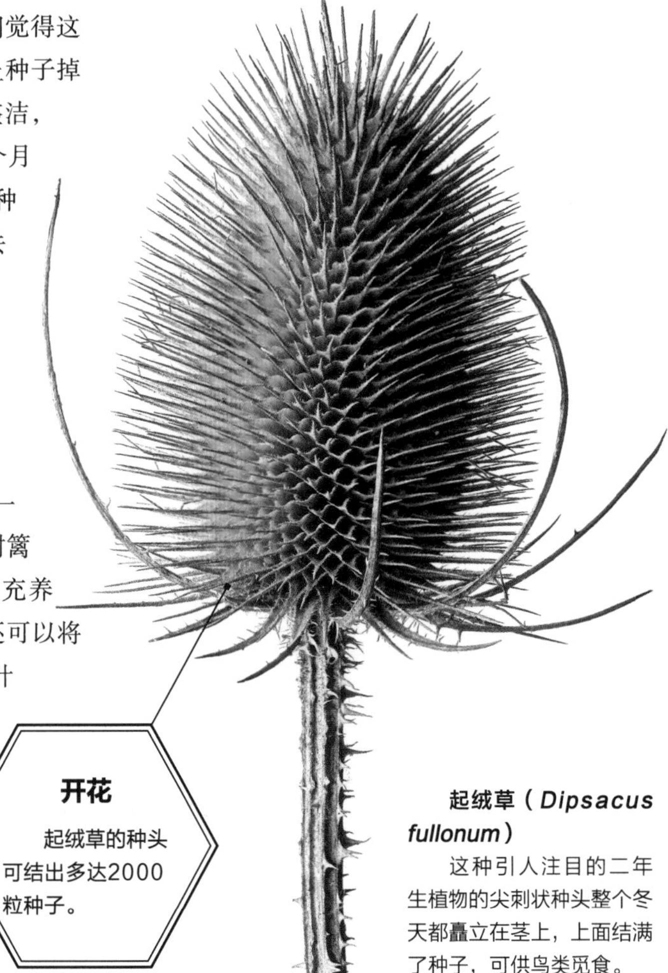

起绒草（*Dipsacus fullonum*）

这种引人注目的二年生植物的尖刺状种头整个冬天都矗立在茎上，上面结满了种子，可供鸟类觅食。

什么能提供最好的防冻保护？

想象一下：此刻你正身处户外，冬天即将来临，但你的双脚像被粘在地上一样动弹不得。这就是温带地区植物所处的环境。在这种情况下，采取一些保护措施可以让严冬对植物来说不那么具有破坏性，也更容易忍受。

半耐寒植物（见第72～73页）如果种植位置不当，又没有额外的保护措施，可能会在冬季枯死。除了耐寒性非常强的植物外，其他植物都应避免种植在洼地或谷底，因为这些地方通常更冷，容易形成所谓的“成霜洼地”。将耐寒性较差的植物种植在阳光充足且朝南的地方，可以大大增加它们安稳过冬的概率（见第28～29页）。

保暖覆盖层

织物覆盖物可以帮助花园植物免受低温的侵袭，当温度在零度以下时其作用尤其显著。在早春时节，这些覆盖物还可以保护新生长的植物和新栽种的幼苗。我们这些恒温动物会不断散发热量，我们的衣物则可以捕捉这些热量，而植物几乎不产生热量，因此织物覆盖物只能捕捉白天阳光照射土壤所产生的热量，这些热量对于晚上覆盖物下的植物很有用。如果不打算每天揭开覆盖物，最好选择轻薄、透气的织物（如园艺绒）作为覆盖物，因为它们透光、透雨和透气，可以使植物保持良好的状态，而且即使这些织物很潮湿，也不会将植物压扁。任何不透光的织物都需要在白天揭开，并用架子支撑起来，与植物保持一定距离，以免它们对植物造成损害。可以在香蕉或蕨类植物等娇嫩植物周围铺一层干稻草，并用铁丝网固定，冬天

作物和土壤覆盖物

春季可使用织物、塑料或玻璃等材质的覆盖物保护幼苗免受霜冻。堆肥覆盖物可为已成活的植物保暖。

图例

- 来自土壤的热量
- 光线
- 光线渗透
- 水
- 水渗透

织物

在寒冷的天气里，植物在这种**轻薄、透气**的覆盖物下**茁壮成长**，如果预报有霜冻，多加盖几层也很方便

塑料暖房

透明塑料可保存热量，但植物需要浇水和通风才能保持健康

冷床

具有床框和透光覆盖物等避风、保温、向阳而不进行人工加温的苗床

将聚乙烯薄板覆盖在干稻草上，以保持干燥。注意，待春末天气转暖后，必须立即移除这些覆盖物。

固体结构

透明塑料大棚、暖房、低矮冷床和温室也能在白天捕捉来自太阳的热量，但是它们的保暖效果没有织物那么好。这些设施能够阻挡雨水，这对需要干燥过冬条件的休眠植物来说是个优势，但处于生长期的植物需要水分。还有很重要的一点是，白天要打开盖子或门，保持通风，以防止晴天覆盖物下温度过高。还要避免湿度过高，因为湿度过高会使植物容易感染真菌或腐烂。冬季的大风会对裸露的植物造成损害，使植物丧失宝贵的水分，甚至导致叶片干枯（见第110～111页）。覆盖物可以提供有效的防风保护，尽管它们本身也有可能被吹走。在露天的花园中，一个有效的方法是在盛行风一侧种植由耐寒灌木或乔木组成的防风屏障，以保护不耐寒的植物，这样做也能保护整个花园（见第28～29页）。

覆盖必不可少

气温会随着太阳的升落而波动，而土壤温度的变化则较为滞后。相较于轻质砂土，潮湿的黏土能更长久地保存白天得到的热量。然而，科学研究表明，无论土壤类型如何，在深秋时节，在植物周围铺上一层堆肥、木屑或稻草覆盖物，都有助于维持土壤热量，防止根系受冻。这对大丽花或百子莲属等耐寒性较差的植物来说尤为关键。这些有机覆盖物对土壤健康也大有裨益（见第34～35页）。

覆盖物

厚厚的一层**堆肥**或**木屑**可以维持土壤热量，保护植物根系和休眠的芽

保护大型植物

无法移动的大型成熟植物可以在原地防寒。最好在初霜前准备好覆盖物，并在春季植物开始生长前将其移除。

绒布包裹

用**绒布**包裹耐寒植物可有效防止植物受冷风侵袭，而且绒布可透光，这对常绿植物至关重要

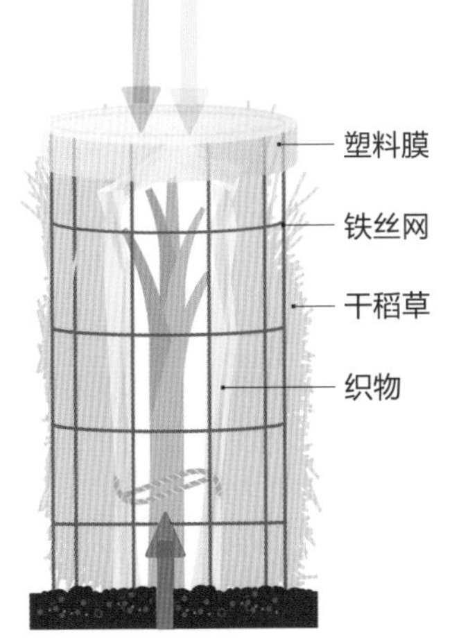

干稻草

厚实、干燥的保温材料可以保护娇嫩的植物。上图中的装置有助于保暖、防潮

为什么有些蔬菜历经霜冻后口感更好？

有些蔬菜不仅能在严寒中存活，而且一旦菜园温度骤降，它们的口感会变得更好——抱子甘蓝如果能留到12月底再享用，你会发现它们真的会更甜。

抱子甘蓝、羽衣甘蓝、欧防风等蔬菜因能在0℃以下的低温中生存而被称为“耐寒蔬菜”。这些蔬菜都有一种防御系统，当温度降至4℃以下时，该系统就会启动。蔬菜体内的传感器检测到气温下降，预测到霜冻即将来临，会开始将储存的淀粉转化成糖分。这些糖分在多水的细胞中能起到防冻作用，防止细胞因冰晶形成而膨胀破裂（见第110～111页）。

低温糖化

含糖的水比纯净水冰点低，有助于防止蔬菜内部形成冰晶，这就像冬季在路上撒盐能防止路面结冰一样。虽然很多蔬菜在秋季收获口感就很不错，但如果等到霜冻之后再采摘，吃起来会更甜。那些淀粉含量较高的蔬菜，如欧防风、芜菁甘蓝和芜菁，在寒冷的环境中会变得更加美味。有些娇嫩、不耐寒、已经完成生长且得到了充分保护的作物经过霜冻后也会变得更甜。不过，马铃薯是个例外，应在霜冻风险出现之前就将其挖出。另外，马铃薯在烘烤时，表面的一层淀粉会转变成糊精，这一化学变化会导致马铃薯表面变硬，进而影响其外观颜色。

甜蜜保护

耐寒植物为了在寒冷的环境中生存，会将体内的淀粉转化为糖分，其糖分含量可能在数小时内增加10倍。这可以防止破坏性冰晶形成。

为什么我的室内植物会在冬季枯死？

尽管室内植物可以免受外部天气变化带来的侵扰，但它们也无法完全避免季节变化带来的影响。室内植物在冬季也会面临各种挑战，如光照不足、温度下降、集中供暖导致空气湿度降低以及养护不当等。

浇水

日照时间短意味着可用于光合作用的光能减少。而且，随着食物制造量减少，气孔也会关闭更长时间，从而减少水分的流失（见第14页）。这样一来，根系对水分的需求就会减少，因此，要相应地减少浇水量。同时要记住，家中有集中供暖系统时，空气容易干燥，可能需要增加叶片周围的湿度（见第112～113页）。

光照和温度

许多室内植物在冬季很难获得足够的光照，因此最好将它们放在家中光线好的位置，但要避免阳光直射，因为阳光直射会损伤脆弱的叶片。此外，还要经常转动植物，因为长时间处于阴暗环境中的茎或枝条可能会变色，或者因向光源弯曲而变得又细又长（见第4页）。

大多数室内植物来自热带地区，在温度低于10～15℃时会遭受寒害（包括冷害和冻害）。在过低的温度中，植物根系难以吸收养分，生命过程也戛然而止，因为植物细胞的保护屏障会变得脆弱，细胞内的液体则会变得黏稠。这些变化会导致叶片失色和枯萎。为了防止此类情况发生，建议将植物放置在温暖的环境中，远离冷风，不过要避免放在暖气片上方。还要避免将植物放置在窗帘后面。

冬季的窗台不适合放置植物：冬天向阳的窗台对室内植物来说并不友好。强烈的阳光和寒冷的气流会使叶片脱水和受损。如果窗台下面有暖气，此处的空气会变得干燥。此外，夜晚，窗帘和窗户之间的区域温度会骤降。

图例

干燥的空气
强烈的阳光
冷风

修剪的目的是什么?

修剪植物的枝条似乎是一种对植物的摧残，毕竟植物无须人类干预就能自然地生长、开花、结果。但精心修剪对维持植物健康、调整其大小和株型，以及促进其开花和结果并非没有益处。

及时清除

枯死的枝条
寻找褐色、干枯、表皮干瘪、无健康芽的枝条

患病的枝条
症状包括枝条上出现不明物体、渗出黏液、出现病斑等

受损的枝条
折断或由动物啃食造成的损伤

修剪的首要任务始终是预防和消除病害。如果植物有遭受病害或受损的迹象，就可以通过修剪来使其恢复健康。和人类一样，植物的外层“皮肤”是其抵御病害的第一道防线。干燥、枯死的枝条会为潜在的入侵者敞开大门，因此需要及时将不健康的枝条清除或修剪至健康芽的上方。交错生长的枝条会相互摩擦，因此也应适度修剪。灌木或乔木中央枝叶过于密集会阻碍空气流通，形成潮湿环境，导致致病真菌滋生。疏剪枝叶可以使空气流通，有助于植物更好地接受光照，使致病真菌难以立足。

整形和修剪

在修剪乔木、灌木或木质攀缘植物时，最好在幼苗枝条发育和变粗之前修剪，以建立理想的枝条结构，这样对植物的伤害也较小。将枝条绑在支撑物上引导其生长的工作也应在枝条幼嫩柔软时开展。修剪可以控制植物的株型、大小和结构。许多乔木在只有一个主干时最为强壮。如果主要生长点受损或两个枝条争夺顶端位置，主干容易被越来越

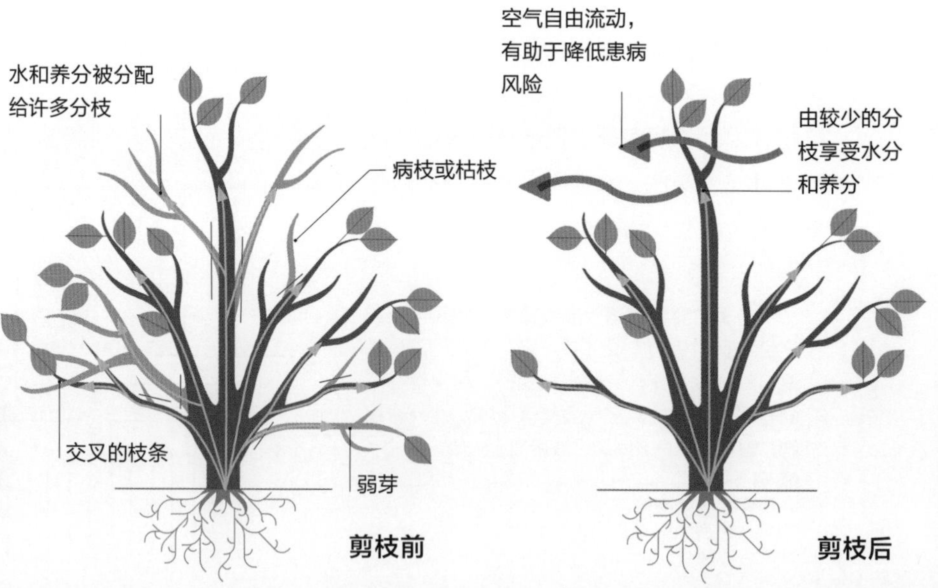

为了植物的健康而进行基本的修剪，能使植物保持健壮且免受病害的侵扰。疏剪可以让枝条不那么拥挤，使根系输送的养分可以更有效地分配。

打造花瓶形果树

购买一株修剪成形的成熟果树价格高昂，因此不如考虑购买一株幼树，然后自己进行修剪。在园林树木中，花瓶形的果树因其独特魅力而广受欢迎。

呈花瓶形能够**改善枝叶附近的空气流通**，有助于防止果树受致病真菌、细菌和霉菌的侵扰

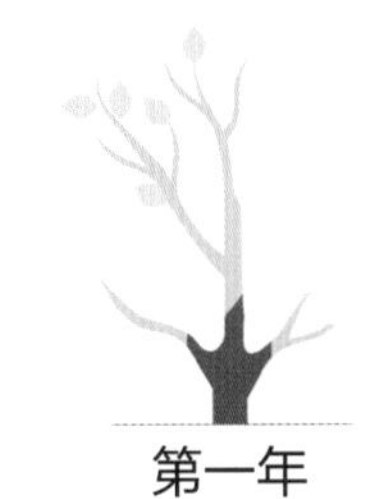

第一年

在秋末到初春间**种植一棵有两年树龄的果树。**将主茎剪至稍高于花蕾或枝条的位置。

第二年

挑选**三根**与树干成大角度生长的**枝条**，剪去上面约一半的芽，保留朝外生长的芽。修剪不需要的枝条。

第三年

将每个枝条顶端生长部分剪去上一年生长量的**一半**左右，以促进更多分枝。修剪弱枝。

第四年

枝条框架已经形成，但还可以继续修剪。可剪去弱枝或长到中心的枝条。

重的侧枝拉扯，最终可能从中间裂开形成“双主干”。为了避免这种情况发生，需要及时修剪掉任何可能威胁到主干地位的健壮侧枝。有时，园丁也会对果树进行修剪，使其枝条呈花瓶形，并有一个“开放中心”（即三个或三个以上的主枝从中央主干生长出来）。这种结构可使更多地空气和光照进入树冠，以保持其健康生长，还可以帮助果实成熟，并使采摘工作进行得更顺利。

促进幼苗生长

有时，老化、不结果的枝条会阻碍植物生长，消耗宝贵的资源。最好将这些枝条修剪至基部，这样可以使能量集中到新枝上，防止枝条缠绕或拥挤。棣棠（*Kerria japonica*）和黑茶藨子（*Ribes nigrum*）等灌木一旦成活，每年将生长了三四年以上的枝条修剪掉四分之一，对其生长有益。许多杂枝丛生的老灌木可以通过将枝条剪至基部来刺激新枝生长，从而焕发新生。针对在夏季开花的生长旺盛的灌木和攀缘植物，每年早春将它们的枝条修剪出轮廓，会让它们生长得更紧凑，绽放出更为绚烂的花朵。有些灌木可以在年初进行修剪，以维持其靓丽的外观，比如欧洲红瑞木（*Cornus sanguinea*）、欧黄栌（*Cotinus coggygria*）等，适度修剪可以让它们的新叶生长得更大、更茂盛。

修剪后会发生什么?

在植物界，失去大的枝条甚至主枝并不意味着死亡。植物有很强的自愈能力。实际上，通过修剪，它们很可能焕发新生。

修剪后，茎下部的侧芽会萌发出新的嫩芽。植物的芽都是向上生长的，这是为了更好地获得光照和其他资源。

顶端优势

顶芽是着生在主干或侧枝顶端的芽。为了确保侧芽不会占用向上生长所需的营养，顶芽会合成一种名为“生长素”的物质，通过化学作用抑制侧芽的生长。生长素沿茎向基部运输，抑制侧芽的生长，这就是所谓的“顶端优势”。顶端优势不仅塑造了植物在自然生长期间的形态，也影响着其修剪后的形态。顶芽对侧芽的抑制程度随距离增加而减弱，因此顶芽对下部侧芽的抑制程度比对上部侧芽的轻。

如果去除顶芽或顶芽停止生长，生长素的抑制作用就会停止，茎上会长出一个或多个侧芽，离截断点越近，生长得越好。这会导致植物产生更多的分枝，从而提高许多园林植物的观赏性和开花潜力。在树木中，新枝中的一枝可能会向上生长，成为主梢。同时，新枝也会凭借根系

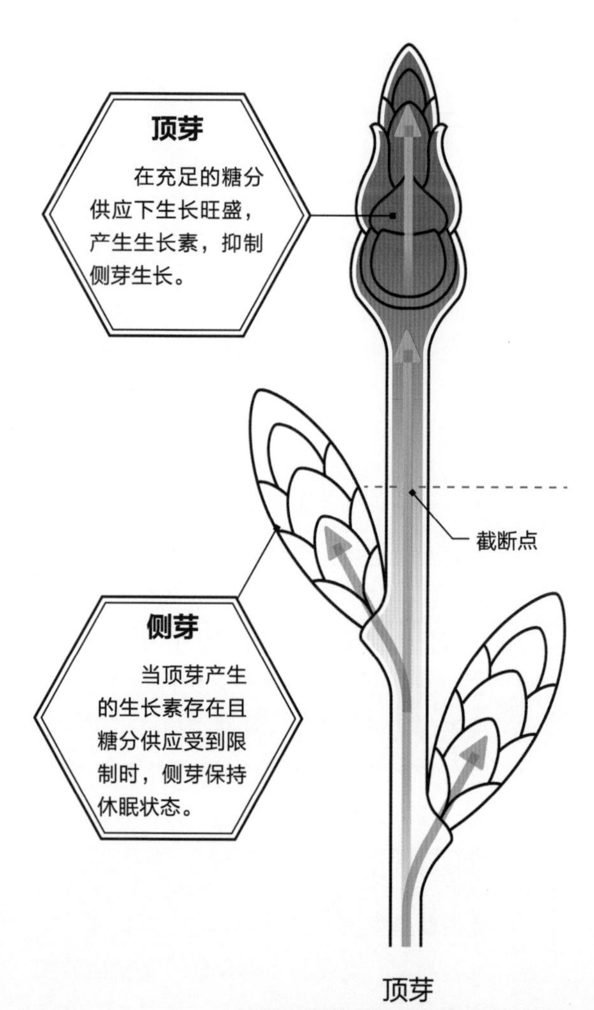

顶端优势强的植物几乎没有分枝。

顶端优势

顶端优势是植物的顶芽生长占优势而抑制侧芽生长的现象。“打顶”（即摘除枝条顶芽）可抑制这种优势。

提供的大量水分和养分茁壮成长。

愈合

和人类做完手术一样，植物经过修剪后也会面临感染风险。植物没有跳动的心脏，因此液汁流失很少会危及生命，但感染是实实在在的危险。人类的免疫细胞随着血液到达伤口处对伤口进行修复和保护，而在植物体内，每个细胞都必须承担保护和击退的任务。

在刀片切断枝条的几分钟内，剪口表面首先会产生化学反应，紧接着形成物理封闭。像木头一样坚韧的木质素会使伤口表面变硬。受损的组织是无法修复的，因此植物会通过内部保护屏障将受损组织与活体组织隔离，这个过程被称为“分区化”。任何位于健康生长的新芽上方的受损组织会被迅速隔离，并随着水分和养分的供应被切断而逐渐枯死。残枝越长，感染真菌或细菌的风险就越大，因此修剪时剪口应尽量靠近健康的芽，残枝越短越好（见第162～163页）。

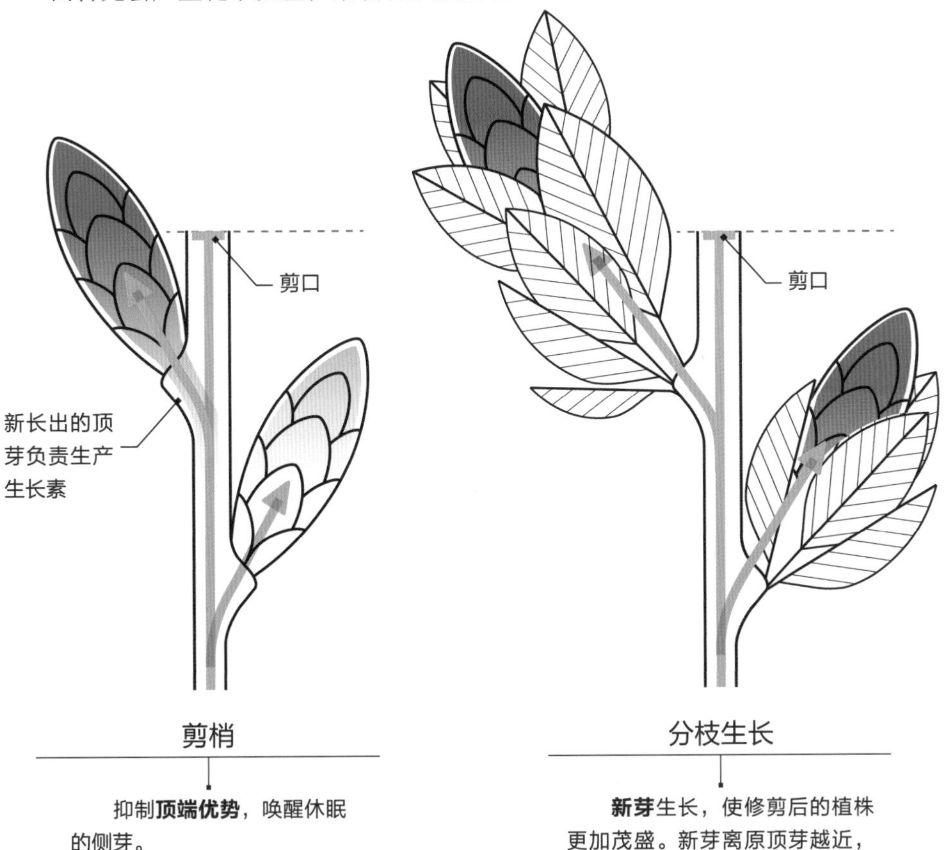

剪梢

抑制**顶端优势**，唤醒休眠的侧芽。

分枝生长

新芽生长，使修剪后的植株更加茂盛。新芽离原顶芽越近，生长得越茂盛。

是否存在最佳修剪时间?

关于不同植物的“正确”修剪时间，园艺爱好者众说纷纭，不过大家一致认为在正确的时间修剪植物对改善开花结果和防止植物遭受冻害至关重要。其实，哪怕不小心在一年中“错误”的时间修剪了植物，大多数植物也具备足够的能力进行自我修复。

修剪植物并不存在所谓的黄金法则。一般来说，只需要记住大多数植物冬季会进入休眠期，在春季和夏季会旺盛生长即可。硬要讨论修剪时间的话，其实每个物种的生长和开花习性是决定修剪时间的关键因素。

休眠时修剪

一般来说，冬季是对落叶乔木和灌木进行大修剪的好时机，因为在这之后植物将有相对长的时间来自我修复和生长。在冬季，这些植物处于休眠状态，除了最基本的生命活动外，其他活动均已暂停，其他季节处于叶中的糖分和养分这时都储存在根系和主干中。在这种无叶、不生长的状态下，枝条的结构清晰可见，这有助于园丁经过深思熟虑后干净利落地修剪枝条。冬季修剪枝条还可以“刺激”植物生长，而夏季去除枝条则会减少植物的能量来源，从而“限制”植物生长。

不过，在休眠期间，植物的愈伤能力会大打折扣，所以最好等到冬季后半段再修剪，这样距离春季这一恢复期比较近。开放性伤口在修剪后的10天内极易受到霜冻的侵袭，因此一旦天气预报说即将有寒流来袭，应暂停修剪工作。冬季，常绿植物的新芽十分娇嫩且极易受损，因此针对常绿植物的修剪工作要推迟至春季，待霜冻风险完全过去后再进行。

落叶植物中也存在例外。例如，结核果的树木（如李属）冬季容易受到细菌性溃疡病和银叶病等特定病害的侵袭，因此，最好在夏季修剪这些植物。而一些木

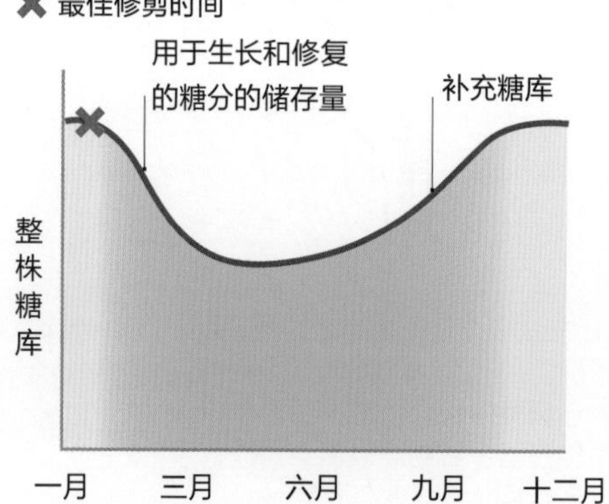

何时修剪 冬季后半段是修剪大多数落叶木本植物的最佳时机，此时它们体内的糖分储备充足，可以为新的生长提供动力，且剪口有比较充足的时间愈合。

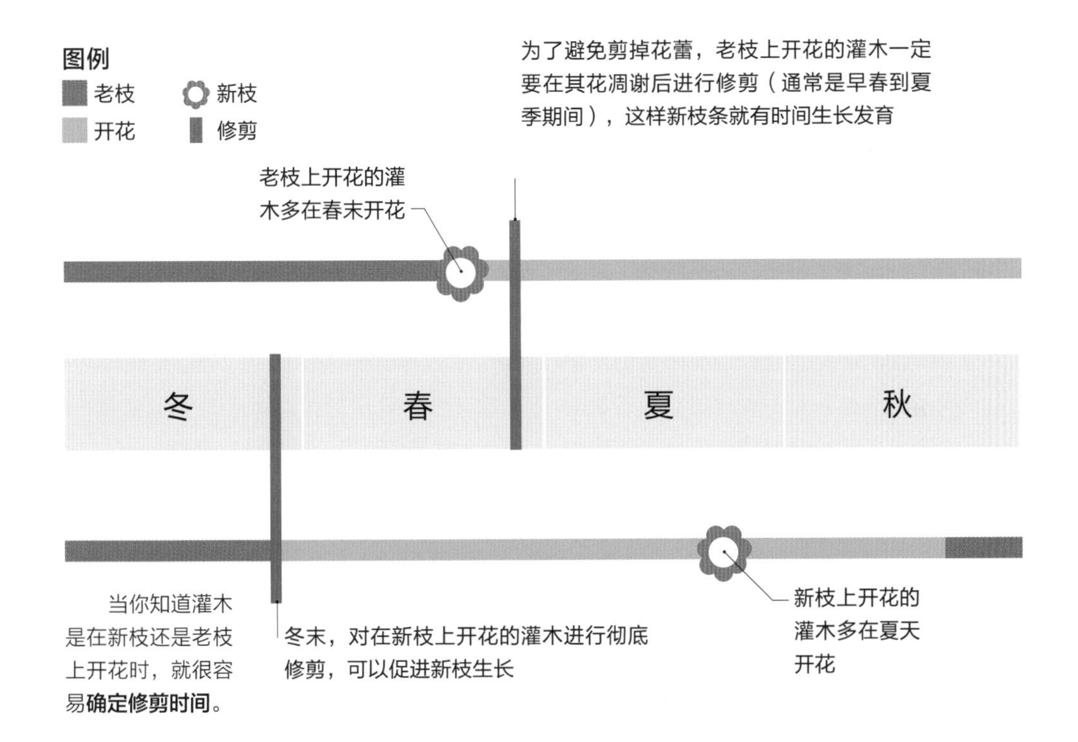

本植物冬季很早就会开始将含糖液汁从根系向上输送，如果修剪得过晚，就容易导致“伤流”。

修剪以促进开花

在修剪观赏性灌木和攀缘植物时，了解每年的花朵是长在新枝还是老枝上是很有帮助的。有些灌木，如大叶醉鱼草（*Buddleja davidii*）、倒挂金钟（*Fuchsia hybrida*）、木槿（*Hibiscus syriacus*）、圆锥绣球（*Hydrangea paniculata*）和粉花绣线菊（*Spiraea japonica*），从仲夏时节开始当年春天长出的新枝上就会开出花朵。因此，这些植物最好在冬末进行彻底修剪，以便新芽有时间生长、成熟和开花。

还有一些灌木（如木瓜、锦带花）只在上一年生长的老枝上开花。这些灌木的花期通常较早，最好在花凋谢后再进行修剪，让新长出的枝条有时间生长，以便来年开花。这样做还能避免修剪掉即将开花的老枝。如果你不确定何时进行修剪，那么最好不要在冬季修剪那些在六月前就已开花的灌木。

修剪的位置重要吗?

就像外科医生一样，园艺爱好者修剪枝条时应该知道在哪里剪以及如何剪。虽然听起来有些复杂，但基本上选择不外乎两种：一是从基部剪断整个枝条，二是沿着枝条，在某一特定点进行修剪，从而去除部分枝条。

开始修剪前，请务必记住植物从修剪中恢复过来需要消耗大量能量。虽然许多木本植物可以承受较大程度的修剪，但谨慎起见，建议经验不足的园丁单次修剪的枝条量不要超过总枝条量的五分之一。开始修剪前，先设定明确的目标，然后在修剪过程中，时不时后退几步，以观察整体修剪进度。刚开始少剪一些比较安全，因为必要时可以随时回来再修剪一些。就像人类皮肤上有伤口时，创面有感染的风险一样，修剪造成的剪口也是植物感染的潜在通道。因此，修剪时要使用干净、锋利的工具剪出平整的剪口，这样剪口才能相对快地愈合。虽然目前尚无研究数据表明植物病害会通过园艺工具传播，但定期清洁和消毒工具也是有必要的。切忌在剪口上涂抹任何处理剂，因为这些物质通常不仅无法预防感染，还会阻碍剪口愈合。

在健康芽上方修剪

通过打顶可抑制顶端优势，调整植株内的养分分配，促进分枝，增加枝叶量。每次修剪必须在健康芽的上方进行，并尽可能贴近芽，因为作为植物对伤害的反应，芽上方的所有组织都会被

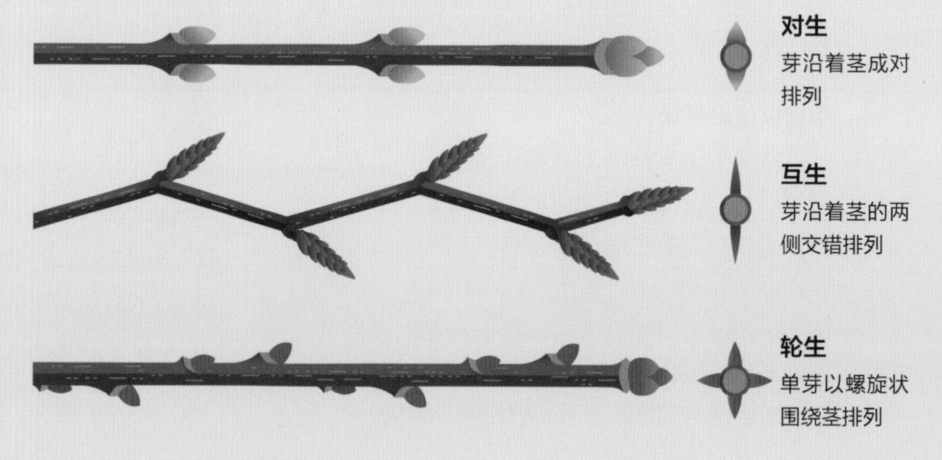

不同木本植物的芽**排列方式**不同。在所需朝向的芽上方进行修剪可引导新枝生长。

分隔开来，慢慢枯萎（见第158～159页）。这些枯枝为感染提供了肥沃的土壤，因此要尽可能地缩短芽上的残余部分。

为引导新枝生长，可在所需朝向的芽上方进行修剪。园艺爱好者通常会避免枝条过于密集和拥挤（见第156～157页）。他们常采用的修剪方法是，让芽沿着茎两侧交错排列。不过，有些植物（如铁线莲）的茎上有一对对相对而生的芽，在这种情况下，可以在这对芽的正上方进行剪切，以产生两个新芽，或者选择斜剪，去掉一个芽，以引导新枝生长。

人们普遍建议，修剪时剪口应与交错排列的芽成大约45°，以便缩短芽上方的残茎，预防真菌感染。但这一观点实际上是错误的，因为45°剪口比与茎垂直的剪口面积更大，植物修复起来更难。研究表明，在芽正上方剪一个干净平整的剪口，剪口会愈合得更快，这也是预防感染的最佳方法。

养护枝领

疏剪是为了减少枝条总数，去除枯枝或受损枝条，缓解拥挤，使空气和阳光能够到达植物的中央（见第156～157页）。此外，这样做还能使树木或灌木的轮廓更加齐整。

由树干的组织和树枝的组织重叠在一起形成的，在主枝基部侧面明显隆起的部分被称为“枝领”。枝领内含大量细胞，可以通过快速分泌抗真菌化学物质来抵抗损伤，并慢慢扩张以包裹和保护修剪后的疤痕。对于有枝领的主枝，从基部斜着锯掉上面的分枝不仅会留下一个大剪口，还会破坏枝领，影响其愈合能力的发挥。应在离枝领有一定距离的地方垂直修剪，如果枝领不明显，修剪时应留下短桩。

修剪时应小心谨慎，因为修剪的位置和角度会影响植物的愈合能力和抗感染能力。

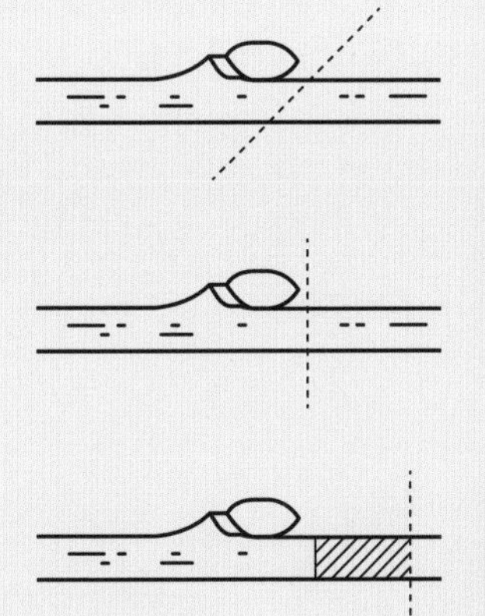

斜剪
常见做法是避开芽，以45°进行修剪，但这样做剪口较大

直剪
垂直于茎，紧贴芽上方修剪，这样剪口小，愈合快

留长茎
在芽上方离芽较远的地方修剪，会留下一段多余的枝条，而这段枝条会枯死

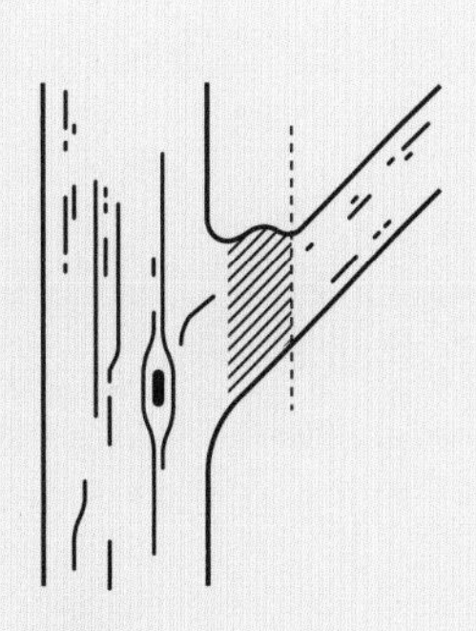

枝领
垂直于枝领修剪，这样剪口较小，愈合起来较快

应该利用墙或篱笆对果树进行整形吗？

大多数园艺爱好者既渴望拥有一棵果树，又担心没有足够的种植空间。可以在靠墙壁、篱笆等的位置对果树进行整形，这样果树既美观，又不会占用多少空间。

在幼树的嫩枝变硬前，可以将其柔软的枝条进行弯曲并固定，来塑造其生长形态，这一过程称为整形。通过整形和修剪来控制树木生长的做法有诸多益处：能使树木占用的空间更小；使果实采摘更容易；保护花朵和果实免受霜冻和鸟类的侵害；使株型更加美观，为花园增添四季皆宜的美景。在朝南、有遮蔽的地方，由于墙壁或篱笆能反射热量，加快果实内部的化学反应，因此果实发育和成熟的速度更快。

为什么经过整形的果树可以结出丰硕的果实？

果树会产生三种类型的芽，分别是叶芽、花芽和混合芽。在向上生长的枝条上，由于受到顶芽释放的生长素的抑制（见第158～159页），下面通常只能长出叶芽，一旦顶芽受损或消失，则会长出花芽和混合芽。侧向生长的枝条上的芽较少或没有受到来自上部的生长素抑制，因此可以长出更多的枝条，这些枝条上能够长出花芽和混合芽。再加上其他诱导开花的物质影响，这些偏离垂直方向的枝条往往会结出更多的果实，因此靠墙或篱笆生长且经过整形的果树通常会开出大量的花并结出丰硕的果实。

整形修剪

很多为了做造型而培育的果树嫁接在了半矮化或矮化砧木（见第82～83页）上，以保持其旺盛的生长并促进结果。一旦树木达到了最终形态（见右图），就需要精心修剪，以控制其生长和开花。靠墙壁和篱笆生长的树木通常最好在夏季修剪，因为此时它们的糖分储备量较低。

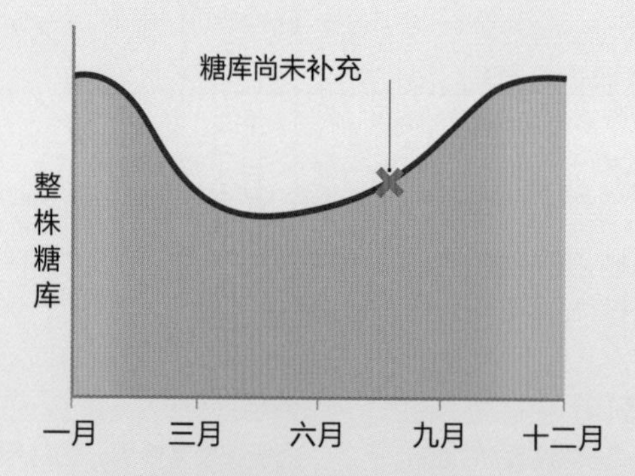

图例

休眠期

生长期

糖库水平

最佳修剪时间

何时修剪以限制生长 夏季修剪可使株型保持紧凑，因为秋季前新枝生长的时间有限，且用于促进生长的糖分储备量较低。

果树整形

请根据花园空间大小和果树的性状来选择给果树整形的方式。与垂直方向成45～60° 的枝条生长均匀，也容易养护。

果树形态

整形可以控制生长素的流动，促进新芽的生长，有助于果树形成更多的花芽并结出更多果实。

垂直形
小空间的理想选择
适合：苹果、梨、李子

扇形
适合任何地点
适合：苹果、梨、无花果、李子、桃、樱桃

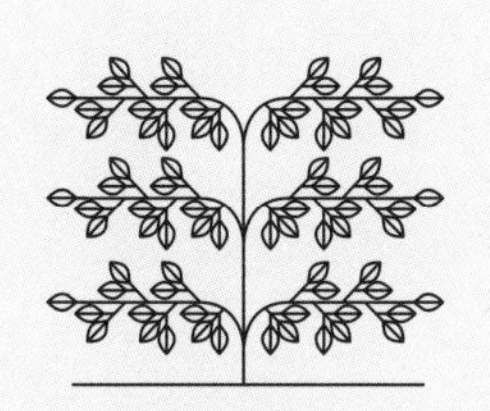

栅栏形
适合高墙或篱笆旁
适合：苹果、梨

顶芽产生的生长素

顶端附近多
树干下部较少

分枝较**均匀**

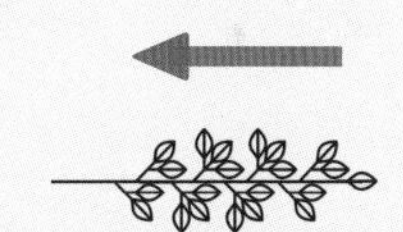

分枝生长素水平整体不高，
生长素在树干下部汇集

对嫩枝生长和花芽形成的影响

顶部侧枝活力 – **低**
下部侧枝活力 – **高**
花芽形成量 – **少**

侧枝活力 – **中等**
花芽形成量 – **中等**

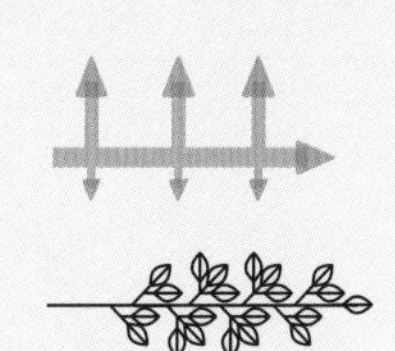

顶部侧枝活力 – **高**
下部侧枝活力 – **低**
花芽形成量 – **多**

有浅色边带的叶片使一种名为“Drummondii”的挪威槭成为引人注目的园林树种。其嫩枝可能长出普通的绿叶。

为什么我的复色植物叶片变绿了?

复色叶片在翠绿的“海洋”中别具一格。有时，这些珍贵的植物会生长出一株奇特的嫩枝，枝条上的绿叶看起来和其他植物的别无二致。这就是所谓的“返祖”现象，也是遗传变异的一种独特案例。

诱人的突变

就植物而言，有复色叶片的植物是有缺陷的，该缺陷是由生长顶端（分生组织）中一个快速分裂的干细胞（见第128～129页）发生部分基因错配导致的。由于这种异常细胞无法产生叶绿素，因此叶片颜色浅。随着植物的生长，该细胞进一步分裂，叶片内会产生一整层具有相同错误的细胞。这些偶然的突变有时是“不稳定”的，这意味着它们可能会在生长过程中得到纠正，从而导致复色植物上意外长出正常的绿叶。这就是所谓的“返祖”现象。由于这些基因优异的绿叶中有充足的叶绿素，因此相比于复色叶片，它们能够制造更多的糖分，生长也更加旺盛，最终它们会占据主导地位，使植物的叶片变回纯绿色的。所以，如果想要保持复色叶片的观赏性，最好及时修剪掉新长出的绿叶。偶尔，特别是在双色冬青上，可能会出现带有纯白色或淡黄色叶片的嫩枝。由于缺乏叶绿素，这些叶片比复色叶片更加脆弱，生命力也不强，因此无须特意剪掉。

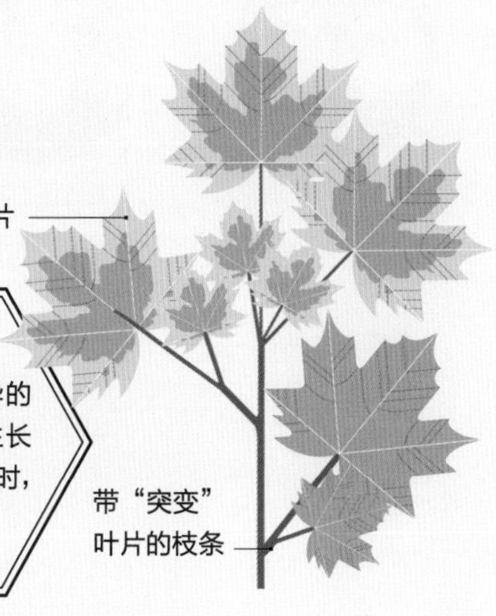

快速生长的砧芽

嫁接植物上也会出现“返祖”嫩枝（见第82～83页）。它们的出现实际上是砧木部分试图重新占据主导地位的表现。它们通常很容易辨认，因为它们的叶片与从嫁接点上方接穗部分长出来的略有不同，有时甚至花朵和果实也不同。与“返祖”现象一样，它们的生长速度更快，如果不加以处理，最终会“接管”植株。因此，任何从嫁接点下方长出的“返祖”枝条都应该通过靠近树干修剪的方式去除。如果是从地面以下长出来的，最好将其拔掉，这样有助于除掉其基部任何可能重新生长的隐芽。如果该部分过于坚韧，则应将其铲除。

复色叶片

带“突变”叶片的枝条

逆变

当导致变异的不稳定突变在生长过程中得到纠正时，变异就会消失。

我可以自己采集种子培育新植物吗？

如果顺其自然，大多数园艺植物都能结出种子。收集这些种子轻而易举，但如果你想用这些种子培育植物，那么长出来的东西可能并不是你心心念念的。

自花授粉的植物（见第80页），如番茄和旱金莲，是容易结出种子的，因为它们只需要一株植物就能繁殖，而许多园艺植物并不具备这种繁殖策略。有些植物利用内置的基因检测来避免自花授粉，即它们只接受来自同一物种的携带不同DNA的花粉。还有一些植物通过调整花朵结构来防止自花授粉，或者使雄蕊和雌蕊在不同时间成熟，这使得它们需要异花授粉。

不值得采集的种子

通常来说，子一代（F_1）的种子不值得采集（见第80～81页），因为由F_1自交或杂交所产生的下一代（即子二代，F_2）群体内会出现性状的分离与重组，使杂交优势显著下降。此外，由于风媒或虫媒（这些都属于天然授粉）完全是随机的，因此多年生植物、乔木和灌木的命名品种（栽培品种）通常是通过扦插或嫁接繁殖出来的（见第82页和第176～177页），以确保它们的基因与原植物的相同。

成功采集种子

尽管如此，靠天然授粉得到的种子也有机会长成优质的园林植物。让植物自然繁殖并收集种子，可以培育出大量植物，同时还有机会发现具有奇特外观或性状的幼苗。通过扦插繁殖，可以培育出新的栽

图例
植物
♀ 雌蕊
♂ 雄蕊

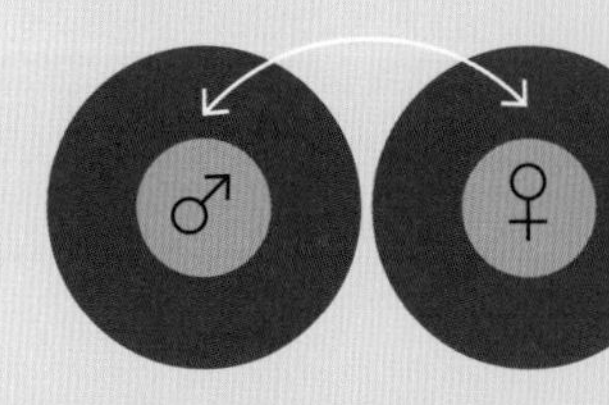

授粉形式

在自然条件下，授粉有自花授粉和异花授粉两种方式。

两性花植物

单株产生种子

植物同一朵花既有雄蕊也有雌蕊，可自花授粉。

小麦
大豆
亚麻

雌雄同株植物

单株产生种子

雄花和雌花着生于同一植株，它们可以互相授粉。

南瓜
玉米

雌雄异株植物

需要多个植株

单株植物只开一种性别的花，因此异花授粉至关重要。只有雌株才能结籽。

欧洲冬青
石刁柏

培品种（见第172～173页）。许多木本植物、一年生和二年生草本植物的种子都值得保存，多年生草本植物的种子也是如此，因为这些植物很难扦插或不易分株（见第174～175页）。也可以保存天然授粉的蔬菜种子。在种植能够异花授粉的蔬菜（如甜菜根或蚕豆）时，应确保它们与其他相关作物保持一定距离，以保留其独特性。

采集方法

一般来说，最好在种子成熟后再采集。蒴果、豆荚等的种子头通常一开始是绿色的，当它们变成褐色时，一般就成熟了。此时，应切下完整的种子头，将其放在纸袋中让其进一步成熟和干燥。如果是蒴果，就将种子从蒴果中分离出来，并存放在阴凉干燥的地方（见第170页）。如果是成熟的果实，就取出种子，洗去上面的果肉，将其晾干后储存。

采集

等到种子头呈褐色时再采集，以确保种子成熟。

罂粟的种子头

每个种子头都能结出数百颗小种子，以供播种。

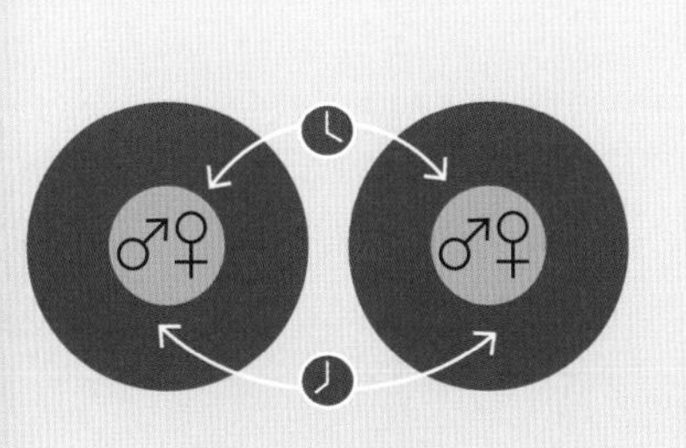

雌雄异熟植物

需要多个植株

一朵花的雄蕊和雌蕊不同时成熟。只能异花授粉。

常春藤
向日葵

储存种子的最佳方法是什么?

种子能够在落入土壤后的数月或数年后萌发。大多数种子易于保存，不过也有一些种子需要特别的呵护。

种子一般包括胚、胚乳和种皮三部分。有的植物成熟时种子只有种皮和胚两部分。成熟胚由胚芽、子叶、胚轴和胚根组成。子叶是在胚或幼苗中最早形成的叶子，具有吸收、储藏或进行光合作用等功能。大多数种子含有足够的养分，可以在2~5年内维持生命力，但必须保持干燥，并处于稳定的低温环境中。干燥有助于防止真菌感染，而低温环境则可减缓养分分解的速度。在贮藏前，将收集的种子放在室内晾干，以确保种子完全干燥。

如何保持种子凉爽干燥

将干净、干燥的种子放入贴有标签的纸质信封中，然后存放在密封的防潮塑料盒或玻璃瓶中。记得加入一包硅胶，因为这种物质可以吸收空气中的水分。在容器中放入两张厨房纸巾，并在纸巾之间撒上2~3汤匙的奶粉或烘干的大米，也能起到除湿的作用。如果打算长期保存这些种子，可将其放在3~5℃的冰箱中。

有些种子不易储存，应在种子从植株上脱落后立即播种。对于一些一旦干燥就不会再发芽的热带植物的种子，可将其存放在装有潮湿沙子的密封聚乙烯袋中，这样种子可以保存3个月左右。

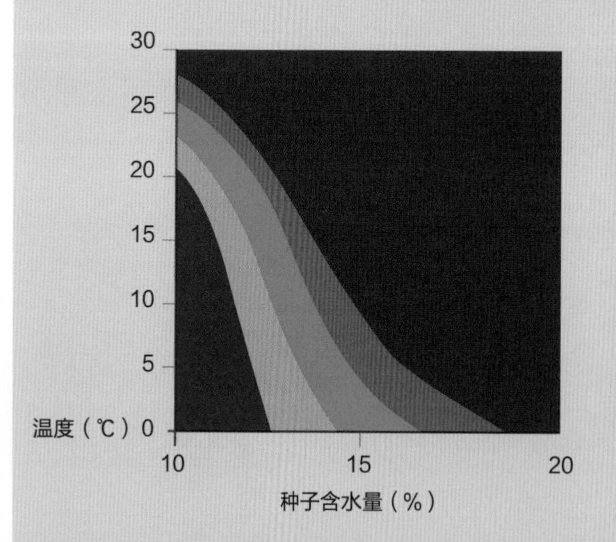

图例

- 长期储存最佳
- 短期储存
- 可能滋生真菌
- 极有可能滋生真菌
- 真菌生长迅速，种子死亡

凉爽干燥的环境最为理想

很多彻底干燥的种子可在21℃的环境中长期储存。对这些种子来说，湿度和温度越高，种子就越难保持健康。

种子能存活多久？

很多种子可以存活数月甚至是数年。能存活多久，取决于植物的种类以及种子的采集和储存方式。

影响种子存活率的因素

种子的生命力取决于植物的遗传特性，种子形成的环境，种子的含水量以及储存温度。高温、高湿环境对于大多数种子而言是致命的，因此，种子通常需要在凉爽、干燥的环境中储存（见左页）。如果贮藏得当，大多数种子能存活2～5年。最耐储存的种子大都有一层坚硬的种皮，种皮中含有强大的防御性化学物质，以及能够有效修复长期积累的DNA损伤的分子机制。

播种前的检测

要想知道一批种子是否存活，不妨选取一小部分作为样本测试一下。取出一些样本，把它们放在聚乙烯袋中的湿纸巾上，然后将袋子放在温暖和有光照的地方，并确保纸巾保持湿润。如果两周内，超过一半的种子成功发芽，那么这些种子大概率值得播种。

种皮 种皮是种子的“铠甲”，具有保护胚与胚乳的功能。

抗氧化剂 类黄酮和维生素E等可防止氧化反应造成的损伤。

DNA修复 当种子吸收水分时，修复蛋白可修复受损的DNA。

自我保护 为了保存能量，休眠种子内各项化学反应减缓甚至停止，但它们仍能防止甚至修复损伤，以确保未来能发芽。

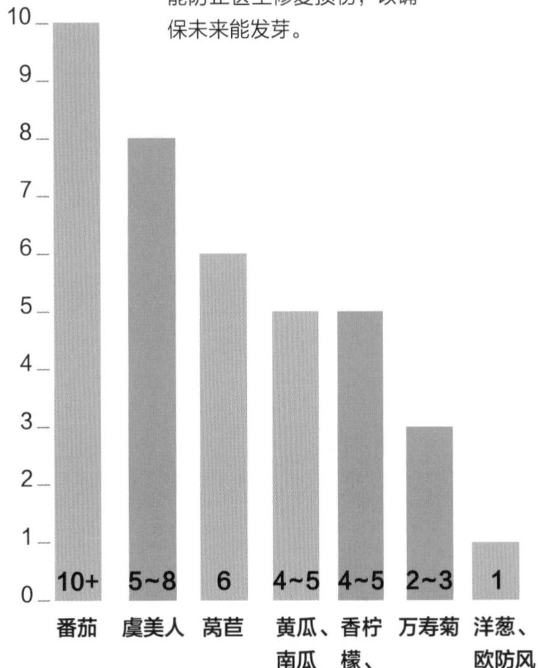

有些种子的存活率下降得比其他种子快得多。不要储存或购买大量不易保存的种子。

图例
- 蔬菜
- 花

我能培育出新的植物品种吗?

植物育种家总能不断推出新的植物品种，这让园艺爱好者惊叹不已。其实，只需掌握一些基础知识，有足够的耐心和敏锐的观察力，园艺爱好者也能培育出属于自己的新品种。

异花授粉是培育新品种的一种重要方法，这种授粉方法使其后代的基因组合具有多样性和独特性。如果这些后代具有突出的特性，比如花色独特、果实更甜或抗病能力更强，它们就有可能成为新品种。当植物育种家发现或培育出具备独特性状的植物时，他们会通过繁殖技术来扩大其产量，并为其起一个独特的名字，使其成为“栽培品种”。

栽培品种是如何产生的

尽管有些栽培品种属于现有植物的特殊“突变”，但大多数是通过异花授粉进行有性杂交育种的结果。植物育种家擅长对植物进行有目的的异花授粉，并利用大型玻璃温室或田地来培育幼苗。

选择方法

让大量植物在花园中自然生长和繁殖，就有机会在幼苗中发现令人惊喜的栽培品种。当园艺爱好者发现了一株与众不同的多年生植物，可以通过分株或扦插来培育出许多基因与之完全相同的植物。为了收集种子并培育栽培品种，园艺爱好者需要标记自己感兴趣的样本，并将其隔离（见右图），以防它与“正常”的植物进行异花授粉。然后，应该将这些花朵进行自花授粉，或者让无法进行自花授粉的植物与非常相似的植物进行异花授粉。通过培育这些幼苗，剔除不具备所需性状的个体，并让具备该性状的幼苗进行异花授粉，就能培育出子代性状永远与亲代性状相同的植物，这种遗传方式称为“纯育”。

人工异花授粉

更精确的方法是有目的地让两株具有你所需特性（如红花和小株）的植物进行异花授粉。要做到这一点，首先要去除一株开红花植物上的带有花粉的雄蕊，然后用一株小型植物上的花粉涂抹其雌性柱头。反之亦然，对同一株植物上的不同花朵进行相反的操作，这样就能从每朵花中采集到种子，得到子一代（见第80页）。子一代性状可能很相似，因为其中一个亲本的性状有时会被另一亲本的性状所抑制，但如果让这些子一代进行异花授粉，被抑制（隐性）基因的性状可能会在子二代中重新出现。

突变

具有不寻常性状（如叶片变色）的嫩芽可能会自发出现。无性繁殖可以培育出更多具有这种诱人新性状的植株。

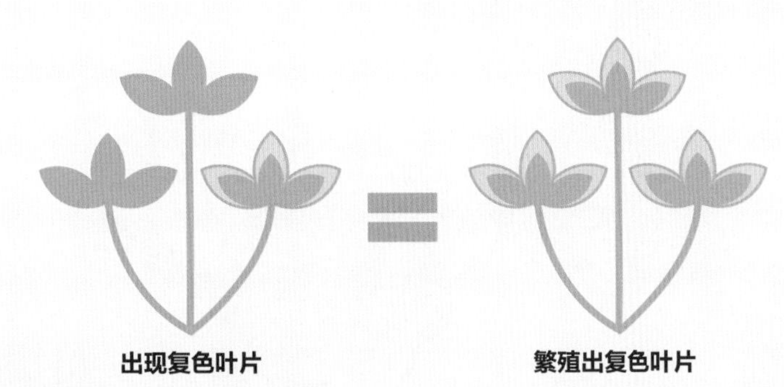

选择

如果你种植了很多植物，它们中可能就会出现一些特别的植物。隔离这类植物，收集其种子，可培育出具有特定性状的幼苗。

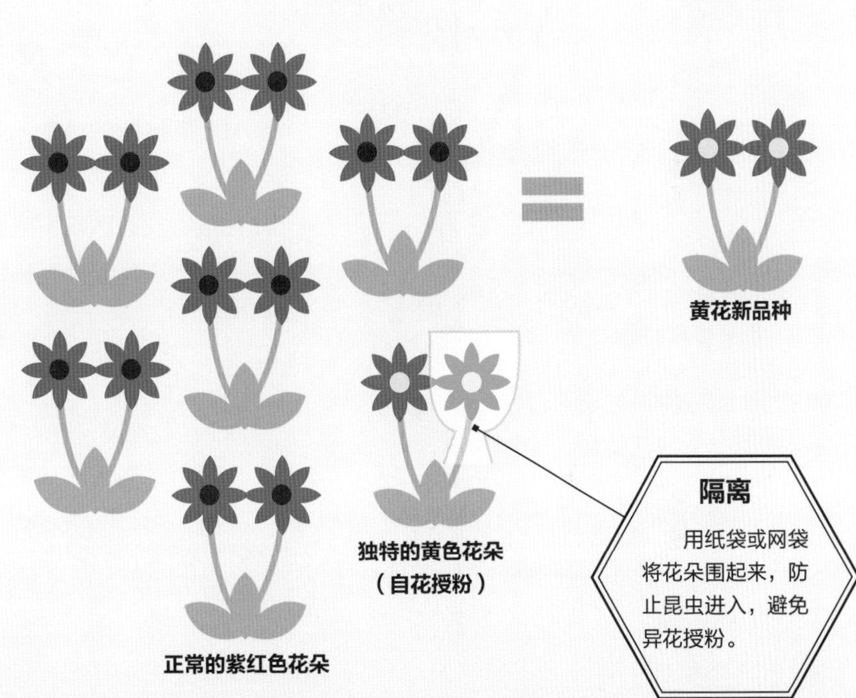

异花授粉

选择两种具有你想要的性状的植物，然后对它们进行异花授粉。不同果实颜色和形状的番茄通过杂交可形成新品种。

可以从矾根已长成的植株上剪下强壮的根茎，从而创造出新的植株。

如果把一株植物分开了，它会死吗？

设想一下这样的场景：你以为自己挖出的是一株顽固的杂草，但事实上，你挖出的是一丛你最喜欢的多年生植物，且它正在长新芽。不要沮丧！你会为植物惊人的再生能力感到惊奇……

对许多植物来说，被从中间切断并不意味着死亡，因为它们具有自我复制能力（见第128～129页）。比如，那些丛生的草本植物可以被挖出并分成几部分，每部分都可继续生长成全新的植物。

由一生多

将植物分开不仅可以让你拥有更多的植株，而且每个植株都会重获新生，因为它们可以享受更多的水分、光照和养分。你也不必担心这会让植物留下伤痕，大多数植物在被切断后会立即发出“受伤信号”，这种信号会在整个植株中传递，引发防御物质的产生，以抵御感染。干净笔直的剪口会加速伤口表面愈伤组织的形成（见第158～159页）。

起挖

从生型多年生植物可以用园艺叉从地上拔起，这样可以减少对土壤的翻动，尽量不损伤植物的根。健康的根会带来健康的分株，尤其是那些微小的根毛（见第97页），它们对植物重新栽种后的存活至关重要。报春花等植物有很多须根，可以用手将其拨开，分成较小的丛生株；如果根部又大又粗，如玉簪，则可以将其切成两块或多块，但需确保每块上至少有一个完整的茎或芽。

植物的分株可以直接栽种到原来的位置，不过可能需要添加堆肥来促进其生长。也可以栽种到新的位置。请确保种植穴足够大、足够深，以便根能够舒展开来。根挤在狭小的种植穴中会消耗植物的能量，因为植物需要长出新的根才能在新家“扎根”。在植物的根周围回填土壤后，轻轻按压土壤，并充分浇水，这样可以促使根毛生长。

较老植株的中心区域可能会枯死。拔除植物时，可将枯死的部分切除，并将它们加入堆肥中以充分利用养分（见第182～183页）。

根

每个分株都必须有一些发达的根，这些根可以为叶片提供养分和水分。

分株次数

为了使植物保持旺盛的生命力，一般建议每隔3～5年对多年生草本植物进行一次起挖和分株。

当多年生草本植物长得过于拥挤，或中间出现裸露区域时，应提前进行分株。分株可以在任何时候进行，但通常最好选在植物的主要生长期外，这样植物的地下部分就能储备足够的能量。

我可以用扦插法种植任何植物吗?

很多植物具有一种非凡的能力，那就是几乎可以利用身体的任何部位生根和再生。这就是扦插的由来。但要注意，并非所有植物都能用这种方法培育。

扦插是指取植物的部分营养器官插入土壤或某种基质（包括水）中，在适宜环境条件下培育成苗的技术。生产上枝条扦插应用最广。剪短枝条后，一种叫作茉莉酸的激素会引发愈伤反应，使被切断的部分为生根做好准备。当强效的生长素从茎尖向下传导到剪口时，剪口处的干细胞（见第128～129页）会增殖形成不定根。只要保持湿润，这些根就会生长并帮助形成新的植株。不过，并非所有植物都可以扦插。蕨类植物、禾本科植物、兰花和其他被归类为“单子叶植物”的植物缺乏生成新根所需的内部脉络结构和周围的干细胞，因此无法用扦插法培育新植株。

扦插方式

柔软嫩茎中的干细胞最容易形成不定根，一些软茎植物（如天竺葵）的插条甚至很容易在水中生根。采用木质化的休眠枝条进行扦插繁殖的技术称为硬枝扦插，采用半木质化的枝条进行扦插的技术称为嫩枝扦插。嫩枝扦插又称绿枝扦插，是以当年新梢为插条，插条通常5～10厘米长，组织以老熟适中为宜。采用嫩枝扦插时必须保留一部分叶片，若全部去掉叶片则难以生根。

在茎尖或芽下方截取

扦插时，要保证插条上有茎尖或芽，因为它们是植物激素生长素的来源，能够刺激根系生长。

图例

生长素流动

生长素累积

芽

扦插有什么诀窍吗?

很多尝试过扦插的人觉得，用扦插来培育植物就是在碰运气。其实，只要精心准备、保持卫生以及使用科学的方法，成功的概率就会大大增加。

首先，插条应来自健康的植株，因此要确保母株营养充足、水分充足且无病虫害。

有一个健康的开始

水分是必不可少的，因为被切断的插条很快便会干枯。因此，要将插条放入聚乙烯袋中，并尽快栽种。不同扦插方法对插条长度的要求不尽相同，插条过长易导致脱水，过短则无法为生根提供足够的营养。为了促进插条生根，常用萘乙酸、吲哚丁酸、2,4–二氯苯氧乙酸、ABT生根粉等处理插条。对于较难生根的插条，使用这些能大大提高扦插成功的概率。

良好的生根环境

硬枝扦插中，一般采用土床、沙床或容器进行扦插。扦插时，将插条插入基质中1/3～2/3，上端的芽露出基质。扦插好后，轻轻按压基质，并浇足水。嫩枝扦插中，插条下端剪成平口或小斜口，最好靠近节，以利生根；上端剪成平口，剪口离芽0.5～1厘米，保留插条上部1～2片叶，剪去嫩梢。扦插后要保持扦插基质透气良好，保持扦插基质和空气的湿度。嫩枝扦插比硬枝扦插的水分管理要求更高。

每个阶段的养护

嫩枝扦插最好在阴天或晴天早晚时段采集枝条，并注意保湿，随采随插。

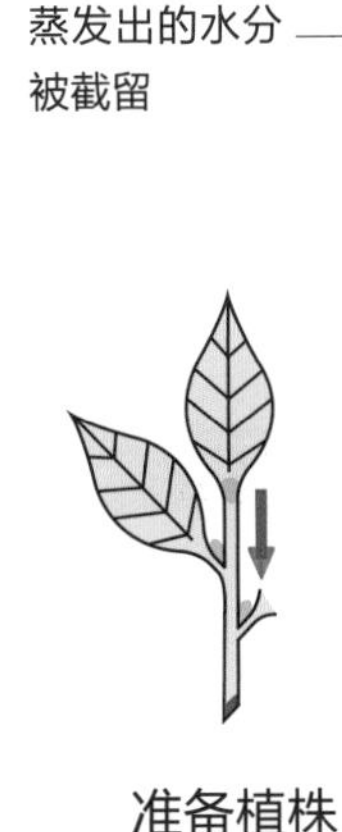

蒸发出的水分被截留

图例

- 生长素流动
- 生长素累积
- 水分
- 芽

剪枝

插条长**10～15**厘米，带**2～4**片叶。

准备植株

保留插条上部**1～2**片叶，剪去嫩梢。

种植

插入栽培基质中，浇足水，并用透明袋子覆盖，以提高湿度，防止插条干枯。

什么是压条？

压条是对植物进行人工营养繁殖的一种方法。利用这种方法，可以形成新的独立植株。

压条是在植株枝条不离开母体的情况下将其埋入土中或其他的湿润基质中，诱导产生不定根后再与母株分离，形成一个新的独立植株进行繁殖的技术措施。压条时间因植物种类而异，一般常绿树种以春季为宜，此时气温合适，雨水充足，有较长的生长期以满足压条伤口愈合、发根和成长的需要；落叶花木压条以冬季休眠期末期至早春刚开始萌动生长时进行为宜，因该时期枝条发育成熟而未发芽，贮存养分较多，易生根。

试试简单的压条

压条可以分为地面压条和空中压条两种。地面压条的过程是：将植物枝条压入潮湿的泥土中，诱导产生不定根，然后将枝条连不定根一起剪离母体，从而成为一个独立的新植株。根据压入土中的方式不同，又可将其分为直立压条和曲枝压条。空中压条通常选择2～3年生的枝条，在拟生根部位环状剥去2～4厘米宽的皮层，然后用塑料薄膜在环剥处包裹，在空隙处填上生根基质，待生根后，将其剪离母树，假植或移入育苗容器内培育一段时间后，再栽入土中。

压条繁殖系数低，对母株有伤害，多用于扦插不易生根或采用其他方法繁殖起来比较困难的植株。

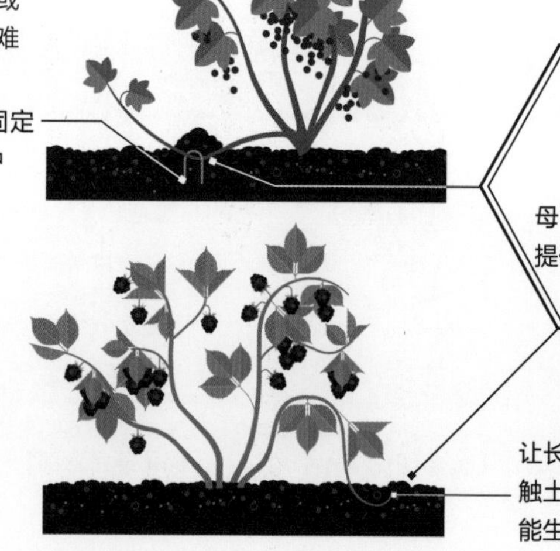

将枝条固定在土壤中

黑茶藨子

生根枝条

压条过程中，母株能为发根部位提供必要的水分。

黑莓

让长藤条的顶端接触土壤，它就有可能生根

如何用鳞茎、球茎、根茎和块茎培育新植物？

虽然大多数植物通过开花或散播种子来繁殖，但也有一些植物会利用鳞茎、球茎、根茎和块茎来“克隆”自己。这为园艺爱好者得到更多植物提供了便利。

鳞茎植物可以通过从腋芽中形成一个或数个新的鳞茎来繁殖，球茎植物则通过从原生球茎上萌生出新球茎（称为侧茎）来长出新的植株。

简单的分株繁殖

通过挖出植物的地下部分（即“起挖”），可以轻松地将小鳞茎从较大的母本鳞茎中分离出来并重新种植。最好在叶片变黄和枯萎时进行，因为此时叶片中的糖分和养分已经进入地下储藏器官，植物已为休眠做好准备（见第144～145页）。大多数鳞茎植物最好每隔3～5年进行一次起挖和分株，即当母本鳞茎的开花能力减弱时分株。像百合等具有松散肉质鳞茎的植物，其鳞茎可以掰下来，放在装有潮湿堆肥的密封袋中，并在20℃左右的温度中保存，直到小鳞茎从基部长出，就可以将其取出种植了。

更复杂的技能

令人惊讶的是，有些储藏器官可以被切成块，作为独立的植物重新生长。根茎和块茎切出至少含有一个芽的块，就可以种植。马铃薯块茎切成小块栽培时，从芽眼（块茎表面藏有芽的凹陷处）可长出苗，再由苗端下部长出不定根。

种植一个蒜瓣，它可能会在一个生长季节（8～9个月）内，繁殖成一个包含8个或更多蒜瓣的完整蒜头。

什么是堆肥？堆肥是如何形成的？

堆肥是由植物残体为主、间或含有动物性有机物和少量矿物质的混合物经堆腐分解制成的物料。它是土壤的神奇“食物”，能够促进植物生长，且易于制作，只需利用花园和厨房的废物即可。

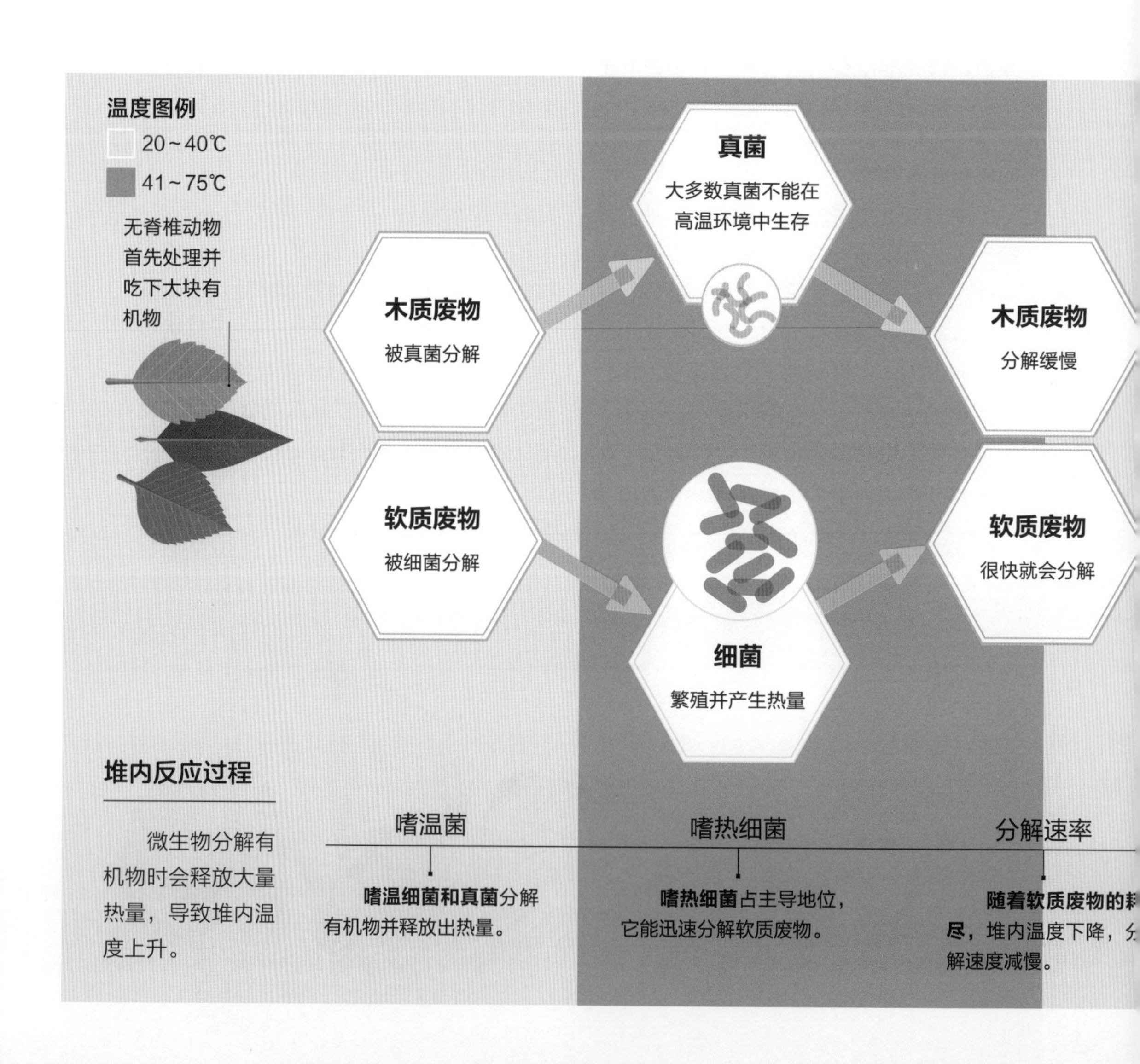

在开始制作堆肥之前，最好先了解真菌和细菌的不同作用。这样，你就可以向堆肥中添加有机物并进行管理，从而尽快制作出松软的堆肥，并准确判断出何时可以将堆肥撒在花园中。

堆肥联盟

昆虫、蠕虫、蛞蝓、蜗牛、甲虫、木虱和其他饥饿的无脊椎动物处理并吃下大块的有机物

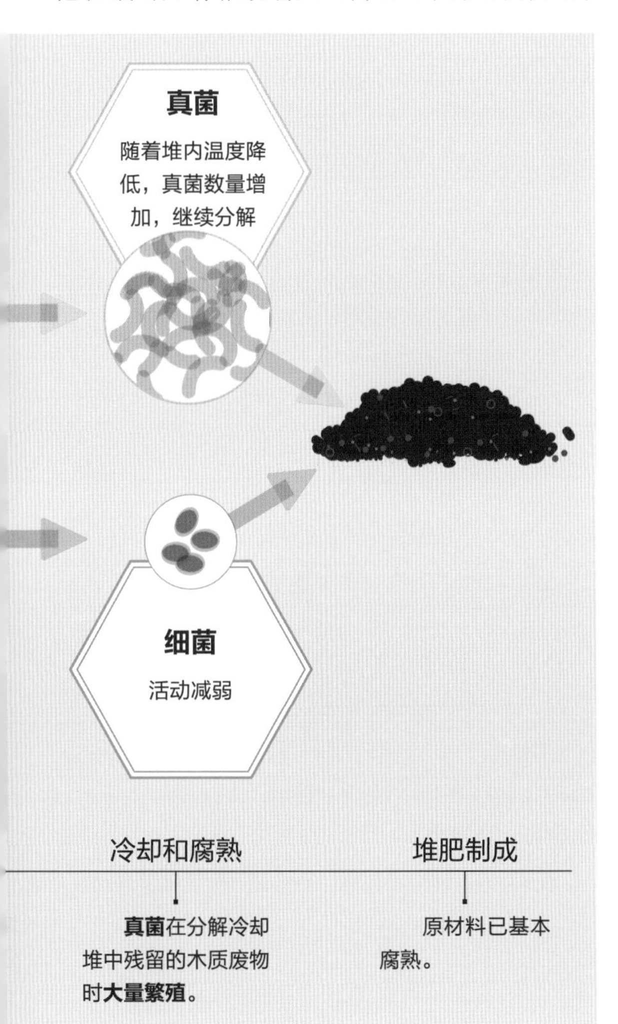

后，细菌和真菌就会开始分解剩下的东西。真菌通常为丝状且以有分枝的体细胞结构或单细胞营养体形式存在，它们释放出强大的化学物质，分解木质废物；细菌是单细胞生物，它们成群结队，通常以软物质为食。这两种生物都以碳水化合物作为能量来源。它们需要氮来合成蛋白质和DNA，从而进行繁殖。

只有真菌才能分解植物花费大量能量构建的坚硬本质骨架。木材和树皮中坚韧的木质素可能需要超过2年的时间才能完全被分解。细菌则以柔软多汁的材料为食，如草屑或食物残渣。它们的繁殖速度惊人，因为它们会消化简单的碳水化合物，摄取糖分，并从蛋白质、叶绿素和其他植物色素中吸收氮。

分解产生热量

一般堆后3～5天，有机物开始被微生物分解释放出热量，堆内温度缓慢上升，7～8天后堆内温度显著上升，可达60～70℃。高温容易造成堆内水分缺乏，使微生物活动减弱，原料分解不完全。所以在堆制期间，要经常检查堆内上、中、下各个部分水分和温度变化的情况。可20～25天内翻堆一次，将外层翻到中间，将中间翻到外层，根据需要加适量粪尿水重新堆积，促进腐熟。重新堆积后，再过20～30天，原材料已近黑、烂、臭的程度，表明已基本腐熟。堆肥所含营养物质比较丰富，且肥效长而稳定，它有利于促进土壤团粒结构的形成，增加土壤保水、保温、透气和保肥的能力。

自制堆肥的最佳配方是什么?

制作堆肥就和煮鸡蛋一样，方法多种多样。不管是用哪种方法，正确掌握“食材”的种类和比例，有利于“烹饪”成功。

一堆简单的花园垃圾最终会被无数生物分解。为了更有效地控制这一过程，可以将花园垃圾中的有机物逐步添加到露天棚架（见右图）或带盖的“垃圾桶”中。你可以根据空间大小和原料的量来自由选择容器。原料多意味着分解过程中产生的热量也多（见第180～181页），原料分解的速度也会更快。加上盖子可以防止多余的水分和害虫进入。“滚筒垃圾桶”可以更方便地翻动原料，以增加空气流通。

微生物的食物

秋天的落叶富含碳，可以滋养真菌，但落叶本身需要两三年的时间才能完全分解成腐叶土。为了加速这一过程，可以向落叶堆中添加一些富含氮的废物，如草屑、新鲜树叶。但要小心，废物堆内氮含量过高会导致细菌过度繁殖，使堆内温度飙升到80℃以上，这会杀死有益微生物，甚至可能引发火灾。因此，保持堆内碳和氮的适当平衡至关重要。一种有效的方法是将富含氮的废物划分为“绿色废物”，富含碳的废物划分为“棕色废物”。理想的碳氮配制比例为（20～30）：1，即碳元素是氮元素的20～30倍。这一比例仅适用于花园废弃物。碎纸和硬纸板属于“棕色废物”。食物残渣、咖啡渣和粪便含氮量较高。各种作物秸秆、杂草、蔬叶等是常见的堆肥原料。

翻动和保湿

将大量干燥的“棕色废物”与紧实、潮湿的“绿色废物”混合在一起，有助于空气流通，为微生物提供呼吸的空间。用叉子或翻堆机搅拌或翻动堆肥，可以为堆肥补充空气，从而加速原料分解。至少要在堆内温度上升后翻堆一次。水分是微生物生存的关键，向废物堆加多少水根据原料干湿而定。缺少空气的潮湿废物堆会成为厌氧细菌的滋生地，它们分解废物的速度慢，还会在分解废物的过程中释放出酸、醇、甲烷和腐臭气体。

质量评价

可根据堆肥颜色气味、秸秆硬度、碳氮比等来鉴别堆肥质量。

两个堆肥箱可容纳大量的花园垃圾，制作堆肥时也更方便。

碳氮比

有机废物含有不同比例的碳和氮。理想的碳氮比例是：

（20~30）：1

碳：氮

碳氮比以25：1最佳

“棕色废物”

含碳量较高

（碳：氮）

枯叶 **60：1**

碎纸 **100：1**

硬纸板 **125：1**

秸秆 **50：1**

碎木头（**80~145**）：**1**

木屑 **150：1**

“绿色废物”

含氮量较高

（氮：碳）

草屑 **15：1**

咖啡渣 **20：1**

菜叶 **17：1**

蔬菜皮 **20：1**

毛发 **10：1**

粪便（**5~25**）：**1**

是否应该避免在堆肥中添加杂草和病叶?

没有人想在用自制堆肥覆盖花园的土壤后，却发现花园中杂草丛生或病虫害肆虐。所以，在堆肥中添加可能带有杂草和病虫害的材料时应该遵循什么样的规则呢?

杂草能迅速从土壤中吸收氮并积累到叶片中，而且通常对野生动物有益。其实，它们也可以成为堆肥材料。不过，要注意的是，杂草是生命力顽强的植物，可能在堆肥中存活下来，一旦条件适宜，便能重新生长。旋花类植物、药用蒲公英和其他许多多年生植物可以从其根碎片中再生，而这些碎片可以在堆肥中存活。因此，在制作堆肥前，最好让这些杂草在阳光下彻底干燥，这样它们就没有复活的希望了。

40℃

杂草种子中的酶开始分解

60～70℃

能够杀死大多数病菌和杂草种子

80℃+

一些致病微生物在卵状孢子的保护下存活下来

高温可减少问题的发生

杂草种子坚硬的种皮上浸渍有微生物抑制剂（抗生素），这有助于它们抵御堆肥中的微生物的分解。为了避免杂草种子混入堆肥，最好在杂草开花和结籽之前将其拔除。不过，这些种子对高温几乎没有抵抗能力，因此，可以利用微生物分解有机物时产生的高温（60～70℃）来杀死原材料中的杂草种子。

尽管许多引起植物病害的真菌、细菌和病毒（见第186～187页）对高温有一定的抵抗能力，但有研究表明，大多数病菌在60℃的温度中就会被消灭。也有些病菌能在80℃以上的温度下存活下来，因为它们会将自己包裹在卵状孢子中，而这种孢子能够耐高温。因此，最好不要将患病害的植物作为堆肥原料。可以用温度计测量堆肥的温度，从而判断杂草种子和病菌存活的可能性。

高温不是万能的

谨慎起见，应避免选择携带病害的材料作为堆肥原料，因为有些病害能够在高温环境中存活下来。

为什么不使用新鲜粪便?

让新鲜粪便自然分解（腐烂）后再使用对植物和人类来说更安全，因为这一过程可降低粪便中有害微生物和化学物质的含量。此外，这一过程还有助于杀死杂草种子，使粪便更易于处理。

食植动物的消化液和肠道能够在数小时内分解植物。由于消化系统无法吸收食物中的所有养分，因此动物粪便含有丰富的氮、磷酸盐和钾，这使动物粪便成为理想的堆肥原料。不过，直接使用新鲜粪便作堆肥可能会带来一些问题。

新鲜粪便的问题

消化酸和酶并不能完全杀死被动物食用的杂草种子，且粪便中可能含有大量有害微生物。新鲜粪便中还含有高浓度的氨和尿素，这些化学物质会“灼伤”植物，使水分从植物根部渗入土壤，导致叶片变黄。此外，粪肥中还可能含有木屑和秸秆，它们被分解时会从土壤中吸收氮。

制成堆肥的好处

只需让新鲜粪便静置几周，很多尿素和氨就会从粪便中蒸发出来，从而使其“灼伤”植物的风险降低。几十天后，粪便就会分解（这得益于微生物的帮助），在这个过程中，杂草种子和很多病菌会被杀死。

有毒物质可能持续存在

谨慎选择粪便来源，因为粪便可能被一种强效除草剂（氯氨吡啶酸）污染。这种除草剂可能被喷洒在用于喂养动物或用作垫料的秸秆或干草生长的田地里。这种除草剂能杀死阔叶植物（而非草类），并导致被其污染的粪肥所覆盖的植物生长受阻、发生畸变。

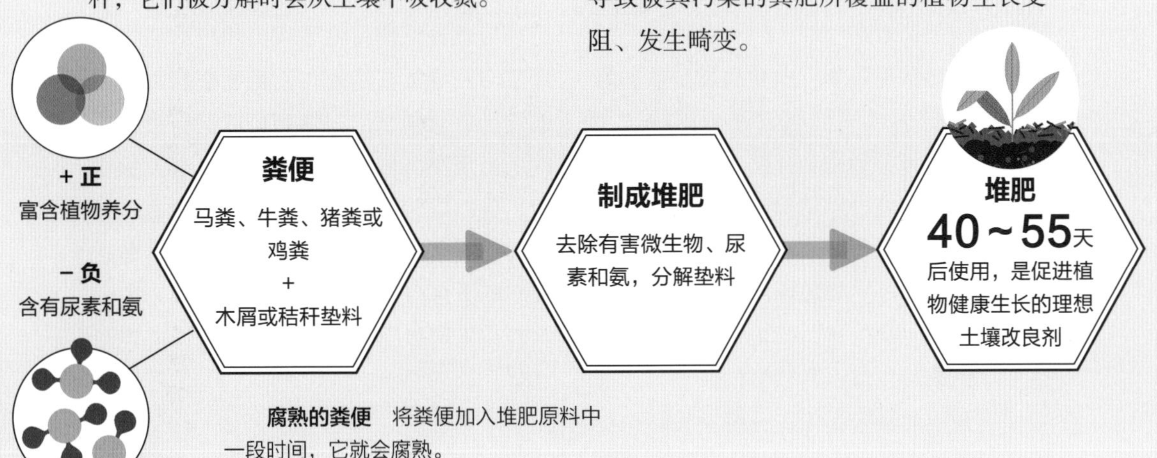

腐熟的粪便　将粪便加入堆肥原料中一段时间，它就会腐熟。

植物会感染哪些病害?

不只是人类会感染可怕的病菌，植物也会。了解植物的病症以及导致这些病症的微小病原体，有助于我们更好地为植物诊病并帮助它们恢复健康。

当我们的病人无法告诉我们自己哪里疼时，诊断病人得了什么病不是一件容易的事。更糟糕的是，常见的植物病害症状往往不只指向一个问题。例如，叶片停止产生叶绿素时会出现黄化现象（即“缺绿症”），而黄化现象发生的原因可能是营养不足、土壤酸碱度不合适、根部受损或感染。叶脉间发黄也指向不同的问题：如果是嫩叶，则表示植物缺铁；如果是老叶，则表示植物缺锰或镁。钾含量低易导致叶片边缘发黄，而氮含量不足则表现为老叶发黄。在排除了这些常见原因后，我们就必须考虑感染的可能性了。

真菌问题

约85%的植物感染是由真菌引起的。白粉病病菌聚集在叶片上时，会形成一层明显的白粉状覆盖物。白粉病发生后，寄主受害部位生长受抑制，逐渐退绿、变黄，出现枯斑至最后全叶枯干，如许多叶片同时受害，也可以使植株早枯。灰霉病等许多真菌会通过剪口、伤口或因为昆虫叮咬进入植物。更具破坏性的真菌会刺破植物坚韧的表皮。叶片和茎部出现的黑色、棕色或黄色斑点是感染的标志，代表在那里繁殖的微生物正在分解并破坏植物组织。

细菌导致的疾病

细菌几乎无处不在，但只有少数细菌会导致植物病害。最常见的是“叶斑病”，即叶片上出现黑点或孔洞，细菌在这些地方繁殖并破坏叶片，在受伤组织的周围环绕着黄色光晕。细菌还能导致溃疡病，主要症状是在茎部皮层中发生具有明显界限的坏死或木质化组织。有些细菌会在潮湿的天气通过叶片的气孔进入植物，不过大多数细菌只能通过开放性伤口或虫害来破坏植物的防御系统。

病毒感染

病毒通过植物的伤口侵入。感染寄主植物后，病毒可在植物体内无限期地存活，破坏植物正常的生理生化程序，在一定环境条件下使植物表现出相应的病症，严重时可导致植物死亡。植物被病毒侵染的常见症状包括出现坏死斑或退绿斑，叶片上出现小区域的深浅绿相间、或黄绿相间、或白绿相间的斑纹等。病毒的命名与其首次被发现感染的植物有关，而不是它们实际上可以感染哪些植物。例如，黄瓜花叶病毒可以感染许多植物，包括菠菜和芹菜。

感染后的症状与感染途径

植物感染的病菌与导致人类生病的病原体不同。就像我们不会感染番茄晚疫病一样，非洲菊也不会感染流感。不过，这些具有破坏性的微小病原体是相似的，都是细菌、真菌和病毒。

细菌

造成腐烂、坏死、萎蔫、畸形、变色等。

真菌

出现霜霉、白粉状覆盖物等。

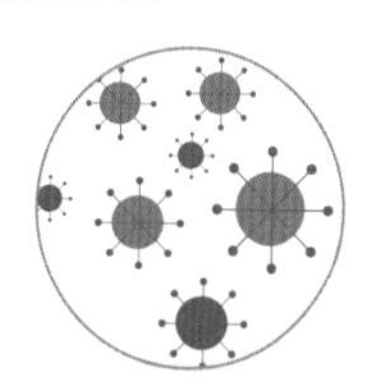

病毒

叶片上有明显的斑纹，器官畸形，株型改变。

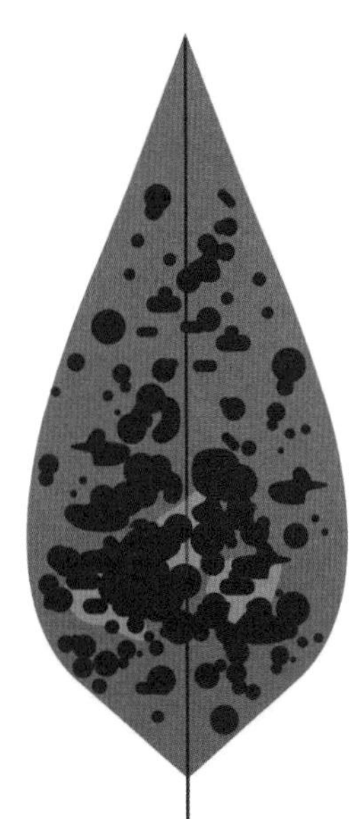

感染途径：

- 开放性伤口或虫害。
- 气孔。

感染途径：

- 剪口、伤口或昆虫叮咬。
- 刺破表皮。

感染途径：

- 伤口。

如何防止植物生病?

要完全避免植物生病几乎是不可能的，但是可以采取几个简单而有效的措施来降低植物生病的可能性：通过提供良好的生长条件来使植物保持健康；避免种植容易感染当地流行的疾病的植物；在条件允许的情况下，种植抗病品种。

种植抗病品种

有些植物天生对疾病具有较强的抵抗力，而通过定向选择或改变某些基因型，可以使植物对某些疾病产生较强抵抗力。在室外种植时，多种番茄会在温暖潮湿的夏季感染晚疫病，但具有抗病基因的栽培品种则能免受其害。具有抗病能力的植物有一系列特质和特殊能力：细胞缺乏病毒赖以生存的分子“靶点”；能够制造出具有杀菌作用的抗生素；等等。

健康的植物能抵抗感染

如果养护得当并种植在合适的位置，植物通常可以自我保护（见第50～51页）。购买健康的植物，比如叶片不枯萎、不发黄、无斑点的植物，可以为植物的生长打

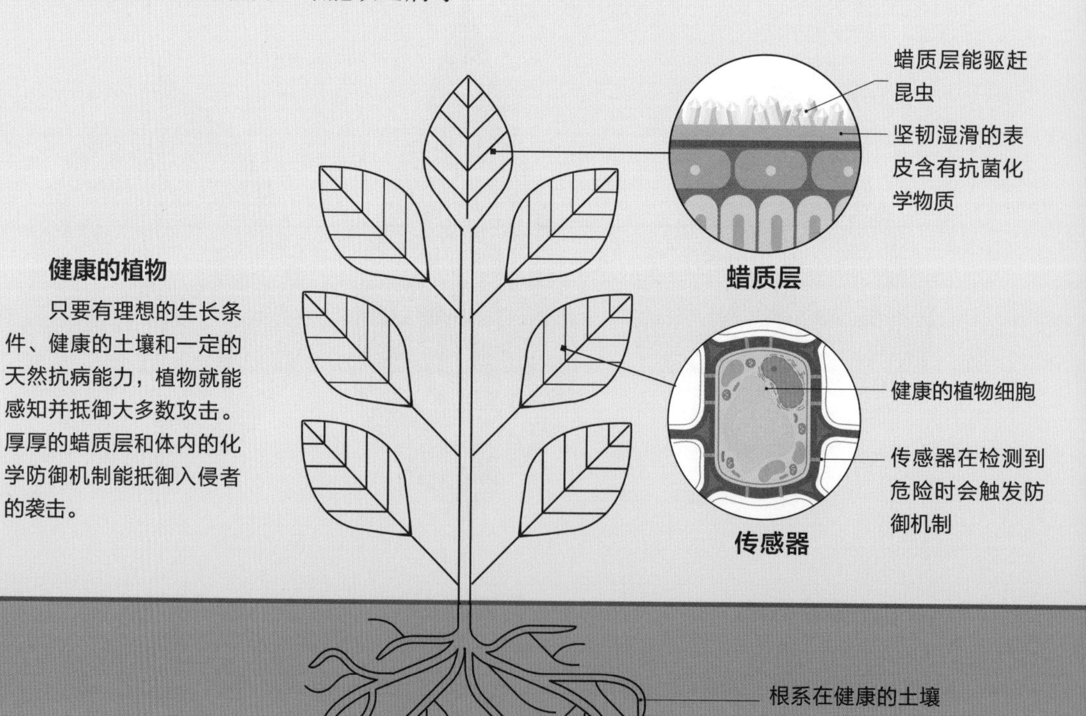

下良好的基础，避免将病原体带入自家花园。平日定期给土壤覆盖有机物，以保持土壤健康，从而为植物提供构建强大免疫系统所需的水分和养分（见第34～35页）。养护得当的植物叶片上通常有一层坚韧的蜡质层，它很光滑，且含有抗菌化学物质。生机勃勃的绿叶还能为植物抵抗入侵者的袭击提供能量。健康植物的细胞传感器能够检测到细菌和真菌携带的特殊分子，并产生针对性毒素来对抗入侵者；气孔会迅速关闭以防止微生物入侵；蜡质层和细胞壁会变厚。

知己知彼

要深入了解各种植物容易患上的病害，并避免种植容易感染所在地流行的病害的植物。例如，许多凤仙花会患霜霉病，蜀葵容易受到锈菌的干扰，而黄杨则会受到黄杨枯萎病的破坏。向所在地园艺师打听他们常见到的植物病害，并学会识别这些病害的症状，这样有助于第一时间发现并清除自家受感染的植株。真菌和细菌在温暖潮湿的环境中繁殖旺盛，因此要避免植物过分密集，避免在雨后修剪植物，因为雨后病菌会迅速传播。蚜虫和其他吸食液汁（见第191页）的昆虫易携带病毒，为此要使用各种屏障将它们与植株隔离开（见第192～193页）。如果出现患病植物，应将其丢弃在指定位置，因为孢子可能会在温度较低的堆肥中存活（见第184页）。

不健康的植物

生长不良的植物防御病菌和感染的能力较弱。伤口和害虫造成的损伤很容易成为病菌的侵入点，蚜虫甚至会直接传播病毒。生活在过分潮湿的土壤中也容易使植物健康受损。

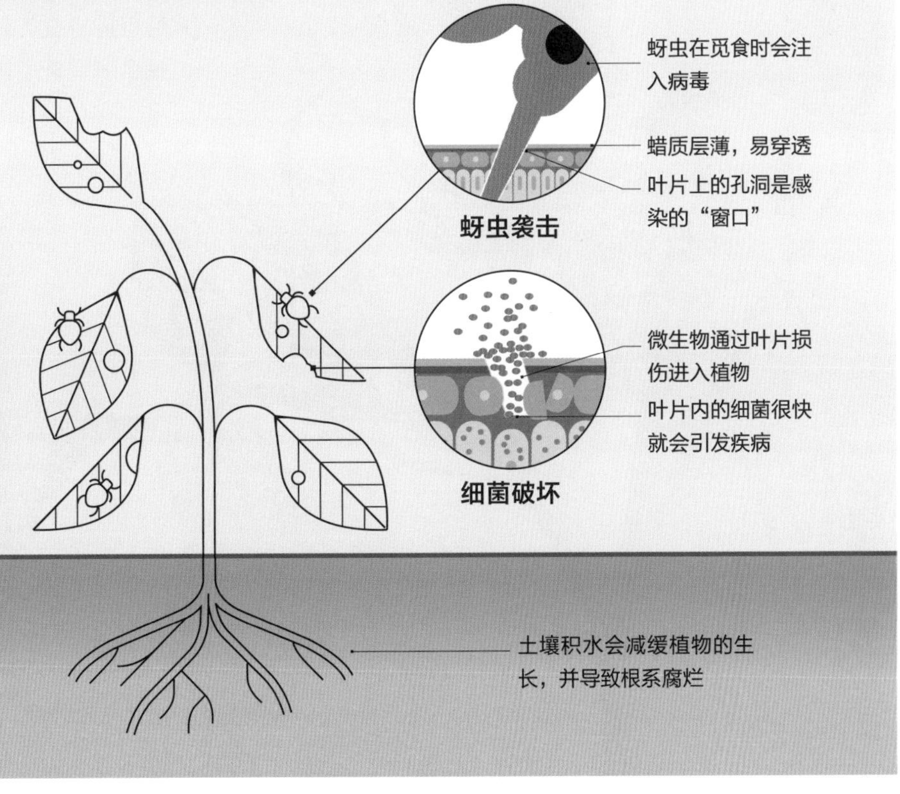

蚜虫袭击

蚜虫在觅食时会注入病毒

蜡质层薄，易穿透

叶片上的孔洞是感染的“窗口”

细菌破坏

微生物通过叶片损伤进入植物

叶片内的细菌很快就会引发疾病

土壤积水会减缓植物的生长，并导致根系腐烂

昆虫攻击植物的方式有哪些？

植物为动物王国的大多数生物提供营养，昆虫和无脊椎动物也不例外。当园艺植物成为动物的“盘中餐”时，事情可能就不那么美妙了。不过，你可以通过一些线索来推断出可能的罪魁祸首。

无须吸食

由于液汁会自己向上流动，因此蚜虫不需要吸食，只需刺穿植物表面即可。

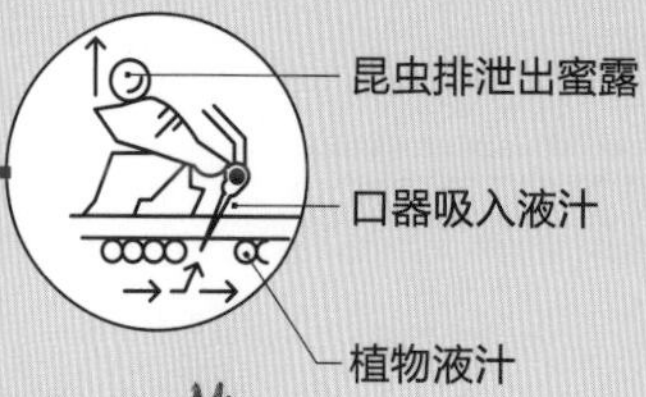

人不吃草，因为人的肠道缺乏分解纤维素的消化酶，而纤维素是植物细胞壁的主要组成成分。不过，纤维素对许多昆虫来说不算什么，因为它们的肠道中含有纤维素消化酶。叶片上的小咬痕和孔洞通常来自叶甲虫、毛虫等。随着毛虫长大，它们的胃口也越来越大，其钳形的下颚会撕下更大的叶片，在叶片边缘留下不规则的缺口，甚至使叶片只剩下叶脉。象鼻虫和蚱蜢也能造成类似的破坏。木质茎给潜在的捕食者带来了挑战。它们多汁的髓部被一层坚韧的表皮保护着，只有肌肉发达、下颚有力的专业“蛀虫”才能穿透这层表皮。

蚜虫在玫瑰花蕾上聚集 吸食液汁的昆虫通常会在新芽的顶端出现，因为那里柔软且液汁充足。

汲取植物的液汁

那些内脏构造简单的昆虫无法处理固体食物，只能依靠吸取植物富含养分的液汁为生。这些昆虫被称为“吸液汁类”昆虫，也称“刺吸式”害虫，它们以特化的针状口器刺入植物组织、吸食其液汁。吸液汁类昆虫包括蚜虫、蚧壳虫、粉虱等，它们聚集在植物的茎上、叶片和花瓣下。它们的攻击会导致新长出的植物褪色或畸形，影响被害植物的生长，还可能使植物感染病毒（见第186页）。蚜虫、蚧壳虫分泌的黏稠蜜露还会覆盖叶片。蓟马更小，较粗大的上颚口针是它们主要的穿刺工具。取食时，先以上颚口针锉破寄主表皮，然后以喙端密接伤口，靠唧筒的抽吸作用吸取植物的液汁。

根和果实

许多昆虫会把卵产在植物附近的土壤中，这样当它们的幼虫孵化时，富含能量的根、根茎、块茎和鳞茎就能为它们提供养料。白菜根蛆、金龟子幼虫（蛴螬）等都以这种方式危害植物。园艺爱好者通常只有在植物的根等部分受到严重破坏，导致植物生长缓慢或枯萎时，才会意识到这些昆虫的存在。成熟的浆果和水果很容易成为昆虫的目标，尤其是在果皮松软或受损的情况下，大大小小的昆虫很容易将其吃掉。正在发育的果实也可能成为苹果叶蜂和苹果蠹蛾等有着钻蛀习性的昆虫幼虫的猎物。

葡萄象鼻虫的生命周期

和许多昆虫一样，葡萄象鼻虫在其幼虫和成虫阶段会取食植物的不同部位。

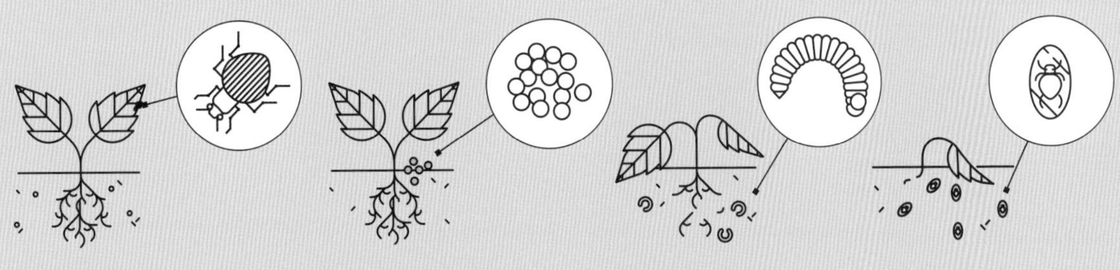

成虫吃叶子

4月到10月，成虫会在叶片边缘划出缺口，这通常对植物的生长影响不大。

产卵于土壤中

春季和夏季，成虫在植物周围的土壤中产卵。一只葡萄象鼻虫可产卵数百枚。

幼虫以根为食

大约2周后，幼虫孵化成奶油色的“C”形幼虫，它们会啃食植物的根。

蛹的形态

完全长大的幼虫在土壤中化蛹，大约10天后成为成虫。

预防虫害的最佳方法是什么？

看到大丽花和卷心菜被害虫咬得千疮百孔，感到沮丧是难免的事，但要克制住拿起杀虫剂的冲动。如果仅仅专注于消灭害虫会顾此失彼，因为这样做不仅会伤害植物，还会对环境造成破坏。

与其寻找灵丹妙药，不如根据植物种类、可能发生的虫害以及花园的条件，综合运用多种策略来帮助植物自救，这就是所谓的“有害生物综合管理”（见第44～45页），该策略包括从农业生态系统总体出发，根据有害生物和环境之间的相互关系，充分发挥自然控制因素的作用，因地制宜，协调应用的必要措施，将有害生物控制在经济受害允许水平之下，以获得最佳的经济、生态、社会效益。

脆弱的植物容易生病

生活在健康土壤中的被悉心照料的植物比较不容易生病（见第34～35页）。丰富的糖分和养分为植物的免疫系统发挥作用提供了动力，使植物能够迅速检测和应对虫害的破坏。植物细胞内有一种分子机制，这种机制可以检测到捕食者的唾液，并迅速引发连锁反应，最终在被咬部位周围积聚起驱虫物质。幼苗极易受到虫害的侵袭，因此最好种植在有遮盖的环境中（见第74～75页），待它们长出真叶并茁壮生长时再移植。

谨慎选择植物

确保在合适的地方种植合适的植物（见第50～51页），这样可以为植物提供一个好的开始，使其可以更好地发挥自我保护能力。选择不会被当地流行的虫害侵扰的植物。研究表明，比起种植单一植物的花园，种植多种植物（混栽）的花园虫害更少，这是因为种类多意味着能为更多种昆虫提供食物来源，而许多昆虫是益虫，能捕食害虫。此外，每年在花园中种

屏障和诱捕器的类型

园艺爱好者可以使用屏障来使害虫远离植物。利用装有信息素的诱捕器可以扰乱害虫的繁殖周期，从而控制害虫的数量。

信息素诱捕

检测：
苹果蠹蛾 – 苹果

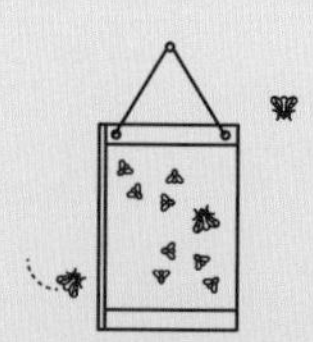

黄色胶带

检测：
粉虱 – 温室
蚜虫 – 温室
蓟马 – 温室

防虫网

控制：
蝴蝶 – 油菜
胡萝卜茎蝇 – 胡萝卜
跳甲 – 油菜

纵观全局

与其针对害虫，不如尝试将花园视为一个生态系统。在这个生态系统中，植物和害虫相互关联，生长条件也相互影响。一个运作良好的花园更具可持续性，在其中生长的植物也更健康。

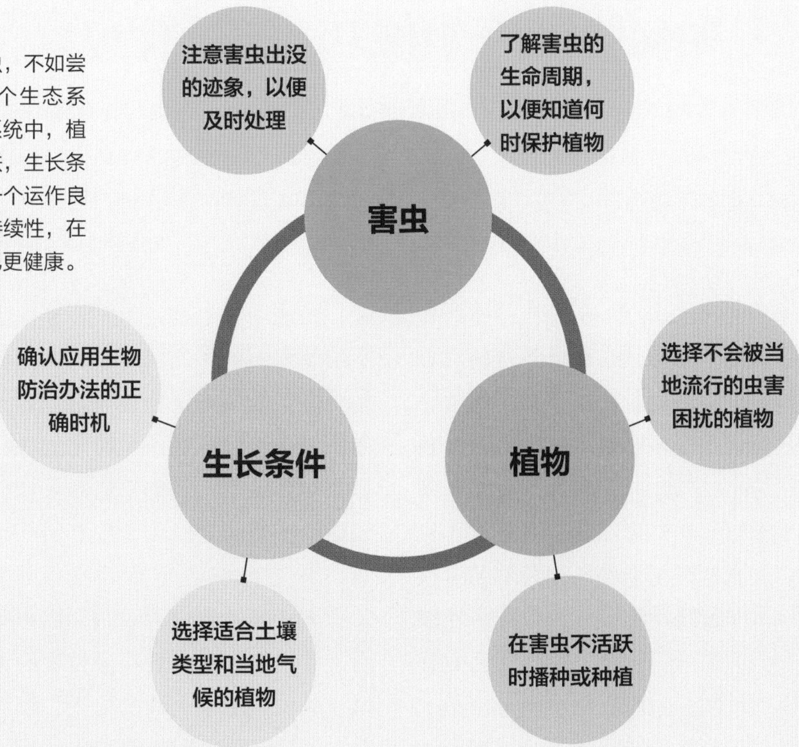

植不同的作物也有助于预防少数害虫在土壤中越冬并在春季再次出现，但要在空间有限的花园中采用这种方法可能有些困难。

诱捕器、阻碍素和障碍物

诱捕器是用来引诱和捕获昆虫的器具，但它很难彻底消灭害虫。一部分害虫会被诱捕器捕获，而以植物气味或信息素为诱饵的诱捕器实际上可能会把更多的攻击者吸引到花园里来。细密的防虫网等物理屏障对隔离飞虫非常有用。喷洒能够抑制昆虫取食、交配或产卵的化学物质（即阻碍素）也可起到保护植物的作用。

生物防治

利用一种生物对付另外一种生物（即“生物防治”）可以给害虫致命一击，这种方法通常更适合在温室这样的封闭环境中使用。

如果其他办法都不奏效，可以考虑使用杀虫剂，但喷洒杀虫剂很可能会杀死许多有益的昆虫。如果一定要选择杀虫剂，应选择毒性小、降解快的产品，以最大限度地减少它们对有益的野生动物的伤害（见第44～45页）。

如何防止蛞蝓和蜗牛破坏植物？

蛞蝓和蜗牛被误解了：虽然它们可以摧毁珍贵的植物，但大多数蛞蝓和蜗牛更喜欢吃死亡的有机物，并且它们是土壤食物网中不可或缺的一环（见第36～37页）。园艺爱好者面临的挑战在于如何在保证植物安全的同时不伤害野生动物。

鉴于蛞蝓和蜗牛在花园中发挥的作用，如今英国皇家园艺学会已不再将它们列为害虫。除了帮助分解枯死的植物外，它们还是花园中很多野生动物的猎物，包括甲虫、鸟类、蟾蜍、青蛙、蛇和刺猬等。由于蛞蝓和蜗牛可以在一夜之间（也就是它们觅食的时候）将一小片幼苗“夷为平地”，因此鼓励它们的天敌进入花园以控制它们的数量是明智之举。园艺爱好者还可以通过减少阴暗、潮湿或杂草丛生的环境来保护植物，并在遮盖物下培育幼苗（见第74～75页），待其长到足以承受一定的伤害时再将其移出。

人工控制和屏障

在潮湿的傍晚用手电筒定期捕捉蛞蝓和蜗牛有助于控制其数量并保护植物。白天，蛞蝓和蜗牛常常躲藏在花盆下、石头下或茂密植被中的阴暗处，因此要避免让易受伤害的植物周围出现这样的地方，并在白天对它们可能的藏身之处进行检查。那么问题来了，找到它们后要如何处理它们呢？有些园丁倾向于放它们一条生路，但如果选择放过它们，那么最好把它们放到远离花园的地方，以防它们再次入侵。园丁常用的阻碍它们接近植物的方法是在植物周围的土壤上铺设蛋壳、咖啡渣、砂砾、松针或羊毛颗粒等物，然后祈祷蛞蝓和蜗牛不会越过这些障碍物。然而，科学测试发现，这些障碍物基本不奏效，因为这些软体动物可以轻松从这些东西上“滑”过去。铜制障碍物也不像传闻中的那样会给蛞蝓和蜗牛施加电击，但如果足够宽的

诱捕器和障碍物

园丁们经常使用诱捕器和障碍物来阻止蛞蝓和蜗牛，但诱捕器只能捕捉一小部分蛞蝓和蜗牛，如果放置在植物附近，反而可能引来更多。障碍物对这些软体动物基本无效。

蛋壳障碍物

无效

压碎的蛋壳和其他锋利的障碍物无法阻挡这些软体动物

葡萄柚皮

有限的保护

有助于减少蛞蝓和蜗牛数量

铜质障碍物

基本无效

研究发现，这些障碍物只有在宽度超过4厘米时才会起作用

啤酒陷阱

有限的保护

能吸引和杀死软体动物，但不能捕获全部

蜗牛以植物性食物为主，尤其喜食蔬菜、果树的芽和作物的根叶。

话，或许能起到阻碍作用。铺设一层厚厚的硅藻土确实有效，但如果硅藻土湿了，其阻碍效果就会大打折扣。

设置陷阱

“啤酒陷阱”指将一个装满啤酒的小容器埋在地下，容器的边缘要高出土壤，以防其他爬行动物掉进去。蛞蝓的视力很差，嗅觉却非常灵敏，且对啤酒的香气情有独钟。不过，虽然在酒的诱惑下，少数蛞蝓会失足滑入酒中淹死，但大多数蛞蝓都会溜走，这意味着“啤酒陷阱”无法为植物提供全面的保护。还可以将半个橙子或柚子的皮放在土壤上作为“陷阱”，用它们的香气吸引蛞蝓和蜗牛。这有助于控制蛞蝓和蜗牛的数量，但效果也是有限的。

行之有效的控制方法

在保护植物免受蛞蝓伤害方面，一种更为有效的生物防治方法是将含有微型蠕虫（又称为线虫）的物质施用在土壤中，它们会感染并杀死蛞蝓，且不会对其他野生动物（包括蜗牛）造成伤害。掺有软体动物杀虫剂的药丸虽然能够彻底根除它们，但传统的药丸含有聚乙醛，这种物质对宠物、儿童和野生动物有害。2022年，英国成为首个禁止销售和使用含有聚乙醛的产品的国家。含有磷酸铁的替代性杀虫剂对环境的危害较小。研究表明，该替代产品是有效的，不过效果有限，因为蛞蝓和蜗牛不会立即被杀死。

专业术语表

园艺工作虽然简单，但经验丰富的园丁经常会使用许多千奇百怪的术语和饶有趣味的词汇，这容易让新手无所适从、不知所措。弄清这些术语和词汇有助于提升理解力和园艺技能。

一年生植物

生活周期为一年或更短的植物。大多数是草本植物，如水稻、玉米、棉花等。

二年生植物

生活周期为两年，第一年营养生长，第二年开花结果后枯死的植物，如冬小麦、萝卜、白菜等。

多年生植物

能连续生存三年以上的植物。其地下部分生活多年，每年继续发芽生长，而地上部分每年枯死，如芍药、白头翁、萱草等。

灌木

主干不明显、高不到五米、分枝靠近地面的木本植物，如月季、荆条等。

乔木

具有直立主干、树冠广阔、成熟植株在三米以上的多年生木本植物。树干高大，主干与分枝区别明显。

木本植物

茎木质部发达，一般比较坚硬，寿命较长，均为多年生的植物。依形态不同，分为乔木、灌木和半灌木三类。

落叶植物

每年有一段时间（如秋冬季）叶片全部脱落的多年生木本植物。

常绿植物

无明显落叶期和休眠期，叶片寿命长，终年保持常绿的植物。

草本植物

茎中含木质成分较少，柔软、易折断，地面上不具宿存茎的植物。种子植物中为一、二年生草本植物，也有多年生草本植物，开花结实后地上部分一般枯死，地下部分仍存活。

植物生命周期　植物形态　植物养护
植物结构　叶片生长周期　植物整塑

换盆

把盆栽植物从一个盆换到另一个更大的盆里的做法称为换盆。

上盆

把幼苗从原来生长的地方移植到花盆中的做法称为上盆。常见的原生长地有育苗箱、育苗盘等。

整形

在植物幼茎弯曲时将其固定，迫使其按特定方向或形状生长，通常是将茎绑在水平的铁丝、棚架或其他支撑物上。

炼苗

逐渐延长室内栽培植物在室外放置的时间，使其适应环境，提升其对风、日晒和寒冷的生物防御能力。

修剪

剪去植物的某些部分，以改变植物的生长方向、形态，或是提升开花或结果的效果。

摘花头

在种子形成之前摘除枯萎的花朵，以便植物的能量转向生产更多的花朵。

移栽

把播种在苗床或秧田里的幼苗拔起或连土掘起种在田地里。

疏苗

为保证幼苗有足够的生长空间和营养面积，及时拔除一部分幼苗，选留壮苗，使苗间空气流通、日照充足。

摘除枝条顶芽

亦称“打顶”，摘除植株枝条顶梢或顶芽，可抑制顶端生长优势，调整植株体内养分分配。

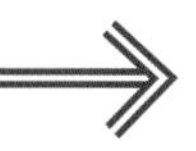

抽薹

（1）某些莲座植物在受温度和日照长度等环境变化刺激后，其茎节间迅速伸长，植株增高的现象。（2）十字花科植物现蕾以后，花茎从心叶中间抽出伸长的现象。

花蜜

蜜腺分泌的含糖和氨基酸等物质。为被子植物花传粉者（如昆虫和鸟）的引诱物。

细胞

生命活动的基本结构与功能单位。植物细胞由细胞壁和原生质体两部分组成。

传粉

花粉从雄蕊转移到雌性靶器官（被子植物雌蕊的柱头或裸子植物胚珠的传粉滴）上去的过程。

花粉

种子植物的小孢子囊发育成熟后开裂时释放出来的含几个细胞的雄配子体的统称。

传粉者

传粉的媒介。

土壤有机质

指土壤中所有含碳的有机物质，包括各种动植物残体，微生物体及其分解和合成的各种有机物质以及人为添加的各种有机物料。

堆肥

由植物残体为主、间或含有动物性有机物和少量矿物质的混合物经堆腐分解制成的物料，可用作土壤调理剂。

地表覆盖物

铺设在土壤表面的物质。包括无机覆盖物（如塑料片、碎石、鹅卵石等）和有机覆盖物（树皮、树枝、碎木、松针等）。

生长与繁殖　细胞　有机园艺
土壤健康与改良　生长初期　温度灵敏度

萌发

在适宜的环境条件下，种子内的胚胎开始生长，并形成植物幼苗的过程。严格而言，种子萌发是指种子从吸水开始到胚根突破种皮的一系列生理生化变化过程。

子叶

在胚或幼苗中最早形成的叶子。具吸收、贮藏或进行光合作用等功能。

真叶

真叶是植物真正意义上的叶子，一般由托叶、叶柄、叶片构成。在幼苗生长过程中，真叶会在子叶之后出现。

有机园艺

一种园艺理念，强调通过改善土壤健康和避免使用合成肥料、杀虫剂来实现“与自然共生”。

不耐寒植物

指在霜冻或冬季低温条件下会死亡的植物，这些植物在寒冷的气候条件下需要受到保护或被移至覆盖物下才能过冬。

耐寒植物

分布于年平均温度低于0℃、最暖月平均气温低于10℃的极地区域的植物。

基肥

作物播种或移栽前施用的肥料。

绿肥

直接施入土壤、池塘中或经堆沤作肥料用的绿色植物。

土壤食物网

部分生命周期或整个生命周期均生活在土壤中的生物体群落。是土壤中的复杂生物系统，以及其中的植物、动物和生存环境的相互作用。

常见误区

在园艺界，有许多传统的做法和认知广为流传。然而，经过深入研究，人们慢慢地发现很多做法和认知并不科学。一些费时费力的方法不仅没有效果，而且可能对植物产生负面影响。

蛋壳和“啤酒陷阱”能阻止蛞蝓和蜗牛的破坏

蛋壳的锋利边缘并不能阻挡这些生物。它们的底部会分泌黏液，方便足部利用肌肉收缩，在不同表面上滑行。

“啤酒陷阱”只能捕捉到少数不幸滑入其中的蛞蝓，无法完全阻止它们伤害植物。

见第194～195页

向室内植物喷水有助于提高室内的空气湿度

人们经常向室内植物喷洒细小的水雾。

但这只能短暂地增加叶片周围的湿度，对缓解室内的干燥没有太大帮助。

见第112～113页

室内植物需要在特定的时间浇水

浇水过多是导致室内植物死亡的常见原因之一。

不要依赖浇水提醒应用程序，应当根据植物在不同季节、不同环境的需水量来浇水。

见第102～105页，第155页

在烈日下浇水会“灼伤”叶片

常有园丁建议要避免在夏季阳光直射的时候给植物浇水。

他们认为，水滴会将太阳光聚焦到叶片上，导致叶片“灼伤”。但这种“透镜效应”实际上并不会发生，因为水滴蒸发的速度很快。因此，如果植物缺水了，就给它们浇水吧。

见第106～107页

植物可以净化空气，解决室内污染问题

植物进行光合作用时确实会释放氧气。

但如果你计算一下，就会发现，要想立竿见影地去除室内空气中的有害物质，完全解决室内污染问题，可能需要数百盆植物才行，如此一来，恐怕你在家中连立足之地都没有了。

见第12页，第62～63页

修剪枝条时要斜着剪

实际上，平剪造成的剪口更小，剪口愈合起来也更快。

斜着剪留下的剪口较大，剪口愈合的时间较长，且无法阻止水分在茎中积聚，因此无法防止腐烂。

见第162～163页

从装满鹅卵石的碟子中蒸发的水可提高植物周围的空气湿度

这样做或许能让植物整体看起来更美观，但这种做法对改变叶片周围空气的湿度没有任何作用。

见第112～113页

有机农药比合成农药更安全

实际上，没有一种农药能保证不会对环境造成任何危害。

出于种种原因，合成农药的名声并不好。合成农药被认为与癌症、阿尔茨海默病、多动症甚至多种先天性缺陷的发生有关，而且合成农药大多分解缓慢，能够在土壤中残留数月乃至数年。不过，使用有机农药也不意味着完全安全，它们可能是从植物中提取出来的，或是在实验室中从矿物质中提炼出来的，但这并不能保证它们在环境中分解得更快，造成的长期伤害更小。

见第44～45页

在黏土中加入砂粒可改善透水性

黏土很容易积水，给园艺工作带来困难。

很多园丁长期以来一直试图通过加入砂粒来改善黏土的透水性。他们这样做是因为他们觉得，水在砂土中很容易排出，因此增加黏土中砂粒的比例应该会使黏土的透水性更好。实际上，通过添加砂粒来改善黏土的透水性是不现实的。此外，任何形式的铲土都会破坏土壤的微小孔隙结构，减缓水流通过土壤的速度，从而使其排水效果更加糟糕。

见第30～31页，第34～35页

添加石灰可降低土壤酸性

石灰（石灰石）确实能中和土壤中的酸性物质，使其酸性降低。

然而，土壤中的矿物质和有机物会“抵制”或者说“缓冲”任何强制性的变化，即使有精确的pH读数，也很难知道需要多少石灰才能克服土壤的“缓冲”作用。因此，土壤pH很容易逐渐恢复到原来的水平。

见第32～33页

在容器底部铺一层碎瓦片或碎石，可改善容器透水性

土壤积水很容易让其中的植物患上致命的真菌根腐病。

要防止这种情况发生，人们通常会建议，先在容器底部放上碎瓦片或碎石，然后再在土壤表面铺上盆栽堆肥。然而，科学研究表明，种在有碎瓦片或碎石的容器中的植物并不比种在没有这些装置的容器中的植物长得好，而且，这些装置可能会阻碍排水。固体土粒之间的孔隙会像海绵一样吸收水分，这样水就不容易流到碎瓦片或碎石之间的大空隙中。而且，水会积聚在最底层的土壤中，造成排水问题。避免积水的最佳方法是使用优质的混合盆土和有排水孔的容器，并且不要过度浇水。

见第102～103页

只有本土植物才能滋养益虫

开花植物与昆虫协同进化，宛如一对共舞探戈的舞伴。

花朵通过调整自身性状来增加对当地昆虫的吸引力，而以特定花朵为食的昆虫则通过进化自己的生理构造来更有效地采集花粉或花蜜。本地植物可能能满足某些特定昆虫的需求，但科学研究表明，一个融合了本土和非本土植物的花园能够为更多的昆虫提供食物。

见第54～55页，第132～133页

与植物交谈有助于植物的生长

虽然这听起来很傻，但确实有人相信与植物交谈有助于植物的生长。

科学研究表明，如果把植物放在播放连续音调或音乐的扬声器前，它们会生长得更快。这可能是因为它们已经进化到能够感知风以及来自动物和昆虫的接触。不过，很难证明偶尔跟植物说几句话到底能不能促进植物的生长。人呼出的气体中含有二氧化碳，植物可以通过光合作用将二氧化碳转化为养分，但这种二氧化碳的短暂增加是否会对植物的生长带来影响，目前尚未明晰。

见第62～63页

设置城市蜂箱对蜜蜂和其他传粉昆虫有利

由于气候变化、栖息地遭到破坏以及农药的过度使用，传粉昆虫数量正在锐减。

在一些城市，设置蜂箱被视作解决上述问题的方法，但这种做法也带来了一些问题。一个新的蜂箱可能会引来一群贪婪的蜜蜂，它们会吞噬附近的大量花蜜和花粉，导致其他传粉昆虫面临食物短缺的风险。研究表明，在有城市蜂箱的地区，其他传粉昆虫的数量会减少。更糟糕的是，由于食物不足，这些蜂箱往往无法生产出优质的蜂蜜，且常在造成破坏后就被遗用了。

见第22～23页

索引

K

L

M

N

O

P

Q

R

S

T

Z

参考资料

pp.2–3 植物究竟有多神奇?

Krishna Kumar Kandaswamy et al.,"AFP-Pred: A random forest approach for predicting antifreeze proteins from sequence-derived properties", *Journal of Theoretical Biology* 270 (2011) 56–62.
Matt Candeias, *In Defense of Plants: an exploration into the wonder of plants*, Mango, 2021.

pp.4–5 植物有智慧吗?

Stefano Mancuso, *The Roots of Plant Intelligence*, ted.com/talks/stefano_mancuso_the_roots_of_plant_intelligence. F. Baluska et al.,"The "root-brain" hypothesis of Charles and Francis Darwin: Revival after more than 125 years', *Plant Signal Behav.*, 4 (2009) 1121–1127. Michel Thellier et al.,"Long-distance transport, storage and recall of morphogenetic information in plants. The existence of a sort of primitive plant memory", *Comptes Rendus de l'Académie des Sciences - Series III - Sciences de la Vie*, 323 (2000), 81–91. H.M. Appel et al.,"Plants respond to leaf vibrations caused by insect herbivore chewing", *Oecologia* 175 (2014) 1257–1266. M. Gagliano et al.,"Tuned in: plant roots use sound to locate water", *Oecologia* 184 (2017) 151–160.

pp.8–9 花园对野生动物而言有多重要?

"Living Planet Report", WWF [web article], 2020, livingplanet.panda.org/en-us/. A. Derby Lewis et al.,"Does Nature Need Cities? Pollinators Reveal a Role for Cities in Wildlife Conservation", *Frontiers in Ecology and Evolution*, 7 (2019). James G. Rodger et al., "Widespread vulnerability of flowering plant seed production to pollinator declines", *Science Advances*, 7 no. 42 (2021).

p.12 植物能否吸收空气中的污染物?

"9 out of 10 people worldwide breathe polluted air, but more countries are taking action", World Health Organisation [web article], 2 May 2018, who.int/news/item/02-05-2018-9-out-of-10-people-worldwide-breathe-polluted-air-but-more-countries-are-taking-action. Michel Le Page,"Does air pollution really kill nearly 9 million people each year?", *New Scientist*, 12 March 2019. Zhang Jiangli et al.,"Improving Air Quality by Nitric Oxide Consumption of Climate-Resilient Trees Suitable for Urban Greening", *Frontiers in Plant Science*, 11 (2020). K. Wróblewska et al.,"Effectiveness of plants and green infrastructure utilization in ambient particulate matter removal", *Environ. Sci. Eur.* 33, 110 (2021). A. Diener, P. Mudu,"How can vegetation protect us from air pollution? A critical review on green spaces' mitigation abilities for air-borne particles from a public health perspective – with implications for urban planning", *Science of The Total Environment* 796, (2021). Udeshika Weerakkody et al., "Quantification of the traffic-generated particulate matter capture by plant species in a living wall and evaluation of the important leaf characteristics", *Science of The Total Environment* 635 (2018). B. C. Wolverton et al.,"Interior landscape plants for indoor pollution abatement", NASA September 15 1989.

p.13 我的花园能吸收和固定二氧化碳吗?

"How many trees needed to offset your carbon emissions?", Samson Opanda, [web article] 8billiontrees.com/carbon-offsets-credits/reduce-co2-emissions/how-many-trees-offset-carbon-emissions/.
"How much CO2 does a tree absorb?", Viessman [web article], viessmann.co.uk/heating-advice/how-much-co2-does-tree-absorb.

p.14 植物能使周围的温度降低吗?

M. A. Rahman, A.R. Ennos,"What we know and don't know about the cooling benefits of urban trees", *Trees and Design Action Group*, (2016). K. K. Y. Liu, B. Bass,"Performance of green roof systems", *Cool Roofing Symposium*, Atlanta, GA., May 12–13 2005. Ying-Ming Su, Chia-Hi Lin,"Removal of Indoor Carbon Dioxide and Formaldehyde Using Green Walls by Bird Nest Fern", *The Horticulture Journal*, 84, no.1 (2015) 69–76.

p.15 花园能防止洪涝灾害发生吗?

"Extreme weather events in Europe", European Academies' Science Advisory Council [web article], 2018, easac.eu/fileadmin/PDF_s/reports_statements/Extreme_Weather/EASAC_Extreme_Weather_2018_web_23March.pdf. "Rain gardens", Royal Horticultural Society [web article], www.rhs.org.uk/garden-featuresrain-gardens.

pp.16–17 气候变化会给我的花园带来哪些影响?

Bob Oakes, Yasmin Amer,"How Thoreau helped make Walden pond one of the best places to study climate change in the US", WBUR [web article], wbur.org/news/ 2017/07/12/studying-climate-change-walden-pond. U. Büntgen et al.,"Plants in the UK flower a month earlier under recent warming", Proc. R. Soc. 289, no.1968 (2022). "Status of spring 2022", USA National Phenology Network [web article], usanpn.org/news/spring. D. Graczyk, M. Szwed, "Changes in the occurrence of late spring frost in Poland", *Agronomy* 10, no. 1835 (2020). I. W. Park, T. Ramirez-Parada, S. J. Mazer, "Advancing frost dates have reduced frost risk among most North American angiosperms since 1980." Global Change Biology, 27(1), 2020, 165–176.

pp.26–27 天气是如何影响我的植物的?

Jerry L. Hatfield, John H. Prueger,"Temperature extremes: effect on plant growth and development", *Weather and Climate Extremes*, 10, part A (2015) 4–10. Hu Shanshan et al.,"Sensitivity and responses of chloroplasts to heat stress in plants", *Frontiers in Plant Science*, 11 (2020). "Citrus", Royal Horticultural Society [web article], rhs.org.uk/fruit/citrus/grow-your-own.

pp.28–29 什么是小气候?

Maraveas, C. "Design of Tall Cable-Supported Windbreak Panels." *Open Journal of Civil Engineering*, 9 (2019), 106–122.

pp.32–33 什么是土壤酸碱度？它对我的花园有何影响？
S. Singh et al., "Soil properties change earthworm diversity indices in different agro-ecosystem", *BMC Ecology*, 20, no. 27 (2020). "Soil pH: what it means", Donald Bickelhaupt, SUNY College of Environmental Science and Forestry [web article], esf.edu/pubprog/brochure/soilph/soilph.htm.

pp.34–35 如何更好地改良土壤？
"The soil is alive", European Commission Convention on Biological Diversity (2008). P. Bonfante, A. Genre, "Mechanisms underlying beneficial plant–fungus interactions in mycorrhizal symbiosis", *Nat. Commun.* 1, no. 48 (2010). H. Bücking et al., "The role of the mycorrhizal symbiosis in nutrient uptake of plants and the regulatory mechanisms underlying these transport processes", in *Plant Science*, IntechOpen, 2012.

pp.36–37 什么是土壤食物网？为什么它很重要？
N. J. Balfour, F. L. W. Ratnieks, "The disproportionate value of "weeds" to pollinators and biodiversity", *Journal of Applied Ecology*, 59, no. 5, (2022) 1209–1218. J. M. Baskin, C. C. Baskin, "Does seed dormancy play a role in the germination ecology of *Rumex crispus*?" *Weed Science*, 33, no. 3 (1985) 340–343. "Invasive non-native plants", Royal Horticultural Society [web article], rhs.org.uk/prevention-protection/invasive-non-native-plants. "The impact of glyphosate on soil health", Soil Association [web article], soilassociation.org/media/7202/glyphosate-and-soil-health-full-report.pdf.

pp.38–39 杂草到底该不该除？
"Never let'em set seed", Robert Norris, Weed Science Society of America [web article], wssa.net/wssa/weed/articles/wssa-neverletemsetseed/.

p.41 该买哪种类型的堆肥？
"On Test: compost for raising plants", Gardening Which? [web article], 2022, which.co.uk/reviews/compost/article/best-compost-ahUv44C6lrR5.

pp.42–43 使用泥炭有哪些坏处？
Fereidoun Rezanezhad et al., "Structure of peat soils and implications for water storage, flow and solute transport: A review update for geochemists", *Chemical Geology*, 429 (2016) 75–84. "Garden", Pesticide Action Network North America [web article], panna.org/starting-home/garden.

pp.44–45 我需要使用农药吗？
"Homeowner's guide to protecting frogs – lawn and garden care", US Fish and Wildlife Service [web article], 2000, dwr.virginia.gov/wp-content/uploads/homeowners-guide-frogs.pdf. Christie Wilcox, "Myth Busting 101: organic farming>conventional agriculture", Scientific American [web article], 2011, blogs.scientificamerican.com/science-sushi/httpblogsscientificamericancomscience-sushi20110718mythbusting-101-organic-farming-conventional-agriculture/. "Monograph on Glyphosate" WHO International Agency for Research on Cancer [web article], 2015, iarc.who.int/featured-news/media-centre-iarc-news-glyphosate/. A. H. C. van Bruggen, et al., "Indirect effects of the herbicide glyphosate on plant, animal and human health through its effects on microbial communities", *Front. Environ. Sci.*, 18 (2021).

pp.48–49 怎样才能降低花园的维护成本？
"3 million front gardens have been completely paved since 2005. Let's try to reverse this trend", Hayley Monkton, Lowimpact [web article], 2015, lowimpact.org/posts/3-million-front-gardens-have-been-completely-paved-since-2005-lets-try-to-reverse-this-trend.

pp.52–53 该不该种草坪？
"Water Calculator", Eco Lawn, www.eco-lawn.com. "Grass lawns are an ecological catastrophe", Lenore Hitchler, Only Natural Energy [web article], 2018, onlynaturalenergy.com/grass-lawns-are-an-ecological-catastrophe/.

pp.54–55 我应该只种植本土植物吗？
Matthew L. Forister, et al., "The global distribution of diet breadth in insect herbivores", *PNAS*, 112, no. 2 (2014) 442–447. Chris D. Thomas, *Inheritors of the Earth: How Nature Is Thriving in an Age of Extinction*, Penguin, 2018. "Native and non-native plants for pollinators", Royal Horticultural Society [web article], rhs.org.uk/wildlife/native-and-non-native-plants-for-pollinators.

pp.56–57 这些拉丁文又是怎么一回事？
Anna Pavord, *The Naming of Names*, Bloomsbury, 2007.

pp.58–59 园艺工具有好坏之分吗？
"Anvil or Bypass Secateurs", Robert Pavlis, Garden Myths [web article], www.garden myths.com/anvil-bypass-secateurs-pruners/.

pp.62–63 植物的生长需要什么？
"Plants release more carbon dioxide into atmosphere than expected", Australian Nat. Uni. [web article], 2017, anu.edu.au/news/all-news/plants-release-more-carbon-dioxide-into-atmosphere-than-expected.

pp.64–65 植物细胞是如何工作的？
F. W. Telewski, "Mechanosensing and plant growth regulators elicited during the thigmomorphogenetic response", *Frontiers in Forests and Global Change* 18 (2021).

p.66 什么是种子？
J. Shen-Miller et al., "Exceptional seed longevity and robust growth: ancient sacred lotus from China", *American Journal of Botany* 82 (1995) 1367–1380.

pp.68–69 种子发芽需要什么？
W. Aufhammer et al., "Germination of grain amaranth (*Amaranthus hypochondriacus* × *A. hybridus*): effects of seed quality, temperature, light, and pesticides", *European Journal of Agronomy,* 8 (1998) 127–135. "Start seeds indoors: digging deeper, pt 3" Joe Lamp'l [web article], Feb 15 2018, joegardener.com/podcast/seed-starting-part-3/

pp.70–71 为什么要在一年中的不同时节播种和种植？
"Seed-sowing techniques", Royal Horticultural Society [web article], rhs.org.uk/advice/beginners-guide/vegetable-basics/seed-sowing-techniques. Christian Körner, "Winter crop growth at low

temperature may hold the answer for alpine treeline formation", *Plant Ecology & Diversity*, 1, no.1, (2008) 3–11.

pp.72-73 什么是耐寒性？如何衡量植物的耐寒性？

Victoria Wyckelsma, Peter John Houweling, "Your genetics influence how resilient you are to cold temperatures – new research", The Conversation [web article], February 25 2021, theconversation.com/your-genetics-influence-how-resilient-you-are-to-cold-temperatures-new-research-155975. *RHS Plant Finder 2013*, Royal Horticultural Society, 2013. USDA Plant Hardiness Zone Map, planthardiness.ars.usda.gov. *The European Garden Flora 2nd Edition*, James Cullen, Sabina G. Knees, H. Suzanne Cubey (eds), Cambridge, 2011.

pp.76-77 如何让幼苗茁壮成长？

Hendrik Poorter et al., "Pot size matters: A meta-analysis of the effects of rooting volume on plant growth", *Functional Plant Biology*, 39 (2012) 839–850. "Potting up: which pot size is correct for potting up?", Robert Pavlis, Garden Myths [web article], gardenmyths.com/potting-up-correct-pot-size/.

pp.78-79 什么是"炼苗"？

E. Wassim Chehab et al., "Thigmomorphogenesis: a complex plant response to mechano-stimulation", *Journal of Experimental Botany*, 60, no. 1 (2009) 43–56.

pp.82-83 什么是嫁接植物？我应该购买吗？

K. Mudge et al., "A History of Grafting" *Horticultural Reviews*, 35 (2009). Alex Wilkins, "Near impossible plant-growing technique could revolutionise farming", *New Scientist*, 22 December 2021.

p.86 混栽是否对植物更好？

R. P. Larkin, et al., "Rotation and cover crop effects on soil borne potato diseases, tuber yield, and soil microbial communities." *Plant Disease*, 94, no.12 (2010) 1491–1502. Jessica Walliser, *Plant Partners: Science-based Companion Planting Strategies for the Vegetable Garden*, Storey Publishing, 2021. "Push-pull cropping: fool the pests to feed the people", Rothamsted Research [web article], https://www.rothamsted.ac.uk/push-pull-cropping.

p.87 是否应该轮作？

Mirza Hasanuzzaman, *Agronomic crops Vol. 1: Production Technologies*, Springer Nature, 2019. K. D. White, "Fallowing, crop rotation, and crop yields in Roman times" *Agricultural History*, 44, no.3 (1970) 281–290. "A guide to the nutritional requirements of crops", Adam Otter, IntelliDigest [web article], 2022, intellidigest.com/services research/a-guide-to-the- nutritional-requirements -of-crops/?doing_wp_ cron=1656602270.2639980316162109375000

pp.92-93 如何确定室内植物的最佳摆放位置？

"Your plants get stressed when they're hot", Martha Proctor, University of California [web article], ucanr.edu/sites/MarinMG/files/152980.pdf. "Artificial lighting for indoor plants", Royal Horticultural Society [web article], rhs.org.uk/plants/types/houseplants/artificial-lighting.

pp.96-97 所有的根都一样吗？

Y. Liu et al., "A new method to optimize root order classification based on the diameter interval of fine root", *Sci. Rep.*, 8 (2018) 2960. Maire Holz et al., "Root hairs increase rhizosphere extension and carbon input to soil", *Annals of Botany*, 121, no. 1 (2018) 61–69.

pp.98-99 可以随意移栽植物吗？

P. Alvarez-Uria, C. Korner, "Low temperature limits of root growth in deciduous and evergreen temperate tree species", *Functional Ecology* 21, no.2 (2007) 211–218. "Transplanting – should you reduce top growth?", Robert Pavlis, Garden Myths [web article], www.gardenmyths.com/transplanting-should-you-reduce-top-growth/. "Trees and shrubs: moving plants", Royal Horticultural Society [web article], rhs.org.uk/plants/types/trees/moving-trees-shrubs.

p.100 所有植物都是从土壤中汲取养分的吗？

Gergo Palfalvi et al., "Genomes of the Venus flytrap and close relatives unveil the roots of plant carnivory", *Current Biology*, 30, no.12 (2020) 2312–2320. A. M. Ellison et al., "Energetics and the evolution of carnivorous plants—Darwin's 'most wonderful plants in the world'", *Journal of Experimental Botany*, 60, no.1 (2009) 19–42.

pp.106-107 如何给植物浇水最好？

C. Brouwer, K. Prins, M. Heibloem, Irrigation water management: training manual no.5: irrigation methods, Annex 2 Infiltration rate and infiltration test, Food and Agriculture Organization of the United Nations, 1985. D. Dietrich et al., "Root hydrotropism is controlled via a cortex-specific growth mechanism" *Nature Plants*, 3 (2017). S. Nxawe et al., "Effect of regulated irrigation water temperature on hydroponics production of Spinach (*Spinacia oleracea* L.)", *African Journal of Agricultural Research*, 4, no.12 (2009) 1442–1446. Andy McMurray, "Effects of water temperature on Easter lilies", *North Carolina Flower Growers' Bulletin*, 22, no.2, (1978). Jay W. Pscheidt, *Flourine toxicity in plants*, Pacific Northwest Pest Management Handbooks, pnwhandbooks.org/plantdisease/pathogen-articles/nonpathogenic-phenomena/fluorine-toxicity-plants.

p.108 植物如何应对潮湿的环境？

Samuel Taylor Coleridge, The Rime of the Ancient Mariner (1834). Pan Jiawei et al., "Mechanisms of waterlogging tolerance in plants: research progress and prospects", *Frontiers in Plant Science*, 11 (2021).

p.109 植物如何应对干旱？

Cruz de Carvalho, Maria Helena, "Drought stress and reactive oxygen species: production, scavenging and signaling", *Plant signaling & behavior*, 3, no.3 (2008) 156–65. El Khoumsi Wafae et al., "Integration of groundwater resources in water management for better sustainability of the oasis ecosystems – case study of Tafilalet Plain, Morocco", *3rd World Irrigation Forum* (2019).

pp.112-113 提高植物周围空气湿度的最佳方法是什么？

"Tropical rainforest biomes", Khan Academy [web article], khanacademy.org/science/biology/ecology/biogeography/. Richard Slávik, Miroslav Cekon, "Hygrothermal loads of building components in bathroom of dwellings", *Advanced Materials Research*, 1041 (2014) 269–272. "Increasing humidity for indoor plants: what works and what doesn't", Robert Pavlis, Garden Myths [web article], gardenmyths.com/increasing-humidity-indoor-plants/.

pp.114–115 哪些养分是植物健康生长所必需的?

Janet I. Sprent, Euan K. James, "Legume evolution: where do nodules and mycorrhizas fit in?" *Plant Physiology*, 144, no.2 (2007) 575–81.

pp.118–119 草坪健康美观的秘诀是什么?

"Different photosynthesis rates show the grass really is greener sometimes", Ian Chant, The Mary Sue [web article], 2012, themarysue.com/greener-grass/. "Grass holds the secret to more efficient crops?" Belinda Smith, Cosmos [web article], 2016, cosmosmagazine.com/science/biology/does-grass-hold-the-secret-to-more-efficient-crops/. H. Chen et al., "The extent and pathways of nitrogen loss in turfgrass systems: age impacts.", The Science of the total environment, 637–638, (2018) 746–757. "How to have and care for a healthy lawn: top 7 non-negotiables", Joe Lamp'l [web article], 2018, joegardener.com/podcast/healthy-lawn-care/. University of Hertfordshire Pesticide Properties Database, sitem.herts.ac.uk/aeru/ppdb/en/Reports/431.htm

pp.120–121 攀缘植物是什么样的?

"English ivy's climbing secrets revealed by scientists", Jody Bourton, Earth News, 28 May 2010, news.bbc.co.uk/earth/hi/earth_news/newsid_8701000/8701358.stm.

pp.132–133 哪些植物最适合传粉昆虫?

"Plummeting insect numbers 'threaten collapse of nature'", Damian Carrington, *The Guardian* [web article], 10 Feb 2019. "The assessment report of the Intergovernmental Science-Policy Platform on biodiversity and ecosystem services on pollinators, pollination and food production", IPBES (2016), S.G. Potts, V. L. Imperatriz-Fonseca, and H. T. Ngo (eds). Secretariat of the Intergovernmental Science-Policy Platform on Biodiversity and Ecosystem Services. James C. Rodger, et al., "Widespread vulnerability of flowering plant seed production to pollinator declines", *Science Advances*, 7, no.42 (2021).

pp.134–135 如何促进室内植物开花?

S. N. Freytes, et al., "Regulation of flowering time: when and where?", *Curr. Opin. Plant Biol.*, 63 (2021). F. Andrés et al., "Analysis of photoperiod sensitivity sheds light on the role of phytochromes in photoperiodic flowering in rice", *Plant Physiol.*, 151, no.2 (2009) 681–690. Yin-Tung Wang, "Impact of a high phosphorus fertilizer and timing of termination of fertilization on flowering of a hybrid moth orchid", *HortScience*, 35, no.1 (2000).

p.136 应该种植切花吗?

Jeannette Haviland-Jones et al., "An environmental approach to positive emotions: flowers", *Evolutionary Psychology*, 3 (2005). H. Ikei et al., "The physiological and psychological relaxing effects of viewing rose flowers in office workers", *Journal of Physiological Anthropology*, 33, no.1 (2014).

pp.138–139 什么是抽薹? 如何预防?

"Why do Greens Bolt?", Megan Haney, Fine Gardening, Issue 164 [web article], finegardening.com/project-guides/fruits-and-vegetables/why-do-greens-bolt

p.141 为什么我的树隔一年才结一次果?

"Understanding crop load and growth regulator effects on biennial bearing in apple trees" Christopher Gottschalk et al., Michigan State University [web article], canr.msu.edu/uploads/files/16_treefruit_Gottschalk.pdf.

pp.146–147 为什么叶子会在秋天变色和掉落?

Ines Pena-Novas, Marco Archetti, "A test of the photoprotection hypothesis for the evolution of autumn colours: chlorophyll resorption, not anthocyanin production, is correlated with nitrogen translocation", *Journal of Evol. Biology*, 34, no.9 (2021) 1423–1431. K. S. Gould, "Nature's Swiss army knife: the diverse protective roles of anthocyanins in leaves", *Journal of Biomed. Biotech.*, 5 (2004) 314–320.

pp.150–151 冬季如何养护花园?

Johannes Heinze et al., "Soil temperature modifies effects of soil biota on plant growth", *Journal of Plant Ecology*, 10, no.5 (2017) 808–821.

p.155 为什么我的室内植物会在冬季枯死?

Alexander S. Lukatin, "Chilling injury in chilling-sensitive plants: a review", *Žemdirbystė Agriculture*, 99, 2 (2012) 111–124.

pp.158–159 修剪后会发生什么?

R. P. Baayen et al., "Compartmentalization of decay in carnations", *Phytopathology*, 86, no. 10 (1996).

pp.162–163 修剪的位置重要吗?

L. Chalker-Scott, A. J. Downer, "Myth busting for extension educators: reviewing the literature on pruning woody plants", *Journal of the NACAA*, 14, no. 2, (2021).

pp.164–165 应该利用墙或篱笆对果树进行整形吗?

"Fruit Tree Pruning – Basic Principles", Robert Crassweller, PennState Extension [web article], 2017, extension.psu.edu/fruit-tree-pruning-basic-principles. Nikolaos Koutinas et al., "Flower Induction and Flower Bud Development in Apple and Sweet Cherry", *Biotech. & Biotechnological Equipment*, 24, no.1 (2010) 1549–1558.

pp.168–169 我可以自己采集种子培育新植物吗?

S. Takayama et al., "Direct ligand-receptor complex interaction controls brassica self-incompatibility", *Nature*, 4, no. 413 (2001). H. Shimosato et al., "Characterization of the SP11/SCR high-affinity binding site involved in self/non-self recognition in brassica self-incompatibility", *Plant Cell*, 19, no.1 (2007) 107–117. "Types of plants that can't self-pollinate", Lori Norris, SFGate [web article], homeguides.sfgate.com/types-plants-cant-selfpollinate-80879.html.

p.170 储存种子的最佳方法是什么?

"Successful seed storage at home", Kevin McGinn, National Botanic

Garden Wales [web article], (2020), botanicgarden.wales/2020/08/successful-seed-storage-at-home/. "Seed: collecting and storing", Royal Horticultural Society [web article], rhs.org.uk/propagation/seed-collecting-storing.

p.171 种子能存活多久?

Janine Wiebach et al., "Age-dependent loss of seed viability is associated with increased lipid oxidation and hydrolysis", *Plant, Cell, and Environment*, 43, no. 2 (2020). Loïc Rajjou et al., "Seed longevity: survival and maintenance of high germination ability of dry seeds", *Comptes Rendus Biologies*, 331, no.10 (2008) 796–805. "How does the age of a seed affect its ability to germinate?", Laura Reynolds, SFGate [web article] homeguides.sfgate.com/age-seed-affect-its-ability-germinate-69423.html. "How long do seeds last?", Aaron von Frank, Grow Journey [web article], growjourney.com/long-seeds-last-seed-longevity-storage-guide. "Common poppy", Garden Organic [web article], gardenorganic.org.uk/weeds.

pp.174–175 如果把一株植物分开了，它会死吗?

José León et al., "Wound signalling in plants", *Journal of Experimental Botany*, 52, no. 354 (2001) 1–9.

p.176 我可以用扦插法种植任何植物吗?

A. J. Koo, G. A. Howe, "The wound hormone jasmonate", *Phytochemistry* 70, no.13–14 (2009) 1571–1580.

pp.180–181 什么是堆肥? 堆肥是如何形成的?

"Understanding soil microbes and nutrient recycling", James J. Hoorman, Rafiq Islam, Ohio State University Extension, 2010, ohioline.osu.edu/factsheet/SAG-16.

p.184 是否应该避免在堆肥中添加杂草和病叶?

Ruth M. Dahlquist et al., "Time and temperature requirements for weed seed thermal death", *Weed Science*, 55 (2007) 619–625.

p.185 为什么不使用新鲜粪便?

X. Jiang et al., "The role of animal manure in the contamination of fresh food", *Advances in Microbial Food Safety*, 2015, 312–350.

pp.186–187 植物会感染哪些病害?

"Plant pathology guidelines for master gardeners", Richard Reid [web article], erec.ifas.ufl.edu/plant_pathology_guidelines/module_05.shtml. V. A. Robert, A. Casadevall, "Vertebrate endothermy restricts most fungi as potential pathogens", *J. Infect. Dis.*, 200, no.10 (2009) 1623–1626.

pp.188–189 如何防止植物生病?

Kim E. Hammond-Kosack, Jonathan D. G. Jones, "Plant Disease Resistance Genes", *Annu. Rev. Plant Physiol. Plant Mol. Biol.*, 48 (1997) 575–607. B.C. Freeman, G.A. Beattie, "An overview of plant defenses against pathogens and herbivores", *The Plant Health Instructor*, (2008). "Plant bacteria thrive in wet weather", Neha Jain, Science Connected Magazine [web article], 2022, magazine.scienceconnected.org/2022/03/plant-bacteria-thrive-wet-weather/.

pp.192–193 预防虫害的最佳方法是什么?

E. J. Andersen et al., "Disease resistance mechanisms in plants", *Genes*, 9, no.7 (2018) 339. Carolyn Mitchell et al., "Plant defense against herbivorous pests: exploiting resistance and tolerance traits for sustainable crop protection", *Front. Plant Sci.*, 7 (2016). "Why insect pests love monocultures, and how plant diversity could change that", Science Daily [web article], 2016, sciencedaily.com/releases/2016/10/ 161012134054.htm. S. Pascual et al., "Effects of processed kaolin on pests and non-target arthropods in a Spanish olive grove", *J. Pest Sci.*, 83 (2010) 121–133. "Should I buy ladybugs for the garden?", Robert Pavlis, Garden Myths [web article], gardenmyths.com/buy-ladybugs-garden/.

pp.194–195 如何防止蛞蝓和蜗牛破坏植物?

Planet friendly: RHS no longer to class slugs and snails as pests. *The Guardian* 4 March 2022. https://www.theguardian.com/environment/2022/mar/04/planet-friendly-rhs-to-no-longer-class-slugs-and-snails-as-pests. "New study disproves myths to get rid of slugs", N. Mason, Pro Landscaper [web article], 2018, prolandscapermagazine.com/myths-deterring-slugs/. Azlina Mat Saad et al., "Metaldehyde toxicity: a brief on three different perspectives", *Journal of Civil Engineering, Science and Technology*, 8, no.2 (2017). "Less toxic iron phosphate slug bait proves effective", Glenn Fisher, Oregon State Uni Extension Service [web article], 2008, extension.oregonstate.edu/news/less-toxic-iron-phosphate-slug-bait-proves-effective.

pp.200–203 常见误区

"Are gardeners wrong to put crocks in pots?", Tom de Castella, BBC News [web article] bbc.co.uk/news/blogs-magazine-monitor-27126160. "How Many Plants Would It Take to Produce Enough Oxygen for One Person?" Candide Gardening [web article], medium.com/@candidegardening/how-many-plants-would-it-take-to-produce-enough-oxygen-for-one-person-7312743ed70b.

致谢

就像每种植物都有赖以生存的生命之网一样，如果没有许多人在背后默默付出，这本书也不会存在。首先，我要感谢编辑乔·惠廷厄姆，她始终如一地给予我无尽的支持、鼓励。这本书的独特之处在于将实用的技巧与最新的科学研究融为一体。当我在寻找答案的过程中陷入困境时，植物科学大师、人缘极佳的迈克·格兰特会为我答疑解惑，指点迷津。

设计师艾利森·加德纳的创造力和技巧总是令我惊叹不已，她仅凭我在废纸上的涂鸦就能设计出书中那些精美的图表。约瑟夫·凯里为我解答了有关土壤科学方面的问题。新西兰观赏植物领域的领军人物基思·哈米特博士非常亲切地解答了关于这门深奥艺术的各种问题。斯图尔特·塔斯廷博士分享了他30多年来在果树种植方法方面的研究成果，帮助我解决了修剪方面的种种难题。

我还要感谢道恩·亨德森、露丝·奥罗克、阿拉斯泰尔·莱恩和DK团队的每一位成员。我还要感谢永远支持我的妻子格雷丝，她不仅容忍我在她的花园里进行种植实验，还耐心地听我讲述一些她早就熟知的园艺建议。同时，也要感谢容尼·佩格——他始终为我和我的工作加油打气，每当我遇到困难时，他总是会及时伸出援手。最后，我要向那些曾慷慨给予我时间、与我分享专业知识，但名字已经从我记忆中淡去的人表示歉意。

出版社致谢

感谢进行索引编排的玛丽·洛里默；负责校对的艾丽斯·麦基弗，协助设计的史蒂文·马斯登和埃洛伊塞·格罗斯；负责复制工作的尼蒂亚南德·库马尔，负责图片润色的亚当·布拉肯伯里，以及负责图片研究的阿迪蒂亚·卡迪亚尔。

作者简介

斯图尔特·法里蒙德博士曾是一名医生，后转型为科学的传播者和屡获殊荣的作家。他的著作包括《烹饪的科学》和《香料的科学》，以及登上了《星期日泰晤士报》畅销书榜单的《生活的科学》（中文版于2023年1月出版）。斯图尔特频繁亮相于电视、广播和公共活动，他的文章也常刊登于《独立报》《每日邮报》和《新科学家》等知名刊物上。作为一名经验丰富的教师和前剑桥大学教师，斯图尔特致力于普及日常生活中蕴藏的科学奥秘。自2017年以来，斯图尔特博士一直担任英国广播公司（BBC）热门节目《造物工厂》（*Inside the Factory*）的食品科学家，该节目由格雷格·华莱士和彻丽·希利主持。斯图尔特热爱骑自行车和种植南瓜，与妻子格雷丝、爱犬温斯顿和许多植物一同生活在英国威尔特郡的特罗布里奇镇。